Advanced Porous Graphitic Carbon Materials:
Synthesis and Energy Storage Applications

多孔石墨化碳材料
制备与储能应用

张晓华　著

化学工业出版社
·北京·

内容简介

多孔石墨化碳材料能够在电化学储能过程中提供丰富的比表面积和良好的导电性，是一种具有发展潜力的碳材料。本书主要对多孔石墨化碳材料在超级电容器、锌离子混合电容器以及钠离子电池中的应用进行了介绍；结合国内外碳材料在电化学储能方面的研究进展及相关领域，系统介绍了各电化学储能技术工作原理、相应的电极材料以及碳材料的种类、结构、制备方法等；重点介绍了零维碳球、一维碳微米管、二维碳纳米片、三维多孔碳的结构调控策略并对所制备的碳材料进行了形成机理分析和结构性能研究。

本书具有较强的理论性、系统性和前沿性，可供从事碳材料开发及电化学储能性能研究等的工程技术人员、科研人员参考，也可供高等学校材料科学与工程、新能源、化学工程及相关专业师生参阅。

图书在版编目（CIP）数据

多孔石墨化碳材料制备与储能应用 / 张晓华著. 北京 : 化学工业出版社，2025. 8. -- ISBN 978-7-122-48951-7

Ⅰ. TB333.2

中国国家版本馆CIP数据核字第2025A79F42号

责任编辑：刘　婧　刘兴春　　文字编辑：李　欣　师明远
责任校对：王鹏飞　　装帧设计：韩　飞

出版发行：化学工业出版社
（北京市东城区青年湖南街13号　邮政编码100011）
印　　装：北京天宇星印刷厂
710mm×1000mm　1/16　印张15¾　彩插8　字数262千字
2025年10月北京第1版第1次印刷

购书咨询：010-64518888　　售后服务：010-64518899
网　　址：http：//www.cip.com.cn
凡购买本书，如有缺损质量问题，本社销售中心负责调换。

定　　价：128.00元

前　言

在“双碳”目标驱动下，全球能源结构正经历从化石燃料向可再生能源的深刻转型。风能、太阳能等间歇性可再生能源的大规模应用，对高效、安全的储能技术提出了迫切需求。电化学储能技术因其能量转换效率高、响应速度快、环境友好等优势，成为破解可再生能源波动性难题的核心钥匙。作为储能器件的“心脏”，电极材料的性能直接决定着能量密度、功率密度和循环寿命等关键指标。而在众多电极材料中，多孔石墨化碳材料凭借其高比表面积、可调控的孔道结构、优异的导电性及化学稳定性，展现出不可替代的潜力，近年来在超级电容器、混合电容器及二次电池领域的研究呈现爆发式增长。

本书主要对多孔石墨化碳材料在超级电容器、锌离子混合电容器以及钠离子电池中的应用进行了介绍；结合国内外碳材料在电化学储能方面及相关领域应用的研究进展，系统介绍了各电化学储能技术工作原理、相应的电极材料以及碳材料的种类、结构、制备方法等；重点介绍了零维碳球、一维碳微米管、二维碳纳米片、三维多孔碳的结构调控策略并对所制备的碳材料进行了形成机理分析和结构性能研究。本书具有较强的理论性、系统性和专业性，力求体现出笔者研究成果前沿性，可供从事碳材料开发及电化学储能性能研究等的工程技术人员、科研人员参考，也可供高等学校材料科学与工程、化学工程及相关专业师生学习参阅。

本书旨在为构建高安全、低成本、可持续的新型储能体系提供理论支撑，助力能源结构转型与“双碳”战略目标实现。本书的撰写得到了许多同行的大力帮助和支持，在此由衷地感谢太原理工大学曹青教授、中国科学院山西煤炭化学研究所刘艳珍研究员，以及太原科技大学刘宝胜教授、闫晓燕教授、赵新新副教授等提供的宝贵建议和实验支持！感谢团队蒋超、王容、张富博等对研究工作做出的贡献！

在成书过程中，虽笔者力求严谨，但难免存在疏漏之处，敬请读者批评指正！

张晓华

2025 年 5 月

目 录

第1章

电化学储能技术及其发展趋势

1.1 “双碳”目标下储能技术需求

能源是人类社会生存和发展的物质基础。当前，全球能源体系仍以煤、石油、天然气等不可再生化石燃料为主导，其大规模开采与使用已引发资源枯竭、环境污染和气候变化三重危机，严重威胁可持续发展。在此背景下，推动能源结构向绿色低碳转型成为必然选择。

2020年中国提出的“双碳”目标——二氧化碳排放力争2030年前达峰、2060年前实现碳中和，标志着高质量发展路径的全面升级。党的二十大报告进一步明确“协同推进降碳、减污、扩绿、增长”的战略方向，着力构建以新能源为主体的新型电力系统，这为储能技术的突破性发展提供了战略契机。

以风能、太阳能、地热能、海洋能等为代表的可再生能源虽具有清洁、低碳、可持续的优势，但受自然条件的极大限制。这些新能源的能量输出具有季节性、间接性和不稳定性，往往无法随时随地地满足人类对能量的需求。要想实现连续稳定的电能输出需要将其先转化为电能再存储在大型储电系统中。在此背景下，储能技术作为能源革命的战略性支撑，承担着破解可再生能源消纳瓶颈、提升电力系统灵活性的关键使命。发展高效、便捷的大规模储能技术在新型能源的开发和利用中起着至关重要的作用。新时代中国的能源发展，为中国经济社会持续健康发展提供有力支撑，也为全球能源转型提供了中国方案，彰显了“双碳”目标下技术革新与生态文明的深度协同。

1.2 电化学储能技术

能量储存系统不仅能解决可再生能源的间接性问题，而且还可以将风能、太阳能储存到电网中。储能技术按照其工作原理，主要可以分为物理储能、化学储能和电磁储能。物理储能，也称为机械储能，具有规模大、储存能量高、技术相对成熟和运行成本较低的特点。但常用的物理储能技术，如抽水储能，其储能系统的建造会受到地理条件的限制（只能建在符合条件的山区），且存在初期投资建造成本高、影响自然生态环境和移民等问题，因此物理储能系统的建造受到一定程度上的限制。电磁储能是通过电磁场来储存能量，不存在能量的转换，具有循环寿命长、效率高和响应速度快等优点。然而，电磁储能技术中的超导储能维护成本高，难以用于小型设备。相较之下，化学储能以其安全、灵活、响应速度快等优点在绿色可再生能源的开发和利用中能够起到重要作用。尤其是电化学储能，以其高能量、高功率、绿色环保和使用灵活等特点成为储能领域中重要的组成部分，如锂 / 钠离子电池、铅酸蓄电池、液流电池、超级电容器、锌离子混合电容器等。

笔者主要从事超级电容器、锌离子混合电容器和钠离子电池的碳材料研究，因此下面对超级电容器、锌离子混合电容器和钠离子电池这 3 种储能技术进行详细介绍。

1.2.1 超级电容器

超级电容器（supercapacitor）又称为电化学电容器（electrochemical capacitor），由于具有功率密度高、充放电速率快、循环使用寿命长（10 万次）、长期使用免维修以及适应温度范围广（−40 ～ +70℃）等优点[1,2]，在学术界和工业界引起了人们的极大关注。

1.2.1.1 超级电容器发展概况

超级电容器是建立在 1879 年 Helmholtz 提出的界面双电层理论基础上的一种新的电容器[3]。第一个描述电化学电容器概念的专利是由美国通用公司的 Becker 于 1957 年申请的[4]，该专利将具有高比表面积的碳材料涂覆在金属集流体上，并采用硫酸作为电解液。1971 年，日本国家电力公司（NEC）在能源公司 SOHIO 的电子节能单元许可下开发了水系电解液电容器，这种应用成为电化学电容器在商用设备中使用的起点。直到 20 世纪 90 年代，超级电容器技术才在混合动力电动汽车领域引起了人们的关注。进一步的研究使人们认识到超级电容器能够通过提供后备能量来防止电力中断，在后备电源以及燃料电池中发挥重要作用。美国能源部已把超级电容器与未来储能系统的电池视为同等重要的技术。许多其他国家的政府和企业也相继投入资金和时间来研究、探索和开发超级电容器技术。超级电容器在移动电子设备、交通、可再生能源以及航空航天领域的新应用也促进其得到进一步的研究。

1.2.1.2　超级电容器储能机理

根据超级电容器储能机理的不同，可将其分为双电层电容器（electric double layer capacitor，EDLC）和赝电容电容器（又称法拉第电容器，pseudocapacitor）两种。前者是通过电极表面的电解液离子形成的双电层来储存能量；后者是通过电极材料表面发生的氧化还原反应来储存能量。两种电荷储存机制的主要区别在于前者没有电子在溶液和电极之间传递，而后者涉及溶液和电极界面之间的电子传递，从而产生赝电容[5]。

双电层电容器是目前研究最广泛，同时已经实现商业化的一种超级电容器。在双电层电容器中，通过阴极 / 阳极电子的脱附和吸附来实现静电电荷的积累与释放，从而达到静电储存的目的。因此，双电层电容器比电容的大小，在很大程度上取决于电极材料的性质。常见的双电层电容器的电极材料，如多孔碳、石墨烯、碳纳米管、活性炭等碳材料，大多具有高导电性和高比表面积的特性。基于碳材料的这些特性，双电层电容器具有很高的功率密度。

由于双电层电容器是静电电荷储存的结果，因此在电极的表面没有氧化还原反应的发生。双电层电容器充放电原理示意如图 1-1 所示。当电容器充电时，大量的电子通过外部电路从正极移动到负极，因此电解液中的阳离子聚集在负电极周围，而阴离子集中在正电极附近，从而形成双电层；在放电时，电子通过外部电路从负极移动到正极，此时孔隙中阴 / 阳离子会重新混合，直到放电完成。超级电容器与电池最大的不同是它不受由极化阻力产生的电化学动力学的限制。另外，电极表面储存电荷机制允许能量的快速吸收和转移，具有更好的动力性能。由于没有氧化还原反应，双电层电容器在充放电过程中，电极材料也不会出现体积膨胀，因此具有优异的循环稳定性。

赝电容电容器是通过快速、高度可逆的表面或近表面发生氧化还原反应来储存电荷的。由于在能量储存过程中有氧化还原反应的发生，通常赝电容电容器的比电容比双电层电容器的比电容高 10 ～ 100 倍，但是其功率密度比双电层电容器的功率密度低，这是因为法拉第反应比较慢。此外，赝电容电容器的电极材料在充放电过程中易发生膨胀和收缩，从而导致电极的力学性能不稳定、循环寿命短。因此，通常将法拉第反应与双电层反应相结合从而提高电极材料的电化学性能。典型的赝电容电极材料主要包括过渡金属氧化物（如 MnO_2、NiO、Co_2O_3、Ru_2O 等）和导电聚合物（如聚苯胺、聚噻吩、聚吡咯等）。过渡金属氧化物具有多种氧化态，使其具有丰富的氧化还原反应，即具有优良的赝电容，因此近年来引起了广泛的研究关注[6]。图 1-2 为 MnO_2/石墨烯复合电极材料的充放电示意图[7]。

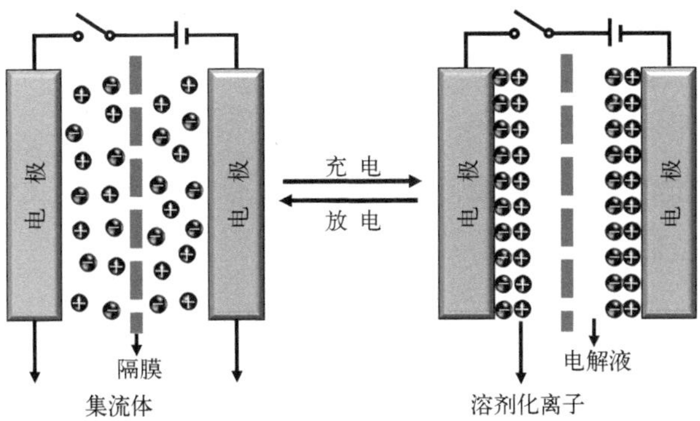

图 1-1 双电层电容器充放电原理示意图

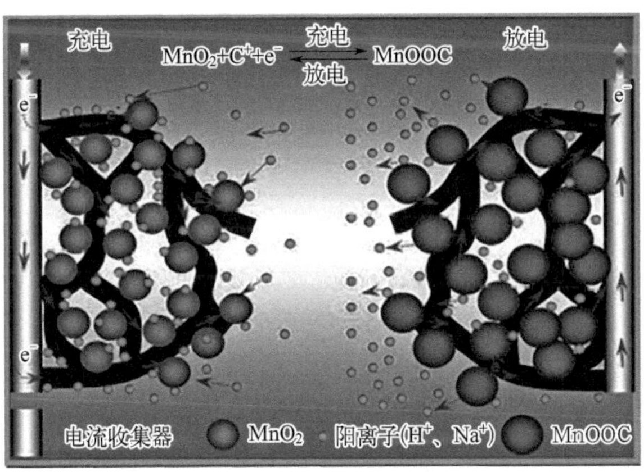

图 1-2 MnO_2/石墨烯复合电极材料的充放电示意图[7]

MnO_2 主要通过其表面及固体本身的赝电容反应（即法拉第反应）来储存电荷，反应机理如式（1-1）：

$$Mn(IV)O_2+xC^++yH^++(x+y)e^- \rightleftharpoons Mn(III)_{(x+y)},Mn(IV)_{1-(x+y)}OOC_xH_y \tag{1-1}$$

式中，C^+=Li^+、Na^+、K^+。MnO_2 赝电容反应的机制主要是锰氧化态在 Mn（Ⅲ）和 Mn（Ⅳ）之间的变化。假设 MnO_2 的每个原子都能发生赝电容反应，基于每个锰原子中有一个电子发生赝电容反应，MnO_2 的理论比电容可以通过式（1-2）计算得到：

$$C=\frac{nF}{MV} \tag{1-2}$$

式中 n——氧化还原反应过程中转移的电子数，这里 Mn 原子中只有一个电子发生转移；

F——法拉第常数，96485C/mol；

M——MnO_2 的摩尔质量，86.94g/mol；

V——电压范围，0.8V。

因此 MnO_2 的理论比电容为 1387F/g。整个氧化还原反应可以描述为以下 4 个历程：

① 电解液中的阳离子通过电极的孔结构扩散到电极内部；

② 阳离子从固体 MnO_2 的表面扩散到活性位点，并发生氧化还原反应；

③ 氧化还原反应产生的电子通过 MnO_2 固体从活性位点转移至导电网络；

④ 通过导电网络转移的电子聚集在集流体中。

影响 MnO_2 电化学行为的主要因素有 4 种：

① 阳离子在 MnO_2 固体相中的扩散；

② 阳离子通过电极扩散 / 插入（取决于电极材料的孔结构）；

③ 电子在固体 MnO_2 中的转移；

④ 电极内部电子的转移（取决于电极内部的导电网络）。

然而，导电性能差以及紧密堆积的结构限制了 MnO_2 在高性能超级电容器中的应用。近年来，研究者们通过各种方法来提高 MnO_2 的比表面积和导电性能从而提高其电化学利用率，其中包括：

① 制备纳米级别的 MnO_2 来缩短电子 / 阳离子在固体相中的转移距离；

② 使用不同晶型的 MnO_2 具有不同的电子和离子电导率；

③ 在 MnO_2 中掺入其他的金属元素（如镍、铁、钴、钒、钼、铝、铅、铷等）来提高电子导电性和储存电荷的能力；

④ 将 MnO_2 镶嵌到碳矩阵中（如炭黑、活性炭、石墨烯、碳纳米管等）从而提高导电能力。

1.2.1.3 超级电容器电极材料

（1）碳材料

碳材料是最早被用作超级电容器电极材料的材料之一，早在1957年，Beck就申请了用于制造双电层电容器的活性炭电极材料的专利。至今，碳材料仍然占据着重要地位，这主要归因于它们的多重优点，如高比表面积、丰富的孔道结构、优越的导电性、良好的化学稳定性以及相对较低的成本。基于以上优点，碳材料在超级电容器中主要依赖碳电极与电解质之间形成的双电层来存储电荷能量。关键的影响因素是电极材料的比表面积，较大的比表面积通常对应更高的双电层电容。此外，碳材料的孔径分布也会影响电解质在电极上的浸润程度。一般认为，碳材料孔径在2～50nm的介孔有利于电极材料的浸润和双电层的形成。然而，研究表明，电极材料的电容与比表面积并不呈线性关系。即使将比表面积增加到很高，电容的提升也存在一定限制。采用一些生物质前驱体和适当的活化方法可以将活性炭材料的表面积提高到超过 $3000m^2/g$，但通常可利用的比表面积介于 $1000 \sim 2000m^2/g$。

目前，最有前景的工业化负极材料仍然是碳基材料，因为它们具有成本低、来源广泛、导电性好、无毒性、易于构建多孔结构等诸多优点。电解液可以选用中性（Na_2SO_4、LiCl）、酸性（H_2SO_4）、碱性（KOH）电解液。双电层电容器中最常用的电极材料包括活性炭、碳纤维、碳纳米管（CNTs）和石墨烯（graphene）等。由双电层电容计算公式可知，碳基材料的比表面积与材料孔径大小和分布密切相关，多孔碳基材料与电解液的接触表面积并不能代表其有效表面积，这导致它的比电容通常较低。因此，常把碳基材料与赝电容材料联系在一起以提高电容器性能。也有相关文献报道，通过引入杂原子或官能团可以控制其电子和电化学性质，这些引入的元素可以调节碳基材料的自由电荷载流子密度以提高其导电性。此外，引入具有特定官能团的赝电容元素也可提高电容性能。

（2）过渡金属氧化物 / 氢氧化物

与碳基材料相比，过渡金属氧化物能够提供更高的比电容以及更优异的电化学稳定性，这是因为过渡金属氧化物具有更多的氧化还原位点，允许更多的离子插入和从电极中释放出来，从而增加电容量和储存能量。此外，过渡金属氧化物在充放电过程中表现出更好的机械强度和化学稳定性，这使得其更适合长期、高频率的使用，具有更低的维护成本和更长的使用寿命。相较于聚合物材料，过渡金属氧化物电极材料具有更宽的电位范围，这使得其能够在高电流密度下快速充放电，从而增加了其储能能力和快速充放电的性能。由于在快速法拉第氧化还原反应中，过渡金属氧化物中存在多种氧化态，因此过渡金属氧化物可以转移多个电子以延长放电时间，从而提高能量密度。其中，各种锰氧化物，如 MnO、MnO_2、Mn_3O_4 和 Mn_2O_3 已成为超级电容器电极材料的主流。锰纳米结构可以通过产生大量活性位点和缩短电解质离子的传输路径来增加复合材料的比电容。

MnO_2 由于其低成本、高理论电容（1370F/g）和环保性，成为极具吸引力的超级电容器的电极材料。MnO_2 的电荷存储机制主要是由赝电容行为贡献的，在储能过程中还包括电解质溶液中的质子 / 阳离子在 MnO_2 材料表面的吸附 / 解吸，以及电解质溶液中的质子 / 阳离子在 MnO_2 材料晶格中嵌入 / 脱嵌导致 Mn 之间的价态变化。其中，Zhao 等[8] 提出了在碳纳米纤维（MnO_2/CNF）上生长 MnO_2 纳米颗粒，并且在此基础上以 MnO_2/CNF 复合材料为正极，碳纳米纤维（CNF）为负极组成非对称超级电容器，MnO_2/CNF 正极和 CNF 负极材料的合理组合使非对称器件的工作电压窗口扩展到 1.8V。该电极材料组成的非对称超级电容器在 0.5mol/L 的 Na_2SO_4 溶液中保持良好的电化学性能，在 0.5A/g 下可获得 80F/g 的比电容。

NiO 和 Co_3O_4 具有无毒、制造成本低等优点，而且 Ni 和 Co 在电荷存储过程中以多种氧化态（Ni^{2+}/Ni^{3+} 和 Co^{2+}/Co^{3+}）的形式存在，可以在金属氧化物结构中提供更多的活性位点。多个活性位点有利于法拉第氧化还原反应的进行，同时促进电解质渗透、电子跳变，在离子扩散过程中易于传质，大大提高了利用率。

ZnO 以其高理论能量密度、高化学 / 热稳定性、绿色环保和低成本等优点受到了广泛的研究。研究表明，ZnO 的电化学性能在很大程度上取决于其微 /

纳米结构、形貌和比表面积。ZnO 纳米结构可以作为复合材料中的导电通道，有利于电子传输和存储电容。Kim 等[9]使用乙酸锌和聚丙烯腈作为原料，通过一步电纺丝方法制备 ZnO 复合活性碳纳米纤维（ZnO/ACNFs），具有高表面积的复合活性碳纳米纤维（ACNFs）的双电层电容和 ZnO 的赝电容产生的协同效应使 ZnO/ACNFs 具有优异的电容性能。ZnO/ACNFs 的电化学性能显示，在 400 ～ 4000W/kg 的功率密度范围内，能量密度为 17.77 ～ 22.71W・h/kg，最大比电容为 178.2F/g。此外，Lee 等[10]提出，通过原位反应制备源自小球藻和沥青质的活性炭，并将其与 ZnO 复合，作为超级电容器的电极。通过改变锌前驱体溶液的类型和浓度，可以调节复合材料的形态和比表面积。在 Na_2SO_4 电解质溶液中，当电势窗口为 -1.0 ～ 0V、电流密度为 0.5A・F/g 时，比电容的最大值达到 155F/g，1000 次循环后循环稳定性保持在 100%。

过渡金属氢氧化物是一种离子层状化合物。近年来，过渡金属氢氧化物及其衍生物如硫化物、硒化物等被广泛关注。其中，一些过渡金属氢氧化物及其衍生物如 Ni、Co、Cu、Cd 基材料在电荷存储机理上是电池型材料，它们通常与电容电极材料结合来组装混合电池，可以获得高的工作电位，从而提供大容量和快速的电荷存储能力。金属氢氧化物因具有高的理论比电容和特殊的层状结构，作为超级电容器的电极材料被广泛报道，典型的有氢氧化钴［$Co(OH)_2$］、氢氧化镍［$Ni(OH)_2$］和层状双氢氧化物。金属氢氧化物可以通过调整结构形态、化学掺杂等形成不同复合电极材料结构来进一步增强其材料的导电性以及稳定性。此外，各种金属离子，包括电化学活性的过渡金属离子，例如 Fe、Ni、Co 和 Mn 离子，可以八面体配位到水镁石层中，使过渡金属氢氧化物成为电化学活性材料。普遍存在的过渡金属氢氧化物电子传导率低的问题可以通过结合氧化石墨烯（GO）或氧化碳纳米管等其他功能性材料来解决。这些导电碳材料可以形成三维多孔导电网络，有效增加电极材料与电解液的接触面积，促进过渡金属氢氧化物内部的电子转移和离子快速传输。过渡金属氢氧化物的电极材料一般还通过调节金属离子的类型、水镁石层中金属阳离子的原子比、选择合适的层间阴离子等方式来提升电化学性能。

1.2.1.4 超级电容器的应用

超级电容器由于具有快速充放电、功率密度高、适应温度范围广、循环寿命长和环境友好等优点被广泛地应用于轨道交通、可再生能源发电系统、电子产品、重型机械、航空航天以及军事等众多领域。

（1）作为动力汽车或混合动力汽车的电源

能源枯竭和环境污染的日益加剧，使得电动汽车成为未来交通领域的发展重点。电池性能的好坏直接制约着电动汽车的发展。常用于电动汽车的电池有锂离子电池、铅酸电池、镍氢电池等，这些电池可提供较高的能量密度，行程里程长，但是由于它们具有充放电时间长、使用寿命短、功率密度低等缺点，使得电动汽车的发展受到限制。而超级电容器虽然能量密度低，但具有充放电速度快、使用寿命长、功率密度高、适应温度范围广等优点。目前，超级电容器作为电动汽车的辅助电源，为电动汽车的应用提供了广泛的空间。例如，当电池因反复启动或为车载设备供电而电量耗尽时，超级电容器可提供大电流供电机的瞬时启动；在加速爬坡时，超级电容器能为动力汽车提供大的功率密度。

（2）作为可再生能源发电装置的储存补充电源

受环境和气候的影响，风能、水能、太阳能等清洁可再生能源的发电装置在输出电流时出现很大的电流波动范围，容易造成供电量的不足，并且影响电网的使用寿命。因此，人们将超级电容器和这些可再生能源的发电装置结合起来，将其作为可再生能源发电装置的储存、补充电源，能够迅速地将多余的电能储存起来，并在需要的时候适当地释放出来。这不仅稳定了可再生能源的输出，同时提升了电网的稳定性，如太阳能航空灯，在白天利用太阳能光伏将能量储存在超级电容器内，在晚上又通过超级电容器放电，由此便充分地利用了自然能源。此外，超级电容器的使用寿命比蓄电池长，且不会对环境造成二次污染。

（3）应用于智能三表（热量表、煤气表、智能水表）

传统的智能水表一般都是以锂电池作为内部电源，控制水阀的开启和关断。锂电池使用一段时间后就需要更换电池，而且电池电量不足是随机的，若不能及时发现就无法可靠地断开水闸，造成无法计费。超级电容器的使用寿命比锂电池的寿命长，以超级电容器来作为内部电源可延长水表的使用时间。此外，超级电容器具有大电流放电特性，能够保证水阀断开的可靠性。

1.2.2 锌离子混合电容器

1.2.2.1 混合超级电容器发展概况

超级电容器能量密度较低（＜ 10W · h/kg）一直是其发展的制约因素。混合超级电容器，通过电池型负极和电容型正极的完美结合，实现了二者间的优势互补，兼具高能量密度和高功率密度，如图 1-3 所示。锂离子混合电容器是一个典型案例，它采用锂金属作为负极材料，具有优异的电化学性能。然而，锂资源相对稀缺且价格昂贵，这限制了其广泛应用。为了替代锂作为混合电容器的电极材料，人们开始探索其他金属负极材料。钠和钾离子因与锂类似、资源丰富以及价格低廉而受到青睐。尽管钠离子和钾离子在化学性质上与锂离子相似，但由于它们的化学活性较高，并且仅在有机电解液中使用，因此存在潜在的安全和环境风险。为了解决这些问题，有必要开发更安全和环保的新型混合储能技术。

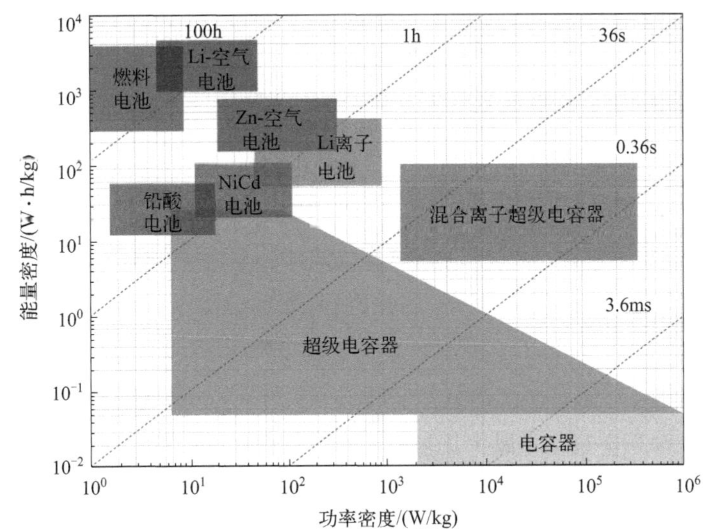

图 1-3 各类储能装置的电化学性能对比图

与锂、钠、钾等金属材料相比，锌具有安全性高、储量丰富、成本低、理论比容量高（823mA·h/g，Zn/Zn^{2+}）和氧化还原电位低［−0.76V vs. SHE（标准氢电极）］等优势[11,12]。因此，将电容型碳正极材料和电池型锌负极材料组装而成的锌离子混合电容器（zinc-ion hybrid capacitor，ZIHC），被认为是一种具有前途的绿色储能器件。

1.2.2.2 锌离子混合电容器储能机理

水系 ZIHC 通常由碳材料作为正极，锌箔作为负极，$ZnSO_4$ 或 $Zn(CF_3SO_3)_2$ 溶液为电解液，如图 1-4 所示。在充电过程中，SO_4^{2-}不断地从电解液中释放出来，这些阴离子与碳正极相互作用形成了双电层。随着充电的进行，Zn^{2+} 也逐渐沉积到负极表面。电子则由碳正极流向负极，实现电荷的交换。当进入放电阶段时，情况刚好相反，电子会逆向移动，从负极流向正极，这样正负两极之间的电荷分布就发生了逆转。ZIHC 的能量密度主要取决于电容型正极材料的性质，而功率密度则是由负极材料所决定。通过这种独特的工作原理，ZIHC 能够高效地实现正负极之间的能量转换，具备高能量密度与功率密度。

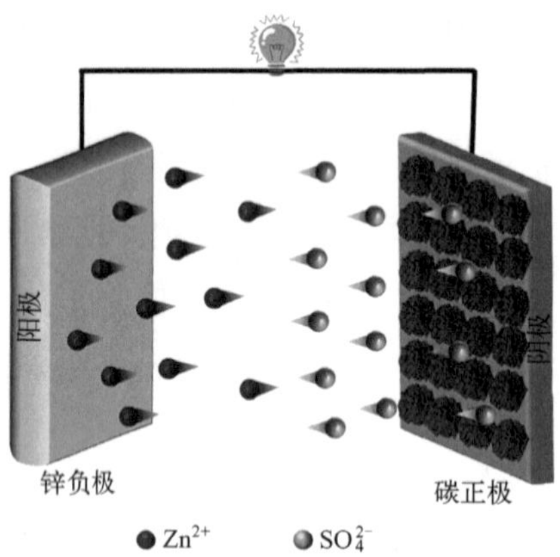

图 1-4 水系锌离子混合电容器装置示意图

1.2.2.3 锌离子混合电容器电极材料

（1）电容型材料

作为 ZIHC 的电容型正极材料，其主要依赖于双电层和赝电容效应进行电荷储存。双电层电容的贡献由正极材料与电解质离子的接触面积所决定，所以要求正极材料具有高比表面积（S_{BET}）和丰富的孔隙结构。而赝电容贡献受到正极材料表面官能团和氧化还原反应影响，通过在具有高 S_{BET} 和丰富孔隙结构的碳正极材料上进行杂原子掺杂，可进一步提升储存容量。此外，如导电聚合物、过渡金属氧化物等材料也可用作 ZIHC 正极材料。

1）多孔碳材料

碳材料具有储量丰富、成本效益高、环境友好、S_{BET} 高（可达 3000m^2/g）、孔结构可调、化学稳定性高和导电性好等优点，是目前极具潜力的 ZIHC 正极材料。Zhao 等[13]以乙二胺四乙酸为原料，制备了具有超高 S_{BET}（2854.07m^2/g）的三维多孔活性炭（3DAC），以 3DAC 为正极，锌箔为负极，在 1mol/L $ZnSO_4$ 溶液中组装了水系 ZIHC。得益于 3DAC 材料的高 S_{BET} 和多孔结构，组装后的 ZIHC 表现出优异的电化学性能。在 0.5A/g 的电流密度下其具有 213mA·h/g 的高比容量。同时，在 390W/kg 的功率密度下的能量密度高达 164W·h/kg。此外，在 10A/g 电流密度下循环 20000 次后，容量保持为初始容量的 90%，库仑效率接近 100%，表现出了良好的循环稳定性。Yu 等[14]发现从富含纤维素的甘蔗渣中提取的多孔碳通常具有较大的表面积，但石墨化程度和电导率较低。而椰壳主要由木质素组成，具有丰富的聚芳烃单元，相对稳定，易于形成二维（2D）结构。因此，富含木质素椰子壳多孔碳通常具有较高的石墨化程度和良好的导电性，但孔隙率适中[15]。

除了要追求更高的 S_{BET}，多孔碳材料孔径的大小也能够直接影响 Zn^{2+} 的有效存储。然而，孔径大小是如何影响 Zn^{2+} 储存的问题仍然没有给出明确答案。为此，Jian 的团队[16]通过尿素或硫脲作为多孔剂和杂原子掺杂剂，调节了木质素磺酸钠衍生多孔碳纳米片的孔径和形貌，利用不同孔隙结构和杂原子掺杂的碳纳米片，探讨了 Zn^{2+} 在多孔碳材料中的存储机制。研究发现，孔径大于 0.75nm 的微孔和微孔比例较高的多孔碳材料可以显著提高 ZIHC 的电容和速率能力。图 1-5 的示意形象地描述了 $Zn(H_2O)_6^{2+}$ 在不同孔径中的扩散行为（书后另见彩图）。大尺寸的 $Zn(H_2O)_6^{2+}$ 只能通过脱溶过程进入有限孔径的孔隙，小孔隙对 $Zn(H_2O)_6^{2+}$ 的储存会造成较大的能量屏障。因此，$Zn(H_2O)_6^{2+}$ 在小孔隙内部缓慢扩散，甚至被阻挡在小孔隙外部。较大的孔隙可以消除 $Zn(H_2O)_6^{2+}$ 的结构变形，从而使吸附的能势降低，使 $Zn(H_2O)_6^{2+}$ 在孔隙中快速扩散。此外，较大的孔隙可以最大限度地暴露活性位点，充分利用 Zn^{2+} 在杂原子活性位点上的特异性吸附所产生的赝电容反应。

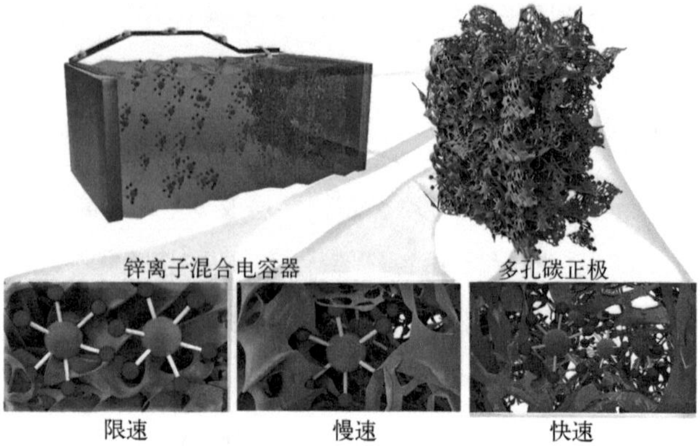

图 1-5 $Zn(H_2O)_6^{2+}$ 在不同孔径中的扩散示意图 [16]

2）杂原子掺杂碳材料

在碳材料中掺入杂原子可以改变碳材料的局域电子态，提高其赝电容电荷存储能力。Lou 等 [17] 通过木材的一步燃烧转化，成功制备了一种 N、O 共掺杂的 2D 碳纳米片材料，得到的 N、O 共掺杂多孔碳具有相对均匀的 2D 片状结构和较高的 S_{BET}（1248m^2/g）。N 和 O 原子掺杂不仅可以缩短离子传递路径，增加润湿性和导电性，以实现高功率输出，而且还提供了丰富的界面活性位点并提高了离子吸附能力，实现了高能量存储。基于这些优点，N 和 O 共掺杂的 2D 碳纳米片组装的 ZIHC 在 0.1A/g 电流密度下具有 111.0mA·h/g 的高比容量，在 30 倍高电流下具有 57.6% 的高容量保持率，在 225W/kg 功率密度下能量密度达到 109.5W·h/kg。经过 50000 次充放电循环后容量保留率为 92.7%，具有良好的循环寿命。

Liu 等 [18] 通过一步法制备了 N 掺杂多孔碳（N-HPC），如图 1-6 所示（书后另见彩图）。首先将壳聚糖浸入 $KHCO_3$ 和 $Fe(NO_3)_2$ 溶液中，将混合溶液均匀搅拌。干燥后的样品在 N_2 气氛下进行同步碳化和活化，得到分层多孔结构。在干燥过程中，用硝酸盐热分解产生的混合气体对混合物进行发泡。在 700℃以上，KOH 可与碳反应对碳材料进行活化，生成多孔结构，铁盐可在热处理过程中对碳材料进行石墨化。制备的 N-HPC 含有 5.3%（原子百分数）的 N 含量和 8.2%（原子百分数）的 O 含量。与无掺杂的碳材料相比，以 N-HPC 为正极的 ZIHC 表现出更高的比容量。在 58.5W/kg 的功率密度下，可以提供

191W·h/kg 的高能量密度，即使在 3633.4W/kg 的高功率密度下，能量密度仍然保持到 92.5W·h/kg。实验结果表明，石墨化提高了碳材料的电导率，N 掺杂有利于降低碳材料与 Zn^{2+} 之间的键能势垒并且为 Zn^{2+} 提供额外的化学吸附位点，O 掺杂则是提高了碳材料的表面润湿性，加速了离子的转移。

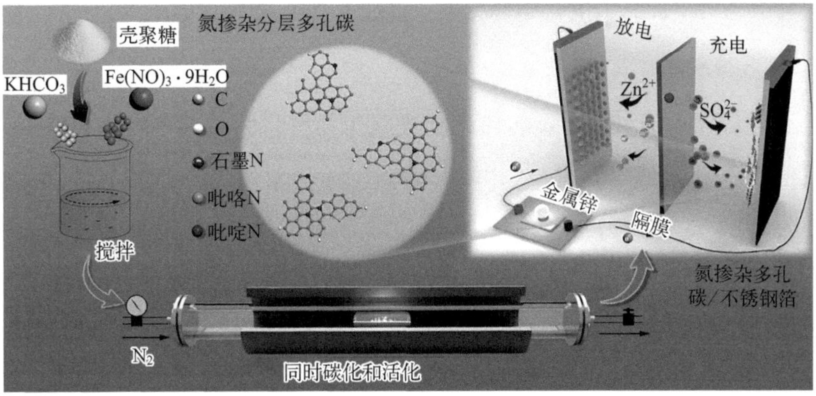

图1-6 N-HPC 的合成示意图[17]

为了解决活性炭导电性差以及电解液与电极之间润湿性差的问题，Lee 等[19]提出了一种新型的磷和硼共掺杂活性炭（P&B-AC），B 掺杂增强了材料的导电性，同时 P 掺杂改善了润湿性。组装的水系 ZIHC 具有优异的电化学性能，在 0.5A/g 下比容量为 169.4mA·h/g，经过 30000 次循环，仍然保持初始容量的 88%。优异的储能能力归因于 P 和 B 共掺杂的协同效应，这有利于碳基正极上快速 Zn^{2+} 扩散和电荷转移速率。Yin 等[20]制备了富氧多孔碳材料。基于多孔碳的双电层、在每次充放电循环中氧官能团氧化态的变化和可逆的电化学吸附与解吸所产生的额外赝电容，组装的水系 ZIHC 获得了高比容量和高能量密度。此外，简单的表面碳涂层策略抑制了锌枝晶生长，有效延长了 ZIHC 的循环稳定性。组装后的 ZIHC 具有 340.7F/g 的高比容量、104.8W·h/kg 的最大能量密度和 48.8kW/kg 的超高功率密度。

Gao 等[21]制备了氮和磷共掺杂层叠多孔碳（NP-HPCs）。$NP-HPC_3$ 显示出优异的比容量（在 0.1A/g 时为 275.0F/g）和倍率性能（在 20A/g 时为 182.0F/g）。基于 $NP-HPC_3$ 的水系 ZIHC 在功率密度为 90.7W/kg 时，具有 107.8W·h/kg 的高能

量密度、较长的循环寿命（10000 次循环后容量保持率为 96.9%）以及出色的抗自放电性能（0.001145V/h@200h）。同时他们也探讨了 Zn^{2+} 的储存行为与碳材料结构特性之间的相互关系：a. 三维交联结构保证了电子的连续传递，增强了碳骨架的稳定性；b. 发达的分层多孔结构为 Zn^{2+} 吸附提供了丰富的微孔，为其扩散提供了大量的介孔；c. N、P 杂原子诱导的活性位点的增加改变了碳表面的电子结构，提高了电化学动力学，促进了 Zn^{2+} 的可逆吸附。

3）其他材料

不同于多孔碳材料，金属氧化物或碳化物材料的电容贡献主要由氧化还原反应产生，即赝电容贡献。MnO_2、RuO_2 等一系列赝电容性金属氧化物均可作为 ZIHC 正极材料。金属氧化物由于其本身的导电性较弱，往往需要通过与碳材料进行复合处理，来提升电极的整体电化学性能。$RuO_2 \cdot nH_2O$ 作为一种赝电容性材料，其电容性电荷存储行为不依赖于纳米颗粒的大小。Dong 等[22]设计了一种基于 $RuO_2 \cdot nH_2O$ 赝电容储能机制的 ZIHC。该器件能够快速高效地进行充放电，在 16.74kW/kg 的功率密度下，可实现 82W・h/kg 的能量密度。然而，Ru 是一种典型的稀有金属，这大大提高了材料的成本。除了碳材料和赝电容材料外，其他一些新材料也被报道用于 ZIHC，如黑磷（BP）[23] 和 TiN[24] 等。

（2）电池型材料

金属锌、锰基氧化物和钒基氧化物是可充电 ZIHC 中常用的电池型电极材料。金属锌的优势包括成本低廉、能够大规模生产、无毒、双电子氧化还原特性、理论比容量高和氧化还原电位低等。因此，锌箔是最常用的 ZIHC 的电池型材料。

然而，金属锌作为水系 ZIHC 电极材料却存在几个问题，包括枝晶生长、腐蚀和钝化，如图 1-7 所示[25]（书后另见彩图）。锌枝晶的产生会加剧锌的腐蚀和钝化，因为锌枝晶有更多的低配位锌原子和缺陷晶格面，可以催化腐蚀过程。因此，解决这些问题显得尤为重要。Zeng 等[26]将可弯曲的碳纳米管作为金属锌的骨架，构建了无枝晶的复合锌电极。An 等[27]采用分级纳米结构的 2D 锌金属电极构筑 ZIHC。这种对锌的结构进行的合理设计，不仅能够增强锌电极的力学性能，并且额外提供了电化学活性位点。目前对于锌负极的改善越来越引起研究人员的关注。

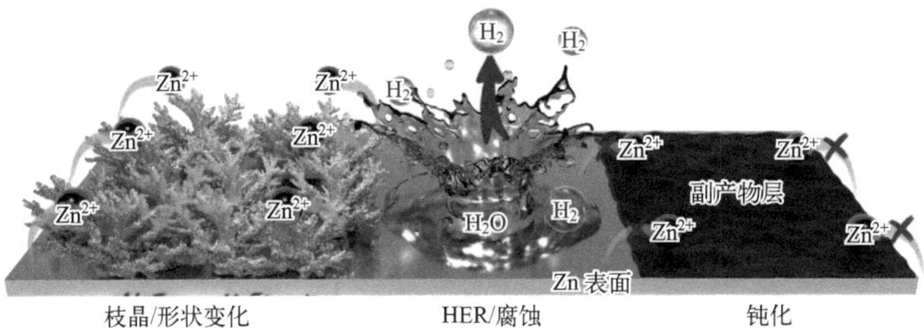

图 1-7　锌电极的枝晶 / 形状变化、腐蚀和钝化问题示意图 [25]

1.2.3　钠离子电池

1.2.3.1　钠离子电池发展概况

锂离子电池因其具有高能量密度和长循环寿命等优点，成为目前大规模储能的理想方案，也是综合性能最优的二次电池，广泛应用于消费类电子产品、电动汽车等。但由于锂离子电池需求的快速增长与锂资源短缺、成本升高之间的矛盾，人们不断寻找和研发新的可充电电池。与锂元素处于同一主族的钠元素与其具有相似的物理化学性质，且钠价格低廉、资源丰富（地壳中的含量约为 2.64%），此外，钠具有比锂更高的氧化还原电位（E_{Na} 约为 −2.7V，E_{Li} 约为 −3.04V）。因此钠离子电池被科学家们认为是最有潜力替代锂离子电池的新型储能体系之一。

早在 20 世纪 70 年代人们就开始钠离子电池的研究，近十年更是迎来了井喷式增长。目前钠离子电池的能量密度为 100 ～ 150W · h/kg（三元锂离子电池的能量密度达到 250W · h/kg），循环寿命约为锂电池的 65%。虽然钠离子电池的能量密度和循环寿命无法与锂离子电池媲美，但资源和成本优势以及低温快充特点使其可以替代或补充部分锂离子电池得到应用，例如储能电站、电动汽车、两 / 三轮车和启停电池等。

相对于锂离子电池，除了成本低廉、储量丰富，钠离子电池还具有以下优势：

① 安全性高，在过充、短路、挤压等测试中，无起火、爆炸现象；

② 高低温环境均能保持较好的容量；

③ 仅需要较低浓度电解液就可以达到同样的离子电导率；

④ 界面离子扩散能力更强；

⑤ 可采用双极性电极，以提高体积能量密度；

⑥ 可采用廉价的铝箔作为钠离子电池正负极的集流体；

⑦ 工作原理类似，电池生产设备可兼容。

由此可见，相对于锂离子电池，钠离子电池展现出了巨大的开发潜力，某些技术指标甚至更具优势。钠离子电池和锂离子电池在结构、部件、离子迁移和储能机理等方面都具有相似性，只是钠离子代替锂离子成为离子载体，因此研发钠离子电池可以利用相对成熟的锂离子电池的技术路线，并应用相近的化合物作为关键材料。然而由于钠离子的半径（约为 0.102nm）和摩尔质量（22.99g/mol）远大于锂离子的半径（约为 0.076nm）和摩尔质量（6.94g/mol），钠离子电池的能量密度要低于相应的锂离子电池，并且钠离子在充放电过程中的嵌入和脱出会引起电极材料较大变形进而影响其稳定性。因此，要想推进钠离子电池的实用化，电极材料的研发是关键。

1.2.3.2　钠离子电池工作原理

钠离子电池组成及工作原理如图 1-8 所示[28]（书后另见彩图）。一个电池由正极、负极、电解液、隔膜和集流体等组成的电化学装置，其中正极材料以嵌入型钠离子化合物为主，而负极材料则主要采用嵌入型硬碳材料。其工作原理与锂电池相似，是一种“摇椅式”的过程。在充电时，Na^+ 在电势差的驱动下从正极材料的晶体结构中脱出，经过电解质进入负极材料，同时电子也经外电路流入负极与经过电解质过来的 Na^+ 结合发生氧化还原反应。放电过程，与充电时的过程相反。整个反应在封闭系统中进行，确保电荷平衡。

1.2.3.3　钠离子电池负极材料

负极作为钠离子电池的关键构成部分，其成本占据电池总成本的 14%。钠离子电池负极材料主要包括金属氧硫化物、合金、有机物、碳材料，如图 1-9

所示[29]（书后另见彩图）。合金类负极有较好的导电性和极高的理论容量，如锡的理论比容量为 847mA·h/g[29]，红磷的理论比容量为 2596mA·h/g[30, 31]，但储钠过程中会发生严重且不可逆的体积膨胀（200% ～ 400%），导致电极粉化、循环容量迅速衰减[32]。金属氧化物和硫化物等转化类材料同样有较高的理论比容量（500 ～ 1000mA·h/g）[33]，然而较差的导电性限制了电子传输和倍率性能。若要改善转化类和合金类负极的循环稳定性，往往需要对电极材料进行纳米化设计，这将降低电极体积能量密度并提升工艺成本。有机材料具有结构多样性、可控的氧化还原性能、机械灵活性和成本效益等优势，但由于较低的电导率和有机溶剂中的化学不稳定性，有机电极往往表现出缓慢的反应动力学和较差的循环稳定性。

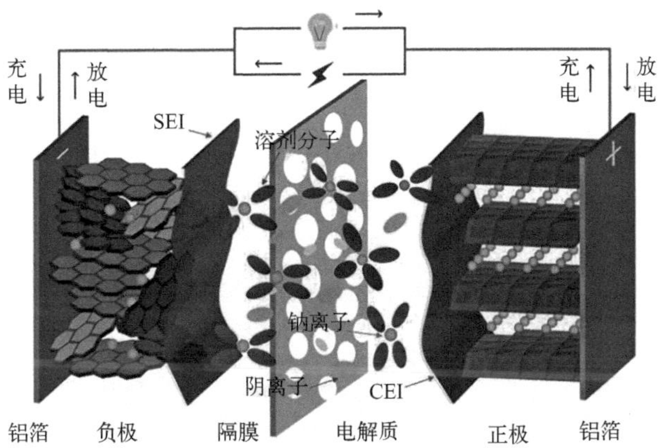

图 1-8 钠离子电池的工作原理[28]

（SEI 为固体电解质界面层；CEI 为正极电解质界面）

一个好的钠离子电池负极必须满足以下条件：

① 其元素组成应具有较低的原子量和密度，可以使其容纳更多的钠离子，实现高容量；

② 其电势应接近纯金属钠，并且在钠含量变化时保持稳定，与正极材料配合时确保电池的总工作电压不得低于正极电压；

③ 与电解质兼容性好，不与电解质中的盐或溶剂发生副反应；

④ 环境友好、成本低廉，并具备较高的导电性，以满足实际应用需求。

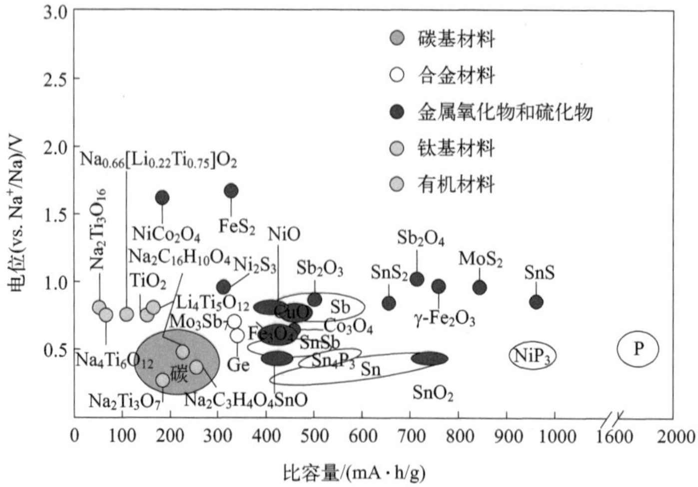

图 1-9 钠离子电池负极材料电压与比容量图[29]

（1）碳基材料

鉴于石墨在锂离子电池中作为商用负极材料的广泛应用，碳基材料也被视为钠离子电池负极材料的理想材料，并且碳基材料对钠具有低电压以及化学结构稳定的特性。然而，石墨对钠离子没有明显的插层作用，可能是由于钠离子与石墨之间存在弱相互作用。Thomas 等[34]研究了石墨在碳酸丙酯中溶解氯化钠的可逆容量，结果表明石墨的可逆容量仅有 14mA·h/g。Wen 等[35]通过对石墨进行氧化和部分还原处理，得到的膨胀石墨具有 0.43nm 的大层间距，并且保留了与石墨相似的长程有序层状结构，在 20mA/g 的电流密度下，可以提供 284mA·h/g 的高可逆容量，并在 2000 次循环后，仍能保留其 74% 的容量。由于纯石墨的容量较低，所以作为替代品的非石墨碳、金属 - 有机骨架基碳材料和碳纳米材料等材料得到了广泛的研究。

碳原子外部电子的杂化方式有 sp、sp^2 和 sp^3 三种类型，用于钠离子电池的碳负极以 sp^2 杂化为主，根据结晶度的差异可将碳材料分为石墨化碳和非石墨化碳。非石墨化碳，又称无定形碳，根据石墨化的难易程度分为易石墨化碳（软碳）和难石墨化碳（硬碳）。

软碳是指经过高温处理（2800℃以上）可以石墨化的碳材料，通过液相或气相热解获得。炭黑和沥青衍生的碳属于软碳。Xiao 等[36] 利用醚基溶剂制备炭黑，在 50mA/g 的电流密度下，其初始可逆容量为 234mA·h/g，初始库仑效率为 61.45%，2000 次循环后容量保持为 72mA·h/g。

硬碳是一种即使在 2500℃以上也难以石墨化的碳，因其高的机械硬度而得名[37]。硬碳的形态可以是球形的、线状的或多孔的，在材料合成过程中其通常能够保持前驱体的形貌。其中生物质材料凭借其低成本、绿色环保和可再生的特点，成了制备硬碳材料的优选前驱体。Shen 等[38] 采用废弃生物质大蒜茎作为前驱体，研究了热解温度和时间对其结构和性能的影响。在碳化温度为 800℃、碳化时间为 2h 时，碳材料具有高比表面积、丰富的缺陷位点及孔结构和较大的层间距，在钠离子电池中循环 100 次后比容量为 159mA·h/g。Cheng 等[39] 以互花米草作为碳源，在 1000 ～ 1600℃的温度范围内对材料进行热解，所制备的多孔碳材料在钠离子电池充放电过程中提供了较大的层间距和丰富的孔隙结构，使其具有高比容量以及良好的循环性能和倍率性能。Ou 等[40] 以玉米秸秆为原料，通过简单的活化法制备多孔碳材料，经活化处理的碳材料具有高比表面积（2150m^2/g）和大量的微孔结构。将其用作钠离子电池负极材料，展现出了较高的初始容量（在 0.1A/g 下容量为 439mA·h/g）和优异的倍率性能（在 5A/g 下的容量为 132mA·h/g）。多孔碳材料具有丰富的孔结构，其内部存在较多的缺陷，为钠离子的存储提供了活性位点，并且可以缩短钠离子的扩散路径，有利于非水电解质的渗透以及有效缓解储钠时的体积膨胀。多孔碳材料在钠离子电池中展现出独特的优势，不仅具有较高的比容量，还表现出优异的循环性能和倍率性能，使得其成为钠离子电池负极材料的理想选择。Zhao 等[41] 以植物生物质（葱皮、洋葱皮、大蒜皮等）为原料，采用简单的热解法制备了硫掺杂的三维碳纳米片，在电流密度为 50mA/g 时提供了 605mA·h/g 的超高可逆容量，在 10A/g 时提供了 133mA·h/g 的高倍率性能，此外，在 5A/g 时循环 2000 次后其容量保持率为 94%。通过简单的掺杂方法获得的具有优异性能的碳材料，具有大规模生产商业钠离子电池负极材料的巨大潜力。

（2）有机类材料

有机类材料具有丰富的天然来源、多样的结构和高电化学性能，主要包括有机小分子（共轭羧酸有机化合物）[42，43] 和聚合物，其中聚合物又分为席夫碱聚合物（反应发生在 C═N 位点）、聚酰胺（反应发生在 C═O 位点）[44] 和导电聚合物（共轭聚合物）[45]。

席夫碱聚合物是一种具有席夫基官能团的有机分子，席夫基官能团是醛/酮的含氮对应基团，由 C═N─R 取代 C═O，导致钠离子储存的氧化还原反应发生在席夫碱聚合物的 C═N 位点。第一项研究由 Castillo-Martinez 等 [46] 在 2014 年报道，他们发现在电流密度为 26mA/g 时，可逆容量为 350mA·h/g，反应电压低于 1.5 V（vs. Na/Na^+）。这种材料的电化学性能、溶解度和结构可调性使其成为极具潜力的钠离子电池负极材料。

（3）合金类材料

钠可以与硅、锡、锗、磷和铋等形成合金，提供较高的能量密度，具有潜在应用价值。然而，在钠离子电池的充放电过程中，这些金属离子在嵌入和脱出时会引起材料体积的显著膨胀和收缩，这种体积的变化不仅会导致电池内部的物理损坏，如击穿和故障，还会影响电池的整体性能，使其逐渐降解。此外，还会对固体电解质界面膜的形成产生不利影响，使其变得不稳定，进而影响电池的循环寿命和性能稳定性。为解决这些问题，研究人员也做出了一些应对措施，如将材料进行结构纳米化。Abel 等 [47] 将通过蒸发沉积合成的纳米柱状锗薄膜作为钠离子电池的负极材料进行了电化学性能测试，纳米柱状锗薄膜的可逆容量（430mA·h/g）高于理论容量（369mA·h/g），循环 100 次后，其保留了 88% 的初始容量。而致密锗薄膜电极在 15 次循环后开始变质。此外，人们还通过制备复合材料来提高合金负极材料的循环性能，减缓其容量衰减。Ruan 等 [48] 制备了氮掺杂碳纳米管锡复合材料，在 100mA/g 下，可逆容量为 398.4mA·h/g，而纯锡的可逆容量只有 17.5mA·h/g，循环 150 次后容量保持率为 67.3%，这种改善主要归功于氮掺杂碳纳米管的加入，其有效地保证了结构完整性和导电性。

1.2.3.4 硬碳负极材料储钠机理

高温碳化后硬碳中的短石墨烯片（也称为石墨域或伪石墨）呈短程有序排

列，形成 2 ～ 6 层不等的有限堆叠，长度可达 4nm[49, 50]。相关研究表明石墨域的平行碳层通常是弯曲的或湍流的，而这种弯曲的石墨化碳层相互堆叠和连接会形成高度扭曲的结构，并呈现出许多纳米孔，从而为钠离子在硬碳中的嵌入提供更多的空间。与石墨（0.335nm）相比，硬碳扭曲的碳层结构增加了石墨化碳层之间的排斥力，从而使其具有更大的层间距（约 0.38nm）[51]。这种大的层间距和纳米孔也有利于钠离子的扩散和循环过程中结构的稳定。此外，碳化过程中的杂原子还会在碳层中形成缺陷位点。而除了石墨域之外，硬碳结构中还存在大量的空位、边缘和缺陷位点。

储钠机理的探索对于深入了解硬碳结构对其电化学性能的影响以及指导硬碳材料的前期设计合成是至关重要的。然而，作为一种无定形碳材料，硬碳通常由大量无序的石墨微晶和无定形区域组成（“纸牌屋”结构），没有精确的晶体结构模型，因此在理论上研究硬碳嵌钠 / 脱钠过程中的物理化学变化较为困难。这样，硬碳储钠机制的不确定性会阻碍前期微观结构的合理设计和电化学性能的优化。因此，深入研究硬碳材料的储能机理十分重要。

基于现有观察到的实验现象，各种机理模型已被提出，包括“插层 - 填孔”“吸附 - 插层”“吸附 - 填孔”“吸附 - 插层 / 填孔”等[52, 53]（部分模型见图 1-10，书后另见彩图）。综合来看，硬碳材料中的储钠行为主要包括：a. 表面、缺陷位点和官能团的吸附；b. 微孔填充；c. 石墨化碳层的插层。另外，常规硬碳的电化学充放电曲线一般分为平台区（0.1V 以下）和斜坡区（0.1V 以上）两个部分。目前的争议主要集中在平台区和斜坡区分别对应储钠机理的认识。在锂 / 钠离子电池发展的早期，Stevens 和 Dahn[53] 提出了锂 / 钠离子在负极中嵌入和脱出的“插层 - 填孔”模型。他们的研究使用了葡萄糖衍生的硬碳作为电极材料。实验结果表明硬碳在锂离子电池和钠离子电池中的充放电曲线非常相似，间接地表明锂离子和钠离子在硬碳中的存储机制类似。其中电势斜坡区和平台区分别对应于钠在层间的插入和纳米孔中的填充。但是，在后续的研究中发现提高热解温度会导致硬碳的比表面积和缺陷浓度降低以及石墨化程度增加，从而导致斜坡区容量明显降低而平台容量提升[52, 54]。在此基础上，Cao 等[55] 提出了一种与上述“插层 - 填孔”模型相反的“吸附 - 插层”机制，通过理论计算表明有利于钠插入硬碳的层间距应大于0.37nm。随后Ding等[56]在研究蘚类衍生硬碳的钠储存特性时发现，当硬碳材料从0.1V放电到0.001V时，层间距从3.96Å扩大到4.16Å（1Å=0.1nm），即表明平台区域对应于插层机制。Yang等[57]通过高分辨透射电镜（HRTEM）测量发现，钠离子的插入导致纤维素衍生硬碳的层间距变大。随后Li等[58]通过掺杂不同的元素来调控硬碳层间距的大小，发现磷和硫的引入能够扩大层间距，而硼的掺杂则减小了层间距。电化学测试表明，掺磷和掺硫的硬碳的平台容量明显高于原始硬碳的平台容量，而掺硼的硬碳的平台容量会下降。这些均表明增大层间距有利于钠的嵌入，从而提升平台区域的容量。

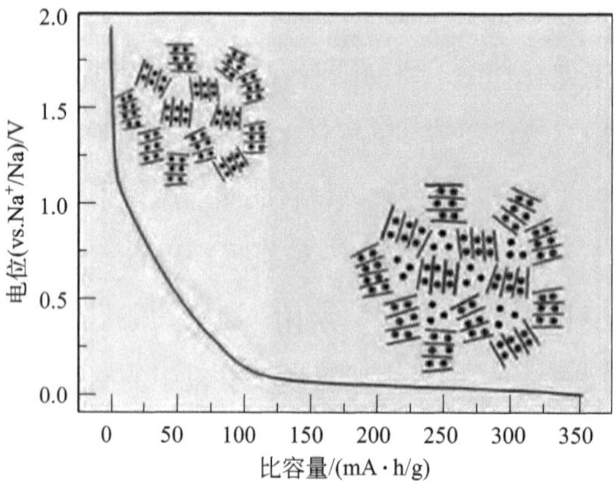

(a) 插层-填孔模型[53]

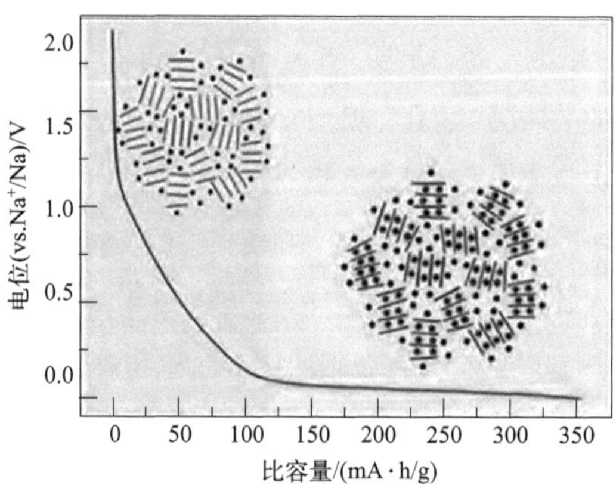

(b) 吸附-插层模型[53]

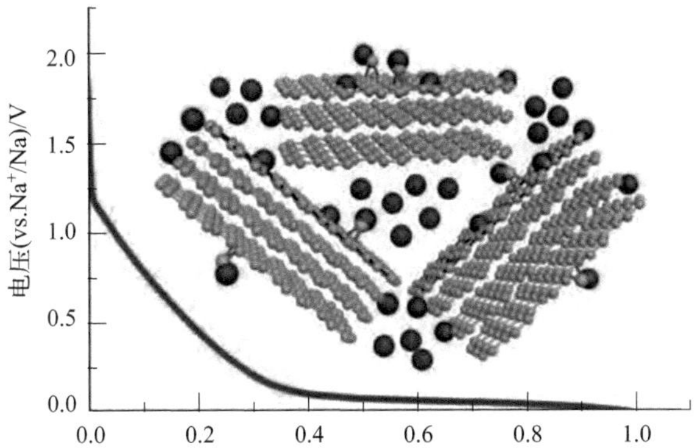

(c) 吸附-填孔模型[52]

图 1-10　硬碳的储钠机理模型

然而，大多数在低碳化温度下制备的硬碳具有较多的无序结构和大的层间距，其充放电曲线上却没有平台区。因此，Sun 等[59]对“吸附 - 插层”模型进行了拓展。他们把层间距 4.0Å 以上的石墨化碳层定义为特殊的“缺陷”，这种碳层对钠离子呈现出“伪吸附”的现象。如图 1-11 所示（书后另见彩图），当层间距大于 0.4nm 时，这种超大层间距的石墨化碳层和常规的“缺陷”（如孔、边、杂原子）一起可导致 0.1V 以上的斜坡区容量。层间距为 0.36 ～ 0.40nm 时，伪石墨化碳则通过“层间嵌入”机制存储 Na^+，所产生的 NaC_8 可提供理论容量为 279mA · h/g 的平台比容量。而层间距小于 0.36nm 的类石墨化碳则无法储存钠。随后，Lu 等[60]通过简单的球磨方法也探索了钠的储存机制。球磨处理后硬碳的平台容量急剧下降，这与锂离子电池中石墨化结构塌陷造成的现象一致，表明了平台区域的插入机制是合理的（图 1-12，书后另见彩图）。但是，球磨也会破坏封闭的微孔，导致平台容量降低。Sun 等[61]在嵌钠 / 脱钠过程中对富含羧基和不含羧基的硬碳进行了原位 X 射线衍射（XRD）测量，观察到不同的现象。例如，对于富含羧基的硬碳来说，吸附在碳层边缘的钠离子趋向于增加排斥力并导致层间距逐渐扩大，而无羧基硬碳中钠的嵌入则发生在低压平台区域中。此观察表明嵌入机制确实存在，但杂原子掺杂和非掺杂碳的储钠过程会略有不同。

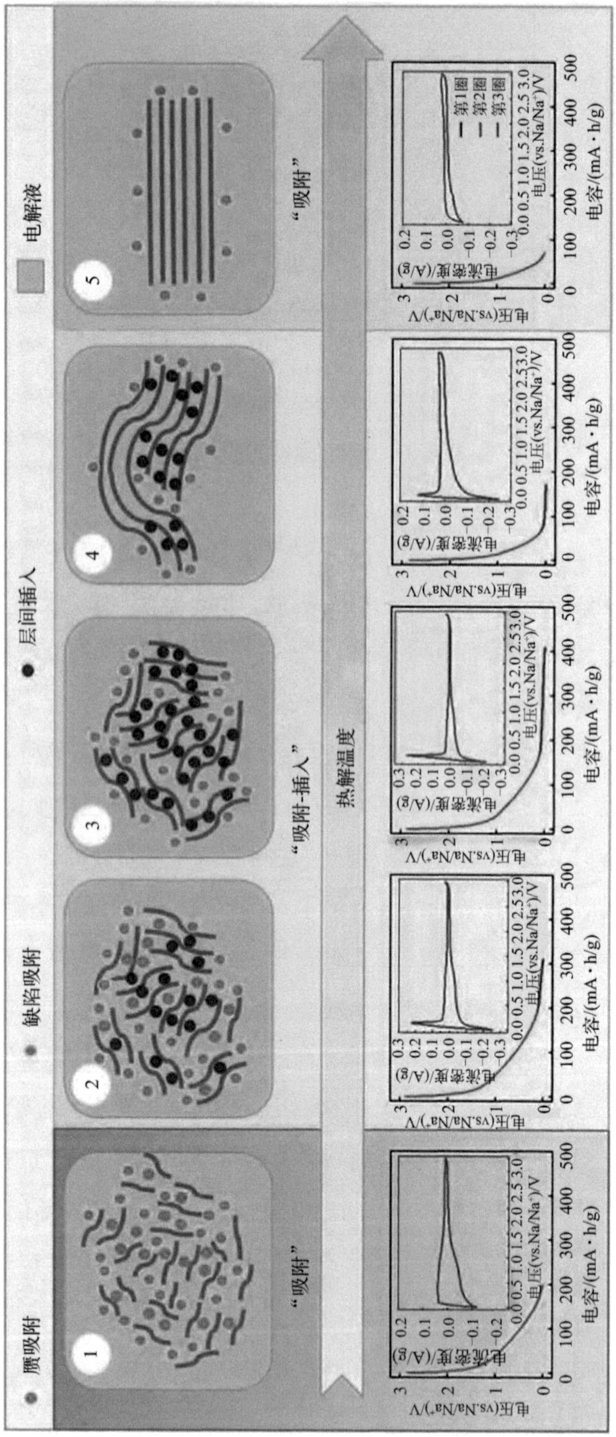

图 1-11　扩展的吸附 - 插层模型[59]

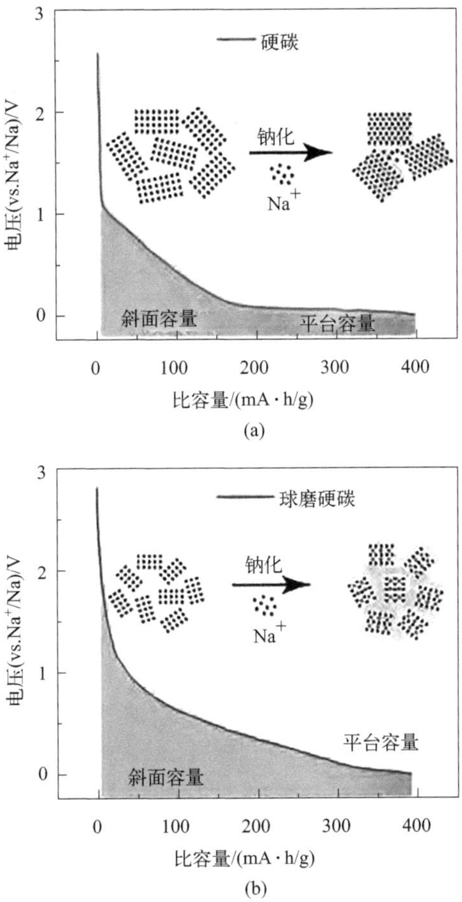

图 1-12　球磨硬碳的储钠机理示意图[60]

尽管有大量文献支持“吸附 - 插层”机制，但该模型仍然无法解释另外一些实验现象。例如，Li 等[62]通过高分辨透射电子显微镜（HRTEM）发现，放电至 0V 后硬碳材料的层间距并没有发生变化，表明钠几乎没有嵌入到硬碳中。更重要的是，石墨化碳层的边缘和纳米孔隙在钠化后变得非常模糊，表明这些位置已被钠所填满。Bin 等[63]合成了具有多壳空心碳纳米结构（MS-HCNs）的硬碳以调控孔的体积。如图 1-13 所示（书后另见彩图），随着硬碳壳层数的增加斜坡区容量并没有发生变化，而平台的容量却有所增加，这证实了纳米孔的填充机制以及纳米孔在钠的储存中所起到的重要作用。

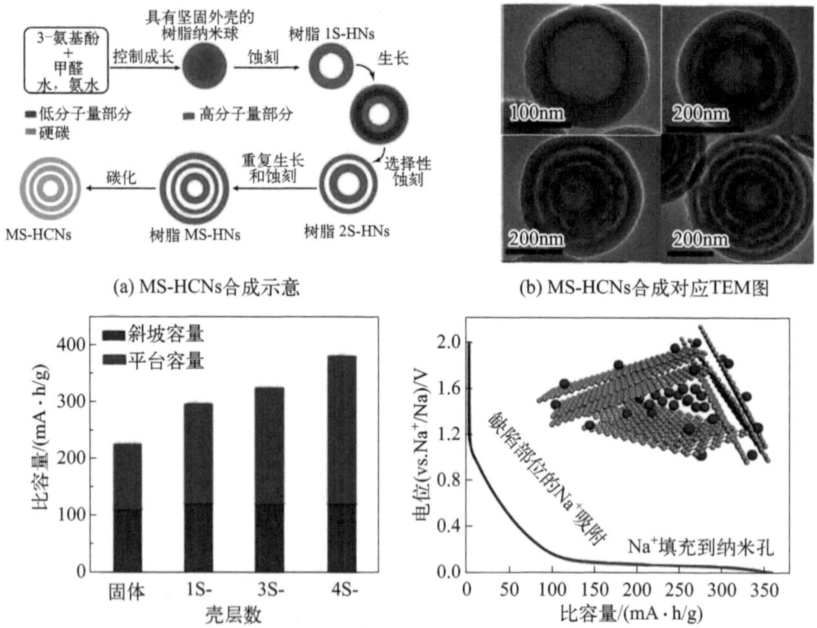

(a) MS-HCNs合成示意

(b) MS-HCNs合成对应TEM图

(c) 样品第二次循环的斜坡容量和平台容量分布

(d) 储钠机理示意图

图 1-13 MS-HCNs 的合成示意图及对应的 TEM 图、样品第二次循环的斜坡容量和平台容量分布（c）和储钠机理示意图（d）[63]

目前看来，钠在层状空间内的扩散和储存行为以及纳米孔的优化方法研究较少。一般情况下，适当提高碳化温度会降低比表面积，同时有利于增加闭孔体积和孔径[64]。然而，富集的孔体并不总是有利于增加平台区域的容量。有时这些过度发达的孔隙会导致石墨化碳层和缺陷的扩散路径减少，致使钠离子无法进入一些孔内，限制了材料的容量。最近，Xia 等[65]合成了表面具有含氧官能团的超微孔（约 0.5nm）和富含吸附钠活性位点的硬碳材料，其中的超微孔可以防止电解液的进入。这种特殊的表面结构在充电过程中表现出双重电位平台，相对较高电压的平台能够极大地提高倍率性能。

从上述储钠机理的研究可以看出，目前有限的表征手段有可能只获取部分事实，从而导致不同研究者所获取的信息不同而得出迥然不同的结论。而随着实验表征方法在技术上的突破和发展，相信许多科学推测能够通过实验表征直接给予证明。

硬碳作为钠离子电池负极材料时也存在着一些缺点，例如低的电极电位和首圈库仑效率（initial coulomb efficiency，ICE）及差的循环稳定性和倍率。这些因素严重阻碍着硬碳负极材料的产业化应用。虽然对硬碳材料的储能机理还有待进一步的确认，但是关于硬碳储钠性能的提升策略却存在一些共通之处。基于对硬碳储钠机理的认识，硬碳材料储钠性能（倍率、比容量、首圈库仑效率）提升的策略主要集中在以下几个方面：

① 通过调控前驱体的合成以及热解过程在微观上调控硬碳的孔隙结构和层间距；

② 与其他材料的包覆和复合、杂原子掺杂等来调控材料的缺陷程度和层间距；

③ 电解液的调控以及预钠化的处理。

1.3　储能材料的迭代

随着社会经济发展与能源转型加速推进，电化学储能系统面临多维性能需求升级，如对能量密度和功率密度提出更高的要求，同时满足快速充放电能力、宽温域适应性和长循环寿命等综合技术指标，以支撑新能源汽车、智能电网等新兴领域对先进储能技术的迫切需求。而传统材料已无法满足需求，需要探索新的材料，如纳米复合材料[66]、有机稠合芳香族材料[67]、硅碳材料、多孔石墨化碳材料等。

1.4　多孔石墨化碳材料的核心优势与研发价值

双电层的储能机理是基于电解液离子在碳电极表面高度可逆的吸附 / 脱附。因此，理想的储能碳材料应该同时具有高的比表面积和良好的导电性，既能为电荷储存提供足够的空间，同时又具有良好的导电网络[68]。然而，通常情况下提高碳材料的导电性就会降低比表面积，二者处于一种相互制约的关系，即“trade-off”效应[69]。近年来，碳纳米管和石墨烯由于具有良好的导电性备受关注[70, 71]，但是它们的比表面积较低，不利于电荷的储存，而且生产过程中需要烦琐的制备工艺、昂贵的金属催化剂和剧毒的化学药品。相比而言，活性炭具有非常高的比表面积和丰富的孔结构，但是它的导电能力差。KOH 作为制备活性炭常用的活化剂，腐蚀性非常大，而且会破坏碳结构，导致石墨化度降低。

高温碳化（碳化温度介于 2500 ～ 3000℃之间）可以提高碳材料的石墨化程度，改善其导电能力。在碳化过程中，碳原子会发生重排，能使无定形碳转化为石墨化碳，但碳化温度过高会使碳材料的孔径发生明显收缩，结构坍塌不可避免，尤其在没有任何模板保护的条件下，并且采用这种耗能较大的高温工艺来制备石墨化碳并不是一个长期有效的解决方法。催化石墨化法是在金属催化剂的作用下，使材料在较低温度（＜ 1200℃）下产生原位石墨化结构的方法。常见的催化石墨化试剂以 Fe、Co、Ni 为主，催化活性大小顺序为 Fe ＞ Co ＞ Ni。催化石墨化过程可通过溶解 - 沉淀和碳化物形成 - 分解机制进行，具有成本较低、方法简单等优点。

多孔石墨化碳（PGC）具有良好的孔性结构和导电性，是一种具有发展潜力的碳材料。最近，研究者通过各种方法合成 PGC。例如，Gu 课题组[72]和 Sevilla 课题组[73]通过将前驱体和金属催化剂一步碳化成功制备了 PGC。虽然合成的 PGC 具有良好的石墨化度，但是它们较低的比表面积使其不能广泛应用于各个领域。许多研究者用活性炭作为前驱体来制备 PGC，比表面积高达 1500m^2/g。然而，这一方法需要多步反应，包括活化和石墨化，因此该方法制备 PGC 过程烦琐，成本较高。也有研究人员通过将 $FeCl_3$ 和 $ZnCl_2$ 同时引入到碳前驱体中[74, 75]，成功地制备了大容量、高导电性的 PGC。但是 $ZnCl_2$ 与碳前驱体的质量比（约为 1 ～ 3）较高，使得碳产率较低，成本较高。此外，$ZnCl_2$ 是一种有毒而且具有腐蚀性的化学药品，沸点为 732℃[76]，因而当碳化温度高于 732℃时，$ZnCl_2$ 会以气体的形式挥发，而 $ZnCl_2$ 蒸气容易使人咳嗽、恶心、刺激皮肤和黏膜。因此，探索一种危害较小、经济有效，能够将活化与石墨化结合起来简化制备 PGC 的方法显得尤为重要。

参考文献

[1] Zhu Y，Murali S，Stoller M D，et al. Carbon-based supercapacitors produced by activation of graphene[J]. Science，2011，332（6037）：1537-1541.

[2] 范壮军．超级电容器概述 [J]．物理化学学报，2020，36（2）：9-11，8.

[3] Simon P，Gogotsi Y. Materials for electrochemical capacitors [J]//Nanoscience and Technology：A Collection of Reviews from Nature Journals. London：Nature Pub. Group，2010：320-329.

[4] Kötz R，Carlen M. Principles and applications of electrochemical capacitors[J]. Electrochimica Acta，2000，45(15-16)：2483-2498.

[5] Sheberla D，Bachman J C，Elias J S，et al. Conductive MOF electrodes for stable upercapacitors with high areal capacitance[J]. Nature Materials，2017，16(2)：220-224.

[6] Akbulut S，Yilmaz M，Raina S，et al. Advanced supercapacitor prototype using nanostructured double-sided MnO_2/CNT electrodes on flexible graphite foil[J]. Journal of Applied Electrochemistry，2017，47(9)：1035-1044.

[7] Yan J，Fan Z，Wei T，et al. Fast and reversible surface redox reaction of graphene-MnO_2 composites as supercapacitor electrodes[J]. Carbon，2010，48(13)：3825-3833.

[8] Zhao C F，Lu K，Ma H. Direct interfacial growth of MnO_2 nanoparticles on carbon nanofiber surfaces for high-performance asymmetric supercapacitors[J]. RSC Advances，2016，6(109)：107638-107643.

[9] Kim C H，Kim B H. Zinc oxide/activated carbon nanofiber composites for high-performance supercapacitor electrodes[J]. Journal of Power Sources，2015，274：512-520.

[10] Lee K S，Park C W，Kim J D. Synthesis of ZnO/activated carbon with high surface area for supercapacitor electrodes[J]. Colloids and Surfaces A：Physicochemical and Engineering Aspects，2018，555：482-490.

[11] Dong L，Ma X，Li Y，et al. Extremely safe，high-rate and ultralong-life zinc-ion hybrid supercapacitors [J]. Energy Storage Materials，2018，13：96-102.

[12] Leng C，Fedoseeva Y V，Zhao Z，et al. Rational-design heteroatom-doped cathode and ion modulation layer modified Zn anode for ultrafast zinc-ion hybrid capacitors with simultaneous high power and energy densities [J]. Journal of Power Sources，2022，536：231484.

[13] Zhao P，Yang B，Chen J，et al. A safe，high-performance，and long-cycle life zinc-ion hybrid capacitor based on three-dimensional porous activated carbon [J]. Acta Physico-chimica Sinica，2020，36（2）：1904050.

[14] Yu P，Zeng Y，Zeng Y，et al. Achieving high-energy-density and ultra-stable zinc-ion hybrid supercapacitors by engineering hierarchical porous carbon architecture [J]. Electrochimica Acta，2019，327：134999.

[15] González-García P. Activated carbon from lignocellulosics precursors：A review of the synthesis methods，characterization techniques and applications [J]. Renewable and Sustainable Energy Reviews，2018，82：1393-1414.

[16] Jian W，Zhang W，Wei X，et al. Engineering pore nanostructure of carbon cathodes for zinc ion hybrid supercapacitors[J]. Advanced Functional Materials，2022，32 (49)：2209914.

[17] Lou G，Pei G，Wu Y，et al. Combustion conversion of wood to N，O co-doped 2D carbon nanosheets for zinc-ion hybrid supercapacitors [J]. Chemical Engineering Journal，2021，413：127502.

[18] Liu P，Gao Y，Tan Y，et al. Rational design of nitrogen doped hierarchical porous carbon for optimized zinc-ion hybrid supercapacitors [J]. Nano Research，2019，12：2835-2841.

[19] Lee Y G，An G H. Synergistic effects of phosphorus and boron co-incorporated activated carbon for ultrafast zinc-ion hybrid supercapacitors [J]. ACS Applied Materials & Interfaces，2020，12 (37)：41342-41349.

[20] Yin J，Zhang W，Wang W，et al. Electrochemical zinc ion capacitors enhanced by redox reactions of porous carbon cathodes [J]. Advanced Energy Materials，2020，10 (37)：2001705.

[21] Gao S，Wei F，Zhu X，et al. Electronically modified hierarchical porous carbon by N，P heteroatoms for zinc ion hybrid capacitor [J]. Applied Surface Science，2024，644：158758.

[22] Dong L，Yang W，Yang W，et al. High-power and ultralong-life aqueous zinc-ion hybrid capacitors based on pseudocapacitive charge storage [J]. Nano-micro letters，2019，11：1-9.

[23] Huang Z，Chen A，Mo F，et al. Phosphorene as cathode material for high-voltage，anti-self-discharge zinc ion hybrid capacitors [J]. Advanced Energy Materials，2020，10 (24)：2001024.

[24] Huang Z，Wang T，Song H，et al. Effects of anion carriers on capacitance and self-discharge behaviors of zinc ion capacitors[J]. Angewandte Chemie International Edition，2021，133 (2)：1024-1034.

[25] Wang C，Zeng X，Cullen P J，et al. The rise of flexible zinc-ion hybrid capacitors：Advances，challenges，and outlooks [J]. Journal of Materials Chemistry A，2021，9 (35)：19054-19082.

[26] Zeng Y，Zhang X，Qin R，et al. Dendrite-free zinc deposition induced by multifunctional CNT frameworks for stable flexible Zn-ion batteries [J]. Advanced materials，2019，31 (36)：1903675.

[27] An G H，Hong J，Pak S，et al. 2D metal Zn nanostructure electrodes for high-performance Zn ion supercapacitors [J]. Advanced Energy Materials，2020，10 (3)：1902981.

[28] Kang H, Liu Y, Cao K, et al. Update on anode materials for Na-ion batteries[J]. Journal of Materials Chemistry A, 2015, 3 (35): 17899-17913.

[29] Li Z, Ding J, Mitlin D. Tin and Tin compounds for sodium ion battery anodes: Phase transformations and performance[J]. Accounts of Chemical Research, 2015, 48 (6): 1657-1665.

[30] Zhu Y, Wen Y, Fan X, et al. Red phosphorus-single-walled carbon nanotube composite as a superior anode for sodium ion batteries[J]. ACS Nano, 2015, 9 (3): 3254-3264.

[31] Kim Y, Park Y, Choi A, et al. An amorphous red phosphorus/carbon composite as a promising anode material for sodium ion batteries[J]. Advanced Materials, 2013, 25 (22): 3045-3049.

[32] Lao M, Zhang Y, Luo W, et al. Alloy-based anode materials toward advanced sodium-ion batteries[J]. Advanced Materials, 2017, 29 (48): 1700622.

[33] Ashish R, Rennie A J R, Richard H, et al. Commercialisation of high energy density sodium-ion batteries: Faradion's journey and outlook[J]. Journal of Materials Chemistry A, 2021, 9 (13): 8279-8302.

[34] Thomas P, Ghanbaja J, Billaud D. Electrochemical insertion of sodium in pitch-based carbon fibers in comparison with graphite in $NaClO_4$-ethylene carbonate electrolyte[J]. Electrochimica Acta, 1999, 45 (3): 423-430.

[35] Wen Y, He K, Zhu Y, et al. Expanded graphite as superior anode for sodium-ion batteries[J]. Nature communications, 2014, 5 (1): 4033.

[36] Xiao W, Sun Q, Liu J, et al. Utilizing the full capacity of carbon black as anode for Na-ion batteries via solvent co-intercalation[J]. Nano Research, 2017, 10: 4378-4387.

[37] 殷秀平，赵玉峰，张久俊．钠离子电池硬碳基负极材料的研究进展 [J]. 电化学，2023，29 (10)：3-20.

[38] Shen G, Li B, Xu Y, et al. Waste biomass garlic stem-derived porous carbon materials as high-capacity and long-cycling anode for lithium/sodium-ion batteries[J]. Journal of Colloid and Interface Science, 2024, 653: 1588-1599.

[39] Cheng H, Tang Z R, Luo X, et al. Spartina alterniflora-derived porous carbon using as anode material for sodium-ion battery[J]. Science of The Total Environment, 2021, 777: 146120.

[40] Ou J, Zhang H, Wang H, et al. Corn stalks derived hierarchical porous carbon as ultra-efficient anode materials for sodium-ion batteries[J]. Diamond and Related Materials, 2021, 120: 108626.

[41] Zhao G, Yu D, Zhang H, et al. Sulphur-doped carbon nanosheets derived from biomass as high-performance anode materials for sodium-ion batteries[J]. Nano Energy, 2020, 67: 104219.

[42] Armand M, Grugeon S, Vezin H, et al. Conjugated dicarboxylate anodes for Li-ion batteries[J]. Nature materials, 2009, 8 (2): 120-125.

[43] Zhao L, Zhao J, Hu Y S, et al. Disodium terephthalate ($Na_2C_8H_4O_4$) as high performance anode material for low-cost room-temperature sodium-ion battery[J]. Advanced Energy Materials, 2012, 2 (8): 962-965.

[44] Chen L, Li W, Wang Y, et al. Polyimide as anode electrode material for rechargeable sodium batteries[J]. RSC advances, 2014, 4 (48): 25369-25373.

[45] Zhang S, Huang W, Hu P, et al. Conjugated microporous polymers with excellent electrochemical performance for lithium and sodium storage[J]. Journal of Materials Chemistry A, 2015, 3 (5): 1896-1901.

[46] Castillo-Martínez E, Carretero-González J, Armand M. Polymeric Schiff bases as low-voltage redox centers for sodium-ion batteries[J]. Angewandte Chemie International Edition, 2014, 53 (21): 5341-5345.

[47] Abel P, Lin Y, De Souza T, et al. Nanocolumnar germanium thin films as a high-rate sodium-ion battery anode material[J]. The Journal of Physical Chemistry C, 2013, 117 (37): 18885-18890.

[48] Ruan B, Guo H, Hou Y, et al. Carbon-encapsulated Sn@ N-doped carbon nanotubes as anode materials for application in SIBs[J]. ACS Applied Materials & Interfaces, 2017, 9 (43): 37682-37693.

[49] Marsh H, Reinoso F R. Activated Carbon[M]. Amsterdam: Elsevier, 2006.

[50] Qiu S, Xiao L, Sushko M L, et al. Manipulating adsorption-insertion mechanisms in nanostructured carbon materials for high-efficiency sodium ion storage [J]. Advanced Energy Materials, 2017, 7 (17): 1700403.

[51] Sun D, Luo B, Wang H, et al. Engineering the trap effect of residual oxygen atoms and defects in hard carbon anode towards high initial coulombic efficiency [J]. Nano Energy, 2019, 64: 103937.

[52] Bai P, He Y, Zou X, et al. Elucidation of the sodium-storage mechanism in hard carbons[J]. Advanced Energy Materials, 2018, 8 (15): 1703217.

[53] Stevens D A, Dahn J R. High capacity anode materials for rechargeable sodium-ion batteries[J]. Journal of the Electrochemical Society, 2000, 147 (4): 1271.

[54] Lotfabad E M, Ding J, Cui K, et al. High-density sodium and lithium ion battery anodes from banana peels [J]. ACS Nano, 2014, 8 (7): 7115-7129.

[55] Cao Y, Xiao L, Sushko M L, et al. Sodium ion insertion in hollow carbon nanowires for battery applications[J]. Nano Letters, 2012, 12 (7): 3783-3787.

[56] Ding J, Wang H, Li Z, et al. Carbon nanosheet frameworks derived from peat moss as high performance sodium ion battery anodes [J]. ACS Nano, 2013, 7 (12): 11004-11015.

[57] Yang H, Xu R, Yu Y. A facile strategy toward sodium-ion batteries with ultra-long cycle life and high initial coulombic efficiency: Free-standing porous carbon nanofiber film derived from bacterial cellulose [J]. Energy Storage Materials, 2019, 22: 105-112.

[58] Li Z, Bommier C, Chong Z S, et al. Mechanism of Na-ion storage in hard carbon anodes revealed by heteroatom doping [J]. Advanced Energy Materials, 2017, 7 (18): 1602894.

[59] Sun N, Guan Z, Liu Y, et al. Extended "adsorption-insertion" model: A new insight into the sodium storage mechanism of hard carbons[J]. Advanced Energy Materials, 2019, 9 (32): 1901351.

[60] Lu H, Ai F, Jia Y, et al. Exploring sodium-ion storage mechanism in hard carbons with different microstructure prepared by ball-milling method [J]. Small, 2018, 14 (39): 1802694.

[61] Sun F, Wang H, Qu Z, et al. Carboxyl-dominant oxygen rich carbon for improved sodium ion storage: Synergistic enhancement of adsorption and intercalation mechanisms [J]. Advanced Energy Materials, 2021, 11 (1): 2002981.

[62] Li Y, Hu Y S, Titirici M M, et al. Hard carbon microtubes made from renewable cotton as high-performance anode material for sodium-ion batteries [J]. Advanced Energy Materials, 2016, 6 (18): 1600659.

[63] Bin D, Li Y, Sun Y, et al. Structural engineering of multishelled hollow carbon nanostructures for high-performance Na-ion battery anode [J]. Advanced Energy Materials, 2018, 8 (26): 1800855.

[64] Au H, Alptekin H, Jensen A C S, et al. A revised mechanistic model for sodium insertion in hard carbons[J]. Energy & Environmental Science, 2020, 13 (10): 3469-3479.

[65] Xia J, Yan D, Guo L, et al. Hard carbon nanosheets with uniform ultramicropores and accessible functional groups showing high realistic capacity and superior rate performance for sodium-ion storage[J]. Advanced Materials, 2020, 32 (21): 2000447.

[66] Liu Y, Zhang Y, Wang J, et al. Ultrahigh capacitive energy storage through dendritic nanopolar

design[J]. Science，2025，388（6743）：211-216.

[67] Chen T，Banda H，Yang L，et al. High-rate，high-capacity electrochemical energy storage in hydrogen-bonded fused aromatics[J]. Joule，2023，7（5）：986-1002.

[68] Zhao J，Jiang Y，Fan H，et al. Porous 3D few-layer graphene-like carbon for ultrahigh-power supercapacitors with well-defined structure-performance relationship[J]. Advanced Materials，2017，29（11）：1604569.

[69] Sun L，Tian C，Wang L，et al. Magnetically separable porous graphitic carbon with large surface area as excellent adsorbents for metal ions and dye[J]. Journal of Materials Chemistry，2011，21（20）：7232-7239.

[70] Hu L，Chen W，Xie X，et al. Symmetrical MnO_2-carbon nanotube-textile nanostructures for wearable pseudocapacitors with high mass loading[J]. ACS Nano，2011，5（11）：8904-8913.

[71] Yu G，Hu L，Liu N，et al. Enhancing the supercapacitor performance of graphene/MnO_2 nanostructured electrodes by conductive wrapping[J]. Nano Letters，2011，11（10）：4438-4442.

[72] Gu W L，Hu L Y，Li J，et al. Iron and nitrogen co-doped hierarchical porous graphitic carbon for a high-efficiency oxygen reduction reaction in a wide range of pH[J]. Journal of Materials Chemistry A，2016，4（37）：14364-14370.

[73] Sevilla M，Fuertes A B. Graphitic carbon nanostructures from cellulose[J]. Chemical Physics Letters，2010，490（1-3）：63-68.

[74] Zhai D，Du H，Li B，et al. Porous graphitic carbons prepared by combining chemical activation with catalytic graphitization[J]. Carbon，2011，49（2）：725-729.

[75] Chen L，Ji T，Mu L，et al. Cotton fabric derived hierarchically porous carbon and nitrogen doping for sustainable capacitor electrode[J]. Carbon，2017，111：839-848.

[76] Sevilla M，Mokaya R. Energy storage applications of activated carbons：Supercapacitors and hydrogen storage[J]. Energy & Environmental Science，2014，7（4）：1250-1280.

第 2 章

电化学储能碳材料

碳材料在许多领域都有广泛的应用，因为他们成本相对较低，有既定的制备工艺、可用性相当高。并且，碳材料具有高的比表面积、相互连通的孔结构、孔径可调、高的导电性以及环境友好性等优势，在电化学储能领域具有广阔的应用潜力。

2.1　碳材料的种类

根据碳材料的维度差异性，可将碳材料分为零维碳材料、一维碳材料、二维碳材料和三维碳材料。

2.1.1　零维碳材料

零维碳材料主要包括碳球、碳点、碳纳米笼及其复合材料。

碳球属于零维结构，具有可控的粒径、规则的几何形状和良好的流动性。球形结构可以提高碳材料的振实密度，有助于提升体积容量；此外，良好的流动性也有利于电极的制备。这些优势使碳球在能源存储和转化领域展现出巨大的应用潜力。碳球作为当前碳材料研究的热点，根据内部形貌差异可分为实心球、空心球和核壳结构三类。这类材料凭借可控的形貌结构、可调尺寸及低密度等优势，在能源领域具有广泛应用前景。

实心碳球是最早被研究的碳球类型，其结构简单且组成单一。实心球具有较大的比表面积、可调的尺寸和孔隙结构、优异的稳定性等优点，在能源、环境、催化等领域具有广泛的应用前景。与实心碳球不同，空心碳球由外层碳壳和内部中空结构组成。因其内部空腔结构及可功能化的球壁特性，空心碳球成为当前研究焦点。碳壳是空心碳球的重要组成部分，也是影响其性能的关键因素。在碳球壳层构筑合理的孔结构，不仅可以为电解液离子的储存提供丰富的活性位点，也可以为离子进入空心腔提供快捷的传输途径。此外，中空结构可以缓解充放电过程中电极材料的体积膨胀 / 收缩，提高电极的循环稳定性。因此，空心碳球在储能领域有着非常突出的优势。核壳结构的碳球也展现出其独特的优势：内部核易于功能化，间隙空间具备优异存储能力，且中空外壳与间隙尺寸可调，这些特性使其在储能领域备受关注。

碳纳米笼是由碳层包覆形成的一种内部为空心结构的纳米笼状结构碳材料。大部分碳纳米笼表面呈现多孔状态，孔径分布基本集中在2～100nm之间。碳纳米笼特殊的空心孔隙结构造就其独特的物理化学性能，如比表面积高、密度低、导电性好、生物兼容性好等。目前为止，碳纳米笼已被应用于环境优化、超级电容器、锂硫电池、碱金属离子电池、储氢、催化等多个领域。迄今为止，制备核壳结构纳米颗粒的方法包括电弧法、模板法、气相沉积法和激光溅射法，不同的制备方法可得到不同特性的碳纳米笼。

2.1.2 一维碳材料

一维碳材料，如碳纳米管和碳纳米纤维，在电化学储能领域展现出显著优势。其独特的一维结构可构建高效导电网络，提升电荷传输速率。此外，一维碳材料优异的机械强度和化学稳定性可有效缓解电极材料在充放电过程中的体积膨胀问题，延长器件循环寿命。在锂离子电池、超级电容器、钠离子电池等储能器件中，一维碳材料作为电极材料、导电添加剂或柔性基底，已被广泛应用于提升能量密度、功率密度和循环稳定性，为下一代高性能电化学储能系统的发展提供了重要支持。

碳纳米管（carbon nanotubes，CNTs）可以通过气相沉积法、电弧放电法、激光烧蚀法、催化裂解法等方法制备得到。在碳纳米管中，碳原子主要以 sp^2 形式存在，六角形网络存在一定程度的弯曲，形成一种空间拓扑结构，局部区域会出现凹凸现象，存在一定的 sp^3 杂化键。碳纳米管可看成是由片状的石墨烯卷曲形成的，所以人们根据石墨烯片的层数将碳纳米管分为单层碳纳米管和多层碳纳米管。碳纳米管独特的一维结构使其具有优异的物理化学性质。例如，碳纳米管的理论比表面积高达 $1315m^2/g$。此外，碳纳米管中碳原子 p 轨道上的电子形成高度离域化的大 π 键，因此碳纳米管具有良好的导电性。有文献报道，通过电弧放电法得到的单壁碳纳米管的导电性高达 2026S/cm [1]。因此，碳纳米管被认为是一种理想的超级电容器电极材料。然而，由于碳纳米管，特别是单壁碳纳米管，以束的形式存在，并且不是所有的碳纳米管表面都可以使电解液离子穿过。因此，纯碳纳米管的比电容一般较低（< 100F/g）。近年来，科学家们将碳纳米管涂覆在塑料、纸或纺织品上来制备薄的柔性超级电容器。在这些电极中，碳纳米管不仅作为高导电性的柔性材料，而且能够增加电极的有效利用面积。

2.1.3　二维碳材料

二维碳纳米片具有独特的超薄层状结构和高暴露表面积，在储能领域引起了人们的极大兴趣。石墨烯（graphene）是一种具有二维结构的单原子层厚度的碳同素异形体，紧密地排列在蜂窝状晶格中。石墨烯最早是通过用胶带从块状石墨中剥离而被发现的，此后科学家们对石墨烯进行了大量的研究，其成为碳材料领域的研究热点。石墨烯特殊的结构，使其理论比表面积高达 $2630m^2/g$。但是石墨烯层与层之间有较强的范德华力，使得石墨烯易于团聚，进而导致石墨烯的实际比表面积远小于其理论值。石墨烯层与层之间的堆叠也阻碍了电解液离子的扩散路径，因此石墨烯的电化学性能往往低于人们对它预期的效果。大规模合成高质量的石墨烯是当前研究人员面临的最重要的挑战。通过机械剥离块状石墨能产生高质量的石墨烯，但工艺复杂烦琐，难以有效控制，而且产率极低。目前已经开发出了许多生产石墨烯的合成路线，包括碳化硅外延生长法、金属衬底 CVD（化学气相沉积）生长法、无衬底气相合成法以及氧化还原法。然而，这些方法通常需要高温、特殊设备和精确的冷却速率控制等苛刻的条件，限制了它们的大规模生产。因此，单层石墨烯的均匀生长仍然是一个挑战。将石墨化学剥落生成氧化石墨烯再还原，可能是所有方法中最有前途的。这种方法简单、可扩展，为广泛的应用提供了大规模生产的可能性。然而，这种方法的缺点是在氧化过程中会产生大量的结构缺陷和含氧官能团，降低了石墨烯的电子迁移率和导电性。

2.1.4　三维碳材料

三维多孔碳在电化学储能中展现出显著优势，主要得益于其独特的多维协同结构。三维多孔碳具有分级孔道体系：微孔（< 2nm）提供高比表面积以增

加活性位点，介孔（2 ～ 50nm）促进电解质扩散，而大孔（> 50nm）作为电解液缓冲池，实现高效离子传输。相互连通的孔道结构缩短了离子迁移距离，减少离子传输阻力，尤其在高电流密度下表现更优，使电极在高倍率充放电时仍保持稳定性能。此外，三维互连的导电网络不仅缩短了电子传导路径，还通过交联骨架抑制了充放电过程中的结构塌缩，显著提升循环稳定性。三维多孔碳通过空间维度的拓展，综合了高比表面积、快速传质 / 传荷和结构稳定性，克服了二维和一维材料的本征局限性，成为电化学储能领域最具潜力的碳材料设计方向之一。

（1）活性炭

活性炭（activated carbon）因其具有高的比表面积、较好的导电性并且价格低廉，成为目前应用最广泛的电极材料之一。活性炭通常是将含碳量高的前驱体如生物质、煤等通过物理或化学方法活化制得。物理活化是指在氧化性气体如水蒸气、CO_2、空气的存在下，将前驱体在高温下（700 ～ 1200℃）进行处理。化学活化的碳化温度相对较低，一般是 600 ～ 800℃，活化剂一般以 H_3PO_4、KOH、$ZnCl_2$ 等试剂为主。这些化学试剂在热处理过程中会与碳质骨架发生反应，部分碳骨架被刻蚀掉，从而在碳化材料中形成发达的微介孔网络结构。由于不同活化剂的活化机理不同，依据所采用的活化剂以及碳前驱体的种类，所得的活性炭具有不同的孔网络结构和物理化学性能。活性炭通常是由孔径介于 0.5 ～ 1.5nm 的窄微孔组成的微孔炭，介孔和大孔发育不良，导致放电电流密度较高时缺乏通道而阻碍了离子的传输。活化可以在很大程度上增加碳材料的比表面积，但是很难控制碳材料的孔结构和孔径的分布；过度的活化会使孔体积变大，从而使碳材料密度减小，导电性能变差，最终导致碳材料的能量密度和功率密度较小[2]。因此，活性炭材料的孔隙度需要进一步调整和优化，为储能设备设计高性能的电极材料。

（2）模板碳

大多数活性炭材料的孔径分布较宽、孔隙连接随机、结构混乱复杂，导致其导电能力、离子传输能力和倍率性能不佳。而在纳米水平上精确控制常规碳的结构是非常困难的。因此，模板法被认为是提供良好设计和精确控制碳材料结构的有效而独特的方法。模板法制得的碳材料具有中等的比表面积、高的孔隙度，以及可控的相对较窄的孔径分布。通常，模板碳的合成过程主要是将碳前体，如酚醛树脂、沥青、糠醇、蔗糖或聚合物溶液，浸渍到模板的孔结构中，经过碳化以及后续去除模板处理，最终得到多孔碳。根据使用模板种类的不同，模板法可分为软模板法和硬模板法。软模板多为三嵌段共聚物PEO-PPO-PEO（PO：环氧丙烷；EO：环氧乙烷），如F108（$EO_{132}PO_{50}EO_{132}$）、F123（$EO_{20}PO_{70}EO_{20}$）、F127（$EO_{106}PO_{70}EO_{106}$）。软模板在共缩聚和碳化的过程中会发生自组装，采用软模板制备多孔碳不需要去模板处理。硬模板一般是各种无机材料，如SiO_2、Al_2O_3、$CaCO_3$、MgO等。硬模板法制备的多孔碳的孔径取决于模板的大小和形状，这些模板可以通过稀HCl去除。近年来，人们利用多种无机盐作模板剂来调控碳材料的孔结构，如Wang等[3]将玉米秸秆和NaCl与KCl的混合盐在空气中直接碳化来制备多孔碳片，利用无毒性的NaCl和KCl的混合盐作为活化介质，保证碳前驱体在空气中不会燃烧，此外空气中少量的氧气也起到活化作用。Xie等[4]以苯前驱体原位MgO模板法制备了高比表面积（$2053m^2/g$）的高纯度碳纳米笼，作为超级电容器电极材料时，其比电容达到260F/g。Liu等[5]采用混合双模板法，以Al基复合材料和F127为共模板，以天然香蕉皮为前驱体，采用一种螯合辅助多组分共组装策略，制备了结构可控的氮掺杂层状多孔碳材料，如图2-1所示（书后另见彩图）。通过改变Al^{3+}和F127的含量可以有效调控多孔碳的比表面积（700～$2100m^2/g$）、孔体积（0.38～$1.65cm^3/g$）和平均介孔尺寸（2.72～4.03nm）。

模板法虽然能有效实现对多孔碳材料结构的控制，但它们通常会受到复杂的合成过程、昂贵的原料和模板剂以及有毒的模板去除剂的限制，这极大地阻碍了它们的实际应用。

（3）碳化物衍生碳

碳化物衍生碳（carbide-derived carbon，CDC）一般是在高温下（800～1200℃）通过选择性地从碳化物（WC、ZrC、TiC、SiC、B_4C、Ti_2AlC和Ti_3SiC_2）中提取非碳原子来产生的[6]。制备CDC最常用的方法是高温氯化法和真空分解法，反应原理如式（2-1）和式（2-2）所示[7]：

$$MC+xCl_2 \longrightarrow MCl_{2x}+C \tag{2-1}$$

$$MC(s) \xrightarrow{真空} M(g)+C(s) \tag{2-2}$$

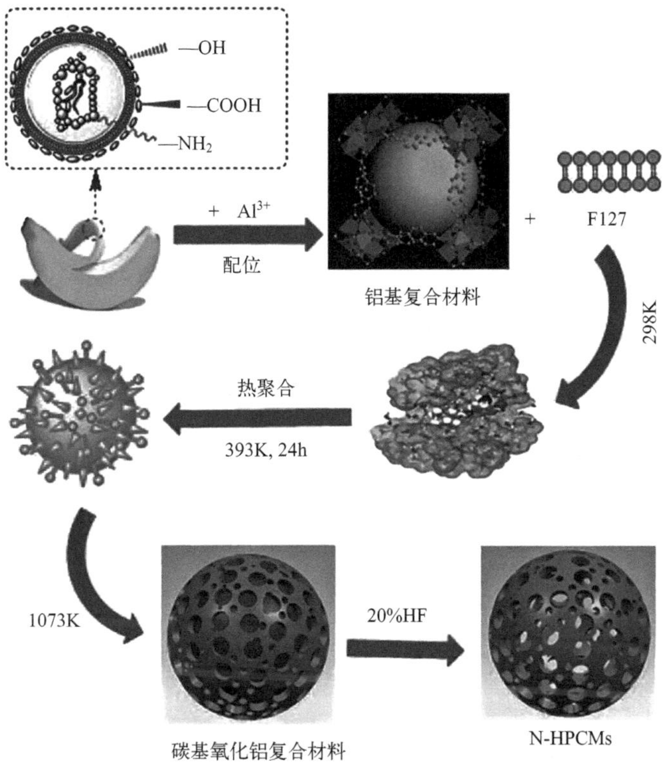

图 2-1 采用混合双模板法制备氮掺杂层状多孔碳材料的流程[5]

合成的 CDC 具有较窄的、可调控的孔径分布，平均孔径介于 0.6～2nm 之间，比表面积高达 3100m²/g[7]，使其表现出优异的电化学性能。通过选择前驱体和氯化条件，可以控制、调节 CDC 的平均孔径、孔径分布、孔体积以及比表面积。

CDC 不仅成本高，对温度、安全性以及环境的要求也高，其商业潜力非常有限。但是从科学研究的角度来看，CDC 具有重要的研究价值，因为它们可以提供可选择的孔径、通道结构以及其他影响碳纳米材料离子扩散和电荷储存的有价值的参数信息。

2.2　碳材料前驱体

碳材料的前驱体来源广泛，包括生物质、煤和石油及其衍生产物以及高分子化合物等。

（1）生物质

生物质，通常指通过光合作用，利用空气中的 CO_2 和水而形成的有机体，包括所有动植物以及由动植物产生的生物质衍生物。根据有关统计，全球的生物质每年生产碳 1049 亿吨[8]。生物质作为含碳前驱体，具有普遍性、丰富性、可再生性以及价格低廉等特点，受到了人们的广泛青睐。以生物质为原料制备碳材料不仅为生产多孔碳材料开辟了一条新途径，而且能够缓解全球能源紧缺、环境污染等问题。目前生物质基碳材料已被广泛地应用于各个领域，如 CO_2 气体吸附、氢气储存、水处理、催化剂以及能量储存。

（2）煤和石油及其衍生产物

煤和石油及其衍生产物沥青等含碳量高、价格低廉且内在结构丰富，是一类最有前景的碳源。我国“十三五”和“十四五”规划都提出“大力推进煤炭清洁高效利用”“提高煤炭清洁利用水平”，优质煤炭及煤炭衍生废弃物的非燃料、高附加值利用具有重要的战略意义。考虑到煤炭的高丰度、低成本、传统利用的污染附带性等，将煤炭及煤炭衍生的产品转化为煤基材料用于能源转换与存储技术是一条煤炭清洁高效利用的有效途径。无烟煤是一种具备高碳含量、高密度、低挥发分和低杂质含量的优质煤种，其内部结构致密，表面和内部富含多种杂原子官能团，在化学活化作用下可以很容易转化为结构可控的碳材料，因此具有巨大的开发潜力。同时，其他低阶煤（如褐煤）和中阶煤（如长焰煤、贫煤）也具有显著的内在结构和组分特点，值得根据不同煤种的特质进一步探索合适的制备与调控策略，并且将获得的煤基碳进行相关的能源应用。沥青成分较为复杂，在高温下的碳化过程中会发生多种化学反应，形成层次混乱、结构无序的网状体。因此，为了拓宽基于煤和沥青的碳材料的应用领域，精确控制煤或沥青的分子结构以开发具有可控微观结构的碳材料，是提升其性能和应用的关键所在。

（3）高分子化合物

高分子化合物，如淀粉、琼脂、蔗糖、单宁酸等，来源丰富、价格低廉，作为前驱体可依据其分子结构特点精确调控衍生碳材料形貌。例如，利用单宁酸分子结构中的酚羟基基团与铁离子的络合作用，可以制备石墨化空心碳球[9]和实心碳球[10]；利用琼脂易于凝胶化的特点，可以制备由碳纳米片组装成的碳气凝胶应用于钠离子电池[11]。

2.3　生物质基碳材料及其优势

2.3.1　生物质的化学成分

生物质是众多高分子化合物的混合物，含有丰富的 C、H、O、N、P、S 和多种金属元素。纤维素、半纤维素和木质素是木质纤维素生物质的三种主要成分，通常分别占 40% ～ 60%（质量分数）、20% ～ 40%（质量分数）、10% ～ 25%（质量分数）[12]。如图 2-2 所示（书后另见彩图），纤维素由 β-1-4-糖苷键连接的 *D*- 葡萄糖单元组成，是构成植物细胞壁的主要成分[13]。半纤维素是由戊糖、葡萄糖、己糖等不同糖单元组成的杂多糖，它紧密地结合在纤维素的表面。木质素是一种芳香族聚合物，基本单元为芥子醇、松柏醇、对香豆醇。木质素填充半纤维素和纤维素之间的空隙并将它们结合在一起。纤维素和半纤维素都含有丰富的羟基，而木质素则具有多芳香族单元。纤维素和半纤维素在惰性气氛中的热解通常分别发生在 200 ～ 350℃和 290 ～ 400℃。丰富的羟基使其易于分解为挥发性气体，如 H_2O、CO、CO_2、CH_4 等，有利于孔隙结构的生成[14]。此外，在脱水、脱氢和芳构化反应过程中可以形成一些芳香环（图 2-3）。相比之下，木质素的热解温度范围更宽，为 140 ～ 900℃。Palacin 等[15]证明，具有高浓度芳香烃的碳前驱体的石墨化能力相对来说更强。木质素中丰富的芳香族化合物（约 50%）使其成为潜在的可石墨化碳前驱体。因此，可以通过调节纤维素、半纤维素和木质素的比例来调节碳材料的多孔结构和石墨化程度。

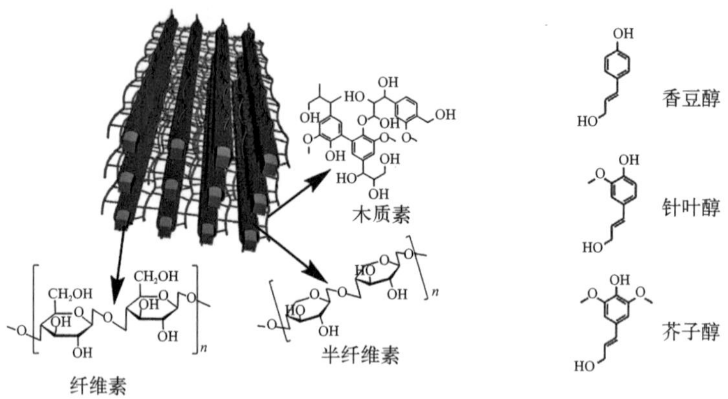

图 2-2　木质纤维素生物质中纤维素、半纤维素和木质素的位置和分子结构示意图[13]

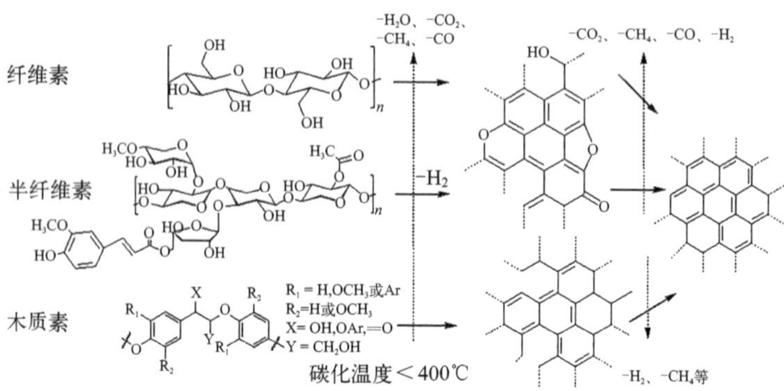

图 2-3　$KHCO_3$ 辅助热解过程中纤维素、半纤维素和木质素可能的结构演化[14]

淀粉广泛存在于玉米、水稻、小麦、马铃薯、芋头等植物的种子和根中。它由线性直链淀粉和高度支化的支链淀粉组成。淀粉颗粒的大小与支链淀粉含量以及结晶度密切相关。Xing 等[16]使用具有不同支链含量的淀粉基生物质（芋头、甘薯和马铃薯）来控制衍生碳材料的石墨化程度。他们发现支链淀粉含量越高，淀粉粒径越小，从而导致淀粉结晶度高，由此衍生的碳材料的石墨化度也较高。脂肪和蛋白质也属于生物质，但它们的异质性和复杂的热解过程使得它们不适用于制备碳材料。另外，从天然生物质中提取的生物分子具有丰富的官能团和化学多样性，赋予了其衍生碳材料更多的可调节性。例如，葡萄糖可以作为前驱体制备空心碳球、石墨烯纳米球、碳纳米管、碳纳米片等。因此，从生物质中提取生物分子来设计和制备优化碳材料结构已成为进一步实现高效合理利用生物质的重要途径。

2.3.2　生物质基碳材料的微观结构

自然界生物质种类繁多，结构各异。生物质天然的孔道结构可作为自身模板，通过直接碳化能够保留其原始的框架孔道结构，形成的碳材料具有独特的多层次、多结构、多尺度的形貌特征。孔道的形貌、排列和分布在很大程度上取决于生物质前驱体固有的结构。通过有意选择生物质前驱体，可以获得具有多种仿生微观结构和形貌的碳材料。

图 2-4 显示了从生物质遗传而来的丰富多样的微观结构（书后另见彩图），包括零维碳球［图 2-4（a）和（b）］、一维碳纤维［图 2-4（c）］、碳管［图 2-4（d）～（i）］、二维碳纳米片［图 2-4（j）］和三维蜂窝状碳材料［图 2-4（k）和（l）］。不同生物质中的独特结构经过自然演化优化，具备高效的养分和水分输送功能。对于大多数硬质植物生物质而言，即使在高碳化温度下，其天然多孔结构仍能得以保留。因此，这些生物质中的导管和管胞可作为孔隙模板，有效缩短离子传输距离，并在能量存储过程中提供丰富的离子可及位点。生物模板法是一种基于天然固有结构的简便且直接的制备方法。选择合适的生物质前驱体对于制备具有特定形态和结构的生物质衍生多孔碳材料至关重要。例如，天然存在的管状生物质，如柳絮、竹子、木材和稻草，因其独特的结构特征，是开发碳管的理想前驱体。此外，生物质中的某些金属元素在碳化过程中可充当原位催化剂或成孔剂。例如，Liu 等[17]提出了一种仿生自催化策略，利用生物质中固有的钙（Ca）物种作为原位硬模板（CaO）和催化剂，成功促进了多孔和石墨碳结构的形成。然而，生物质的固有结构也在一定程度上限制了所得碳材料的结构多样性。因此，为了实现生物质碳结构的精准调控和优化，需要进一步调整和优化制备策略。

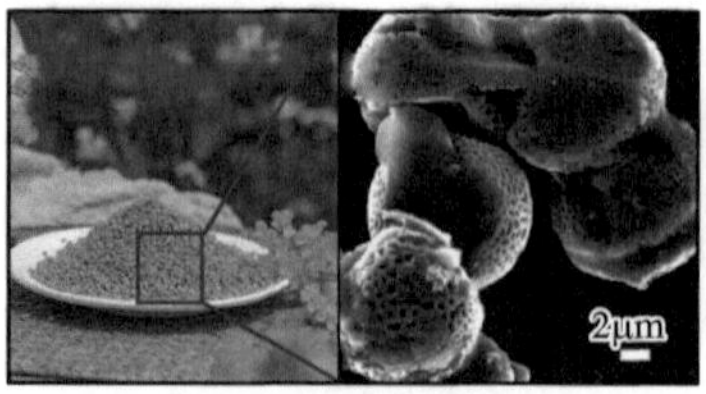

(a) 油菜花粉[18]

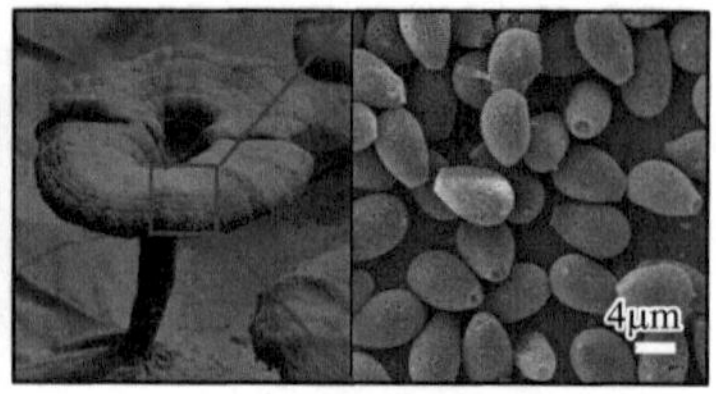

(b) 灵芝孢子[19]

(c) 鸡蛋壳膜[20]

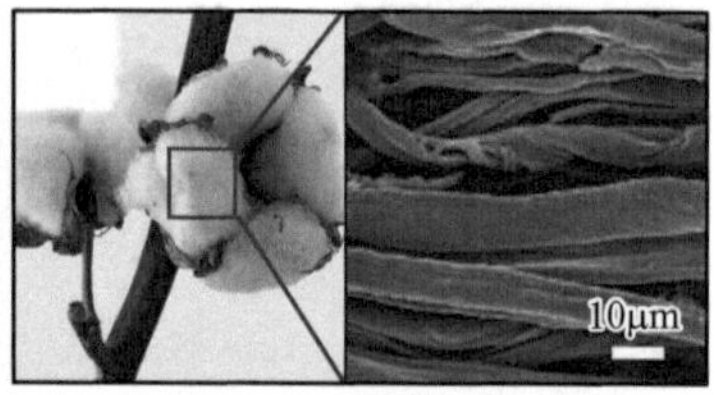

(d) 棉花[21]

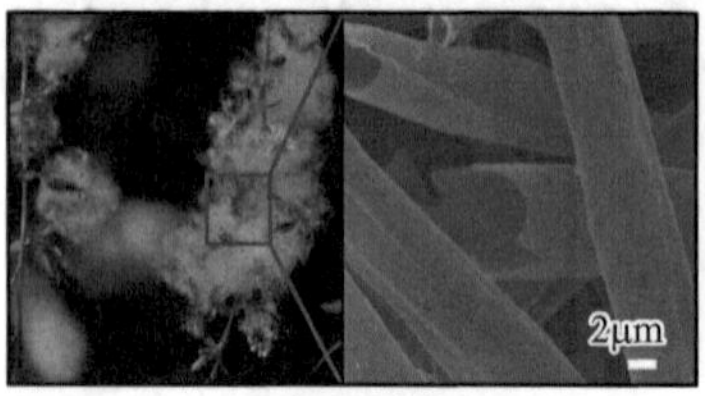

(e) 柳絮[22]

(f) 竹子[23]

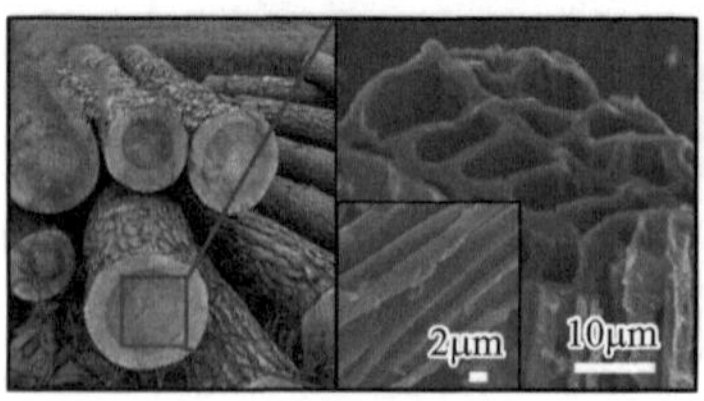

(g) 木材[24]

(h) 麦秆[25]

(i) 丝瓜络海绵[26]

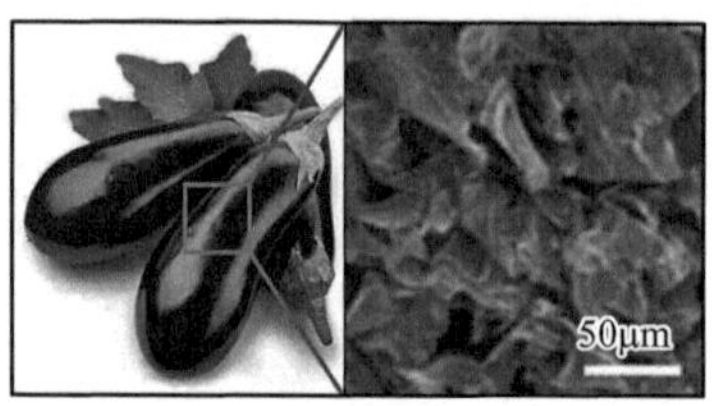

(j) 茄子[27]

(k) 松花粉[28]

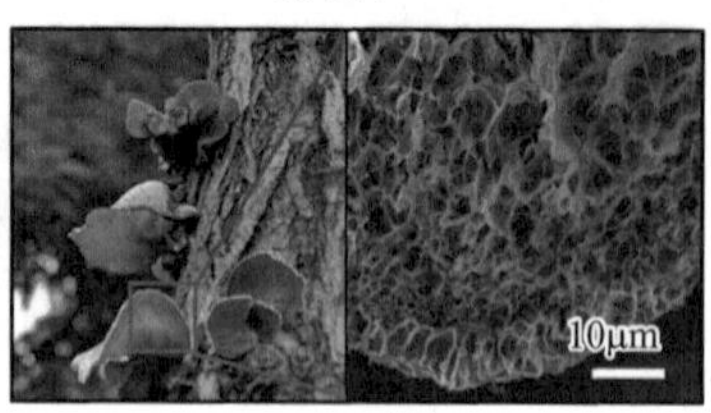

(l) 木耳[29]

图 2-4　各种生物质前驱体的微结构

生物质前驱体的固有结构对碳化产物的微观结构和孔隙率具有重要的影响。有报道称[30]碳化过程会降低碳材料的孔隙弯曲程度，从而加快离子传输速度，有利于提高电极材料的倍率性能。不同的生物质具有不同的结构特点和元素组成，如鸡蛋壳膜［图 2-4（c）］具有独特的三维互联网状结构以及丰富的氮、氧官能团，这种结构在高温碳化条件下仍然能够保持。Li 等[20]通过将鸡蛋壳膜在 800℃碳化后再在 300℃空气中活化，引入丰富的微孔结构。得到的三维网状碳材料含有丰富的氧、氮杂原子，其含量分别达到 10%（质量分数）和 8%（质量分数）。尽管碳材料的比表面积仅为 221m^2/g，但其在碱性电解液中比电容达到 297F/g，在酸性电解液中比电容也高达 284F/g。Li 等[27]利用茄子片层状的微观结构和富含氮元素的特点，采用冻干和一步碳化法制得了氮掺杂的片层多孔碳［图 2-4（j）］。茄子褶皱的厚片层在高温碳化条件下逐渐变薄，得到厚度为 100 ～ 200nm 的片层多孔碳，比表面积高达 950m^2/g。木材和竹子等长茎植物需要长距离地运输水分和营养物质，其内部有输水导管。这些导管一般具有均匀的形貌孔道结构。干燥的木耳特别干瘪，当它浸泡在水溶液中，体积膨胀，吸收水分达到饱和后就会变得非常饱满。Long 等[29]利用木耳的这个特性，选用浸渍的方法（图 2-5，书后另见彩图），将活化剂很好地“灌入”前驱体中。在水热过程中，KOH 被引入真菌细胞中，并作为内置模板，防止相邻细胞壁在碳化过程中融合或聚集。同时，KOH 可作为多孔碳骨架的活化剂。因此，从真菌细胞壁中提取的层状石墨烯类碳材料具有相互连通的多孔骨架以及较高的比表面积（1103m^2/g）和体积密度（0.96g/cm^3）。

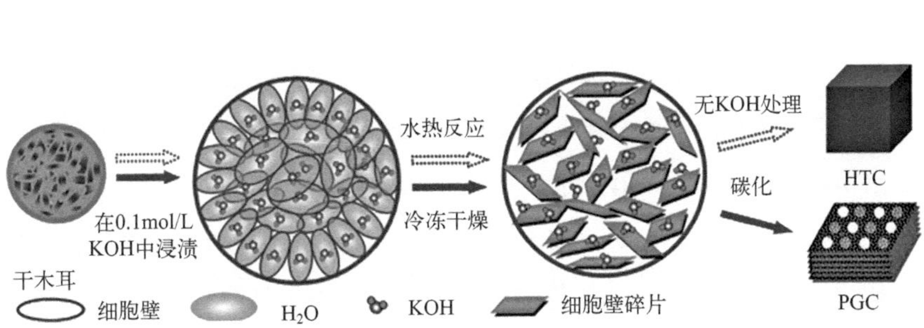

图 2-5 将木耳通过水热处理在 KOH 的活化作用下制得多孔石墨烯状碳材料[29]

（HTC 为水热反应后直接碳化得到的碳材料）

2.3.3 生物质基碳材料的优势

自然界为功能材料开发提供了天然宝库，各类生物质材料通过基本功能单元的高度有序自组装形成独特结构，其天然多级孔道、活性位点及元素多样性赋予人工材料难以企及的功能特性。我国丰富的生物质资源（如木屑、秸秆、柳絮等）既是含碳前驱体又兼具可再生优势，却因利用率低下造成资源浪费与环境污染。将这类废弃物转化为功能化碳材料，可突破传统模板法制备多孔碳存在的工艺复杂、成本高昂等瓶颈，通过绿色工艺实现储能材料的可持续制备。这种仿生策略不仅构建了“资源 - 材料 - 环境”的良性循环体系，更在缓解能源危机、修复生态环境方面展现出双重价值：一方面通过高值化转化实现废弃物资源再生，在解决农林废弃物焚烧污染、土壤退化等问题的同时，创造环境友好型先进材料的产业化路径，为全球绿色可持续发展提供了兼具生态效益与经济效益的创新方案；另一方面利用生物质固有孔道结构简化制备流程，降低储能材料开发成本[31]。此外，生物质中富含 N、O、S 和 P 等丰富的杂原子，在碳化过程中可实现原位掺杂，避免了掺杂剂的使用和复杂的工艺，并且能显著提高碳材料的电化学性能。

2.4 多孔石墨化碳材料

2.4.1 多孔石墨化碳材料的制备方法

2.4.1.1 直接碳化法

直接碳化法是指碳前驱体不需要经过前期处理，可直接通过碳化得到碳材料。生物质的组分主要是纤维素、半纤维素和木质素三大类，在惰性气体中碳化时，不同的组分可能经历不同的化学途径。当碳化温度低于 100℃时，主要是生物质中水分的挥发；当温度升高时，半纤维素发生降解（220 ～ 315℃），纤维素的热解温度主要在 315 ～ 400℃之间，而木质素的热解温度范围很广。通过碳化能够去除生物质中的一些杂原子和挥发性物质，如 CO、CO_2、CH_4

以及部分有机物，因此残留固体的主要成分是碳[32]。此外，在碳化过程中形成 sp^2 共轭碳原子有利于提高碳材料的导电性。直接热解生物质碳在电化学储能应用中的最终性能在很大程度上取决于其结构特征，如孔隙率、形貌、物理化学性质，这些特性可以通过合理地选择生物质前驱体或碳化条件（如升温速率、碳化时间、碳化温度）来改变。

2.4.1.2 活化法

（1）化学活化法

化学活化是一种最有效的方法，可以提高生物质基、煤基等碳材料的比表面积（1000 ～ 4000m^2/g），同时调控其孔径结构。化学活化过程是将碳前驱体与活化剂混合，随后在惰性气体中进行高温碳化处理，温度通常介于 400 ～ 900℃之间。常见的活化剂有 KOH、$ZnCl_2$ 和 H_3PO_4。通常，活性炭的制备是通过一步法直接活化或两步法先碳化后活化。活性炭的孔结构（比表面积、孔径、孔体积、孔几何形状等）和石墨化度都可以通过调节活化参数来调控，例如改变活化剂的种类、活化剂的用量、活化温度和活化时间等。由于活化剂的活性很高，提高活化温度可以促进碳材料孔隙的发展。然而，活化温度过高或者活化剂过量会显著增大孔径，甚至导致碳骨架发生塌陷和破坏，进而导致比表面积下降、孔径分布不合理、导电性能差等。

KOH 是最常用的活化剂，它可以显著提高活性炭的比表面积，使其高达 4000m^2/g。KOH 活化的机理包括三个过程，即化学活化、物理活化以及金属钾插入[33]。在活化过程中，含 K 化合物，如 KOH、K_2CO_3 和 K_2O，作为活化剂，可以通过式（2-3）～式（2-6）与碳反应蚀刻碳骨架形成孔隙网络，即化学活化。释放的气体（如 CO_2 和 H_2O）也可以通过式（2-7）～式（2-9）进一步与碳反应，促进孔隙发育，即物理活化。此外，高温下形成的金属单质 K 蒸气会插层到碳晶格中，使碳晶格发生膨胀，当 K 被酸洗去后，留下微孔结构。这些协同效应对孔隙结构的发展起到了积极作用。此外，Sun 等[34]证明金属 K 可以起到石墨催化剂的作用并扩大石墨碳的范围。C 原子在高温下发生重排形成石墨结构。

$$6KOH+2C \longrightarrow 2K+3H_2+2K_2CO_3 \quad (2-3)$$

$$K_2CO_3+2C \longrightarrow 2K+3CO \quad (2-4)$$

$$K_2CO_3 \longrightarrow K_2O+CO_2 \quad (2\text{-}5)$$

$$K_2O+C \longrightarrow 2K+CO \quad (2\text{-}6)$$

$$CO+H_2O \longrightarrow CO_2+H_2 \quad (2\text{-}7)$$

$$CO_2+C \longrightarrow 2CO \quad (2\text{-}8)$$

$$H_2O+C \longrightarrow CO+H_2 \quad (2\text{-}9)$$

基于KOH的活化机制，出现了一些“类KOH”试剂，例如NaOH、K_2CO_3、$KHCO_3$和$K_2C_2O_4$等。这些试剂也可作为生产多孔碳的活化剂。Liu等[35]以KOH为活化剂，通过碳化可再生木屑，合成了具有蜂窝状结构的活性碳纳米片，如图2-6（a）所示。另外，Zheng等[36]证明了熔融K物质在碳纳米片形成过程中具有定向效应。Muramatsu等[37]发现熔融或气态KOH优先蚀刻和去除无定形碳，从而产生原子级光滑的边缘和相对较高的结晶度。Han等[38]通过实验和理论证明发现KOH会优先与C—N键（0.12eV能垒）反应，而不是与C—C键（0.68eV能垒）反应［图2-6（b），书后另见彩图］，因此在KOH活化后碳材料中的N含量减少。

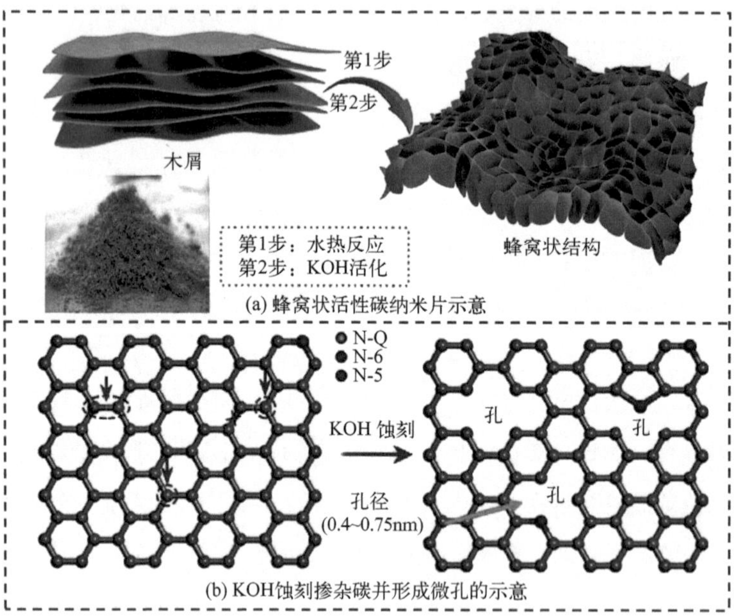

图2-6　以木屑为前驱体，KOH为活化剂制备的蜂窝状活性碳纳米片示意图[35]和KOH蚀刻N掺杂碳并形成微孔的示意图[38]

与 KOH 活化机理不同，$ZnCl_2$ 和 H_3PO_4 在活化过程中是作为一种脱水剂。在热处理过程中，$ZnCl_2$ 促进碳前驱体脱水和芳烃缩合，形成高度开放的孔隙。同时，熔融的 $ZnCl_2$（> 263℃）可使碳层膨胀，产生剥离作用。此外，$ZnCl_2$ 沸点较低，为 732℃，在高温下会挥发，产生大量的介孔。由于芳香缩合和 $ZnCl_2$ 模板剂的作用，活性炭的中孔比例高达 90% 以上。H_3PO_4 作为一种酸催化剂通过脱水过程（如环化和缩合）来促进键断裂形成交联[39]。碳前驱体在脱水的过程中导致颗粒收缩，而此时活化剂仍在颗粒中，充当模板的作用。另外，H_3PO_4 可以与有机物生成磷酸盐和聚磷酸盐，它们可作为交联生物聚合物片段的桥梁。插入的磷酸基促进膨胀发生，在除去酸后，碳基质保留了膨胀状态下的孔结构。Lin 等[40] 通过碳化杉木锯末和 H_3PO_4 的混合物合成了 P 掺杂的多孔碳。在热处理过程中，H_3PO_4 起到膨胀剂的作用，根据式 (2-10)，在 750℃以上的温度下 H_3PO_4 会分解，释放的 CO 气体还可以促进孔隙结构的发育。

$$4H_3PO_4+10C \longrightarrow P_4+10CO+6H_2O \tag{2-10}$$

因此，以 KOH 为活化剂产生的活性炭微孔较多，以 $ZnCl_2$ 为活化剂产生的活性炭具有较宽的微孔和较小的介孔，以 H_3PO_4 为活化剂会产生较大的介孔，甚至大孔[41]。

化学活化虽然在很大程度上提高了碳材料的比表面积，但是在制备过程中需要使用大量的腐蚀性化学品，还需要特殊的设备和严格的清洗流程，更重要的是经过活化处理后碳材料的产量降低。但与物理活化相比仍具有一定的优势，如：a. 活化效率高，化学活化产生的活性炭产率高、比表面积大、微孔孔隙发达；b. 采用的活化温度低，能量消耗少；c. 步骤简单，可以一步完成。

化学活化是富集和调控碳材料孔结构的有效方法。然而，活化剂和生物质的质量比例较高（范围为 1 ～ 10），活化剂的腐蚀性强，导致生产成本高、产量低、设备腐蚀严重。此外，活性炭的无序碳结构比例较高，导电性较差。因此，仍然有必要开发有效的方法来生产具有良好导电性的多孔碳材料，以增强碳材料的电化学性能。

（2）物理活化法

物理活化是利用氧化性气体，如 CO_2、水蒸气、O_2、空气等作为造孔剂，在高温（600 ～ 1200℃ ）下活化碳前驱体。具体的反应是反应式（2-8）、式（2-9）和式（2-11）。

$$O_2+C \longrightarrow CO_2 \tag{2-11}$$

水蒸气具有较温和的氧化能力，使得活化过程比空气和 O_2 更容易控制。但水蒸气活化温度通常要高于 800℃。在各种物理活化剂中，CO_2 是最温和的氧化性气体。CO_2 对碳前驱体相对较慢的蚀刻速率使得活化过程易于操作和控制。研究表明，物理活化温度几乎与微孔体积成正比[42, 43]。物理活化生成的活性炭的物理化学性质取决于前驱体、氧化剂、活化温度以及活化程度。研究表明，高的活化温度和长的活化时间有利于孔隙率的发展，也就伴随着较宽的孔径分布。与化学活化相比，物理活化需要较高的活化温度和较长的活化时间，且所得活性炭的比表面积相对较小。Wang 等[44] 提出了一种双活化方法来合成高度互连的多孔碳纤维，采用 CO_2 和 KOH 作活化剂，与不同类型碳原子相互作用。他们认为，CO_2 选择性地蚀刻—C—C—带上的碳，而 KOH 会先与—OH 基团附近的碳原子发生反应。

从生产的角度来看，物理活化具有简单、腐蚀少、环境友好等突出的优势，因为它不需要额外的纯化步骤，可以在工业生产中广泛使用。

2.4.1.3 催化石墨化法

通过提高碳材料的石墨化度可以提高其导电性。良好的导电性可以加速碳材料中的电子转移、降低内阻、稳定结构，保证其优异的倍率性能、大功率密度和长循环寿命。一般来说，高温碳化（> 1000℃ ）可以使碳原子重排，形成共轭 sp^2C 原子，获得石墨结构。然而，生物质基碳大多是无序硬碳，具有多样的结构和形貌，即使在 2500℃的高温下也很难突变成完美的石墨结构。此外，高温碳化（> 1000℃ ）不仅消耗大量能量，而且使碳材料中的许多孔隙塌陷，导致孔隙结构不发达，比表面积较小。催化石墨化是一种在低温（≤ 1000℃ ）下将无定形碳转化为石墨碳的方法。它是基于在过渡金属元素（例如 Ni、Co 和 Fe ）存在下碳相变活化能降低而实现的。同时，金属颗粒还可以充当硬模板，产生额外的孔隙。

关于催化石墨化的过程，Marsh 等[45] 提出了两种机制来解释：一是溶解 - 沉淀机制，即非晶态碳首先溶于金属催化剂中，然后沉淀成石墨化碳；二是中间产物碳化物的形成 - 分解机制，即碳与金属形成碳化物，在一定温度下碳化物会分解，留下石墨化碳。根据碳化物的形成机理，在低温下，金属纳米粒子会在颗粒表面形成一层金属碳化物层，在较高温度下金属碳化物层会被还原成一层石墨化碳层。由于 Fe、Co 和 Ni 的热膨胀系数大于石墨的热膨胀系数，加热到较高的温度会使纳米粒子比周围的石墨化碳壳膨胀得更多[46]，这会对石墨壳施加压力，使其破裂，并允许纳米粒子逃逸。逸出的纳米粒子移动到另一个非晶态碳的区域，继续石墨化更多的非晶态碳[47]。

Sevilla 等[48]以 $Ni(NO_3)_2$ 为催化剂对纤维素水热碳进行催化石墨化。图 2-7 中的透射电子显微镜（TEM）图显示位于 Ni 颗粒周围的碳属于晶态石墨化碳，而距离 Ni 颗粒较远的碳仍然保持非晶态。X 射线衍射（XRD）图［图 2-8（a）］表明，在不同温度下碳化后的样品中仅检测到单质 Ni 的衍射峰，并未发现碳化镍的衍射峰。Wang 等[49]发现玉米秆 -Fe 碳化过程中产生渗碳体相（Fe_3C）［图 2-8（b）］，但在碳化玉米秆 -Co 或玉米秆 -Ni 样品中未检测到钴和镍的渗碳体相。他们还发现铁、钴、镍的碳化物的形成焓大小顺序为 Fe-C ＜ Co-C ＜ Ni-C，这说明，相比于钴和镍，在低碳化温度下铁更容易与碳反应形成渗碳体 Fe_3C[50]。在碳化过程中，金属 Fe 可以通过式（2-12）与无定形碳反应生成 Fe_3C，而 Fe_3C 可以通过式（2-13）进一步分解为石墨碳和金属单质 Fe[51, 52]。因此，铁基催化剂辅助下的石墨化过程遵循碳化物中间体的形成 - 分解机制，而镍基和钴基石墨化过程似乎是通过溶解 - 沉淀机制发生的。

$$3Fe+C\text{（无定形碳）}\longrightarrow Fe_3C \tag{2-12}$$

$$Fe_3C \longrightarrow 3Fe+C\text{（石墨碳）} \tag{2-13}$$

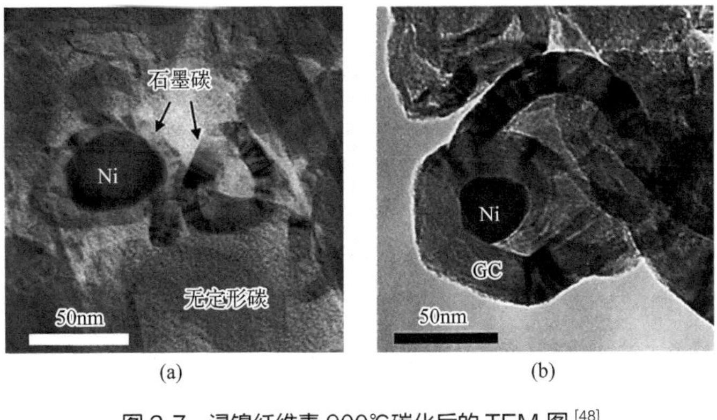

(a)　　(b)

图 2-7　浸镍纤维素 900℃碳化后的 TEM 图[48]

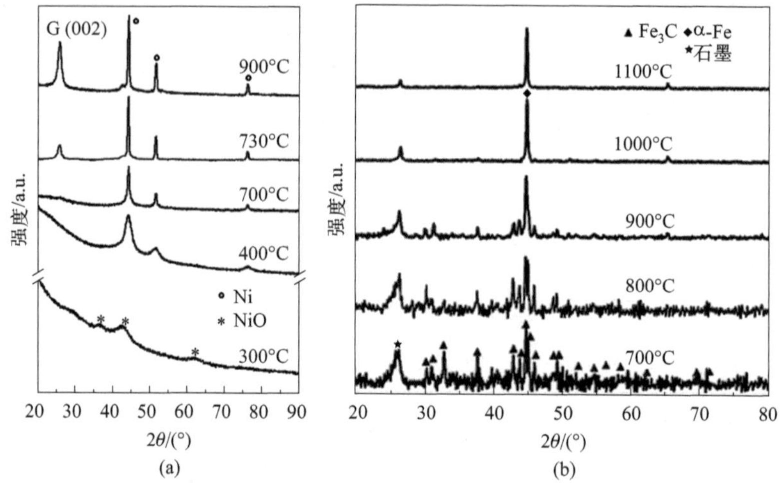

图 2-8 $Ni(NO_3)_2$ 和纤维素混合物在不同碳化温度（300 ~ 900℃）下的 XRD 图（a）[48] 与玉米秸秆和 $K_4Fe(CN)_6$ 混合物在碳化不同温度（700 ~ 1100℃）下的 XRD 图（b）[49]

碳化温度也是影响催化石墨化效果的关键因素。提高碳化温度有利于石墨化碳的形成，增加石墨化碳的含量。在 Wang 等[49] 的研究显示［图 2-9（a）］，碳化样品的 XRD 图谱在约 26°、43° 和 54.5° 处呈现石墨碳的（002）、（100）和（004）特征衍射峰。其对应的拉曼光谱［图 2-9（b）］，在约 $1341cm^{-1}$ 处出现的 D 带（无序碳结构的特征）和在约 $1596cm^{-1}$ 处出现的 G 带（sp^2 碳原子振动的特征）表明所得碳材料由石墨碳和无定形碳组成。G 带与 D 带的强度比（I_G/I_D）与石墨化程度成正比。随着碳化温度的升高，I_G/I_D 值增加，即 1.4（1000℃）< 1.6（1100℃）< 3.4（1200℃），这意味着碳材料的电导率随碳化温度的升高而增大。Wang 等[50] 证明了高 Fe 含量有利于碳形成平面结构，如石墨烯。Lin 等[53] 指出氮源可以促进石墨氮的形成，产生高石墨碳结构。然而，过量的氮源不利于比表面积的增加。Wang 等[54] 发现了 $NiCl_2$ 在碳化过程中对竹子同时起到石墨化和活化作用。在这个过程中可能发生的反应如式（2-14）～式（2-16）所示。Sun 等[55] 在 $Ni(NO_3)_2$ 和三聚氰胺的帮助下合成了葡萄糖衍生的氮掺杂多孔石墨碳。他们发现高温不仅可以提高碳材料的电导率，而且在调节石墨结构和多孔结构方面也发挥着重要作用。随着碳化温度从 800℃升高到 900℃，碳材料的比表面积从 $649m^2/g$ 增加到 $1027m^2/g$。然而，进一步升高温度至 1000℃会导致碳骨架坍塌并降低比表

面积至 579m²/g。

$$5n\,NiCl_2+(C_6H_{10}O_5)_n \longrightarrow 5n\,NiO(s)+6n\,C+10n\,HCl \tag{2-14}$$

$$NiO+C \longrightarrow Ni+CO \tag{2-15}$$

$$CO+NiO \longrightarrow Ni+CO_2 \tag{2-16}$$

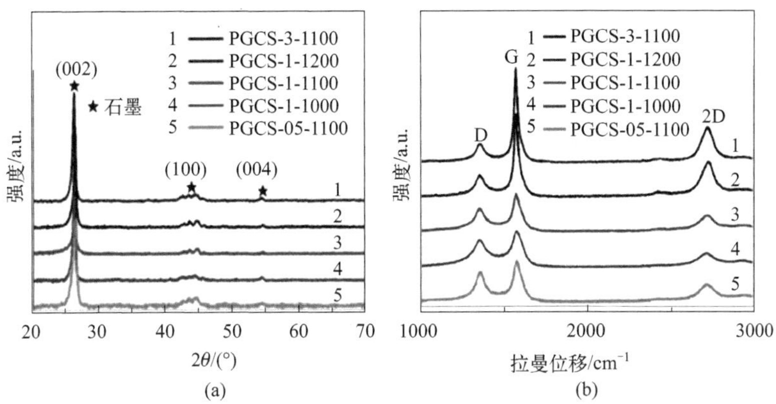

图 2-9 用不同催化剂浓度和碳化温度合成的玉米秸秆衍生多孔石墨碳片（PGCS）的 XRD 图谱（a）和拉曼光谱（b）[49]

一般认为，在相同石墨化条件下，以未经过高温处理的碳前驱体为原料得到的碳材料的石墨化度要高于以活性炭为前驱体的石墨化度。原因有两个，一是碳前驱体在脱水、脱氢、芳构化反应过程中容易发生碳原子重排。然而，活性炭的原子结构已经形成。它是一种由非六边形环组成的玻璃状非晶结构，可能会抵抗石墨化过程，导致电导率增加不明显。二是活性炭已经经过高温处理，其表面含氧官能团相对较少，导致其在与金属催化剂混合时，很难实现催化剂的均匀分布。而催化剂以分子水平分散在碳前驱体中可以显著提高催化效率。如，金属离子与生物质中含氧官能团之间的螯合作用可以改善催化剂的均匀分布，使石墨化效果显著提高。

2.4.1.4 同步活化和石墨化法

碳材料的比表面积和石墨化度是影响其电化学性能的关键因素，但这两者之间存在着相互制约的关系。一方面，高比表面积能够为电化学反应提供丰富的活性位点，但碳材料的比表面积越高，石墨化结构的有序性越差；另一方面，碳材料的石墨化度越高，导电性越好，但高石墨化度的碳材料通常具有较低的比表面积。因为高温会促进 sp^2 碳的形成，但同时容易导致孔结构坍塌。因此，如何构建出既具有高比表面积的多级孔性结构，又具有一定石墨化度的碳材料，使二者达到较好的平衡关系，或者探索较低温度下提高碳材料石墨化度并保持其丰富的孔结构，对提高其电化学储能性能具有重要的指导作用和理论研究价值。

（1）采用两种不同的试剂

对于同一种碳前驱体进行活化和石墨化处理可以使碳材料同时具备高比表面积和良好的导电性，得到多孔石墨化碳材料。最初，多孔石墨化碳材料的制备基于两步碳化过程，有两种方法，一种是先活化后石墨化。例如，Li 等[56]通过用 KOH 活化木屑，然后在 750℃下用双金属 Ni 和 Mo 催化剂对得到的活性炭进行石墨化处理得到 PGC-Ni-Mo。与单次活化制备的多孔碳（PC）相比，PGC-Ni-Mo 的石墨化度提高了 9.4%，但比表面积从 1847.3m^2/g（PC）下降到 1366.54m^2/g（PGC-Ni-Mo）。这是由于第二次碳化过程导致中孔发生塌陷和收缩。因此，活性炭石墨化处理后比未处理时具有更大的 I_G/I_D，但比表面积减小。由此可见，先活化后石墨化的方法会稍微改善碳材料的电导率，但会牺牲孔结构，降低比表面积。第二种方法是先石墨化后活化。石墨碳的比表面积小，可以通过后续的活化过程来增加，但由于石墨碳已经经过高温处理，碳结构发生过稳定性重排，因此，后续活化过程中，易活化的活性位点较少，碳骨架刻蚀较难，活化后的石墨化碳比表面积提高得不明显。此外，上述方法基于两次高温处理工艺，消耗大量时间和能源，不符合低碳经济的原则。因此，探索同时提高碳材料的比表面积和石墨化度的有效方法至关重要。

基于上述考虑，研究者提出了一种简单且经济有效的采用一步碳化实现同步活化和石墨化的方法，即将活化剂和石墨化剂同时引入到碳前驱体。例如，Wang 等[57]采用 KOH 化学活化结合 $Ni(NO_3)_2$ 催化石墨化法制备生物油衍生的蜂窝状多孔石墨化碳材料。得到的碳材料具有高比表面积（1302m^2/g）和良好的导电性（I_G/I_D=1.01），作为超级电容器电极材料时在 6mol/L KOH 电解液中表现出大的比电容、优异的倍率性能以及长循环稳定性。类似的方法也被应用于合成各种生物质衍生碳材料，包括椰壳纤维[58]、米酒渣[59]、干海带[60]等衍生的多孔石墨化碳材料，如表 2-1 所列。Wang 等[61]提出，适当控制 $KOH/FeCl_2$ 比例可以优化碳材料中石墨化结构和非晶结构含量。然而，KOH 和过渡金属盐的结合可能会导致其水溶液中产生不溶性沉淀，因此很难实现KOH和石墨催化剂均匀分布在整个碳基质中。而其他活化剂如 $K_2C_2O_4$ 和 $ZnCl_2$ 与过渡金属盐（石墨化剂）在水溶液中难以生成沉淀，因此，采用这种组合制备多孔石墨化碳材料在提高石墨化效果方面具有明显的优势。例如 Singh 等[62]以 $K_2C_2O_4$ 为活化剂、FeC_2O_4 为石墨化催化剂合成了多孔石墨纳米片。$K_2C_2O_4$ 和 FeC_2O_4 的混合溶液可以均匀地吸附在碳前驱体上，使得到的碳材料能够形成发达的孔隙结构和均匀的石墨碳结构。该组合实现同步活化 - 石墨化的作用机理主要是基于 K_2CO_3 的活化作用和 Fe 物种的石墨化作用，具体的反应如式（2-17）～式（2-20）所示：

$$K_2C_2O_4 \longrightarrow K_2CO_3+CO \tag{2-17}$$

$$FeC_2O_4 \longrightarrow FeO+CO+CO_2 \tag{2-18}$$

$$FeO+C \longrightarrow Fe+CO \tag{2-19}$$

$$FeO+CO \longrightarrow Fe+CO_2 \tag{2-20}$$

研究者通常将 $ZnCl_2$ 与 $FeCl_3$ 组合用来制备多孔石墨化碳材料。例如，Sun 等[63]使用这一组合试剂通过一步碳化法制备了椰壳衍生的多孔类石墨烯碳纳米片。在碳化过程中，Fe 可以通过碳化物中间体的形成 - 分解机制将无定形碳转化为石墨碳；同时，$ZnCl_2$ 可以活化碳骨架，从而获得大量的孔隙。Fe^{2+} 和 Zn^{2+} 与生物质中官能团之间的螯合作用有利于石墨化结构和孔隙结构的均匀分布。Perondi 等[64]利用 $FeCl_3$ 和 $ZnCl_2$ 将纤维素转化为类石墨烯多孔碳纳米片。除了 $ZnCl_2$ 与 $FeCl_3$ 这一组合外，研究者还开发了其他组合形式的活化剂和石墨催化剂，如表 2-1 所列。大多数获得的多孔石墨化碳材料具有大的比表面积（$> 1000m^2/g$）和高的石墨化度（$I_G/I_D > 1.0$）。因此，活化 - 石墨化法可以成为同时满足碳材料多孔结构和良好导电性的有效途径。

表 2-1 以不同组合的活化剂和石墨化剂制备的多孔石墨化碳材料及相应的结构特征

样品名称	碳前驱体	碳化过程	化学试剂	碳化温度/℃	比表面积/(m^2/g)	I_G/I_D	对应文献
PGC-Ni	木屑	CA①+CG②	KOH+$NiCl_2$	750+750	1809.2	1.02	[56]
PGC-Mo	木屑	CA+CG	KOH+$(NH_4)_6Mo_7O_{24}$	750+750	1579.5	0.97	[56]
PGC-Ni-Mo	木屑	CA+CG	KOH+[$NiCl_2$+$(NH_4)_6Mo_7O_{24}$]	750+750	1366.5	1.05	[56]
B-3.2C-Ni	生物油	SAG③	$Ni(NO_3)_2$+KOH	750	1302	1.01	[57]
GPB4-1000	开心果壳	DP④+SAG	FeC_2O_4+$K_2C_2O_4$	600+1000	1673	—	[62]
Fe_3O_4/HPC	葡萄糖	CG	NaCl+$FeCl_3$	700	385.5	—	[65]
KCPFBNGC-900	壳聚糖	SAG	$FeCl_3$+$ZnCl_2$	900	1567	1.37	[66]
1200-ANi-KOH	椰壳	SAG	KOH+$NiCl_2$	1200	162.3	1.99	[58]
NSHPC	米酒渣	SAG	KOH+$FeCl_3$	700	1357	1.05	[59]
PC-KOH+K_2FeO_4	干海带	SAG	KOH+K_2FeO_4	700	2868	1.10	[60]
SPCFZ	蔗糖	SAG	$FeCl_3$+$ZnCl_2$	600	2104	0.93	[67]
GASC10	土豆淀粉	DP+SAG	KOH+$FeCl_2$	450+800	2369	1.10	[61]

① CA 表示化学活化过程。
② CG 表示催化石墨化过程。
③ SAG 表示一步碳化同时实现活化 - 石墨化过程。
④ DP 表示直接热解过程。

（2）采用一种双功能催化剂

如上所述，多孔石墨化碳材料可以通过采用两种不同的化学试剂制备，在碳化过程中，这两种试剂分别起到活化和石墨化的作用。常用的活化剂（如 $ZnCl_2$、KOH）具有很强的腐蚀性或毒性，容易导致设备腐蚀和环境污染。因此，若采用一种能够使碳材料同时实现活化和石墨化的试剂，将会使制备过程更有效、更省时，并且减少环境污染，符合“双碳”发展理念。

K_2FeO_4 是一种比较温和的试剂，可通过一步碳化反应对碳材料同时起到活化和石墨化作用。Gong 等[68]通过碳化壳聚糖 /K_2FeO_4 气凝胶，成功合成了多孔石墨化碳材料。所制备的多孔石墨化碳材料具有三维分级孔道结构和超高比表面积，不仅能够构建高效的离子传输网络并提供丰富的电化学活性位点，而且局域石墨化微区结构还确保了优异的电子传导性能，从而显著提升了电荷传输动力学。此外，以 K_2FeO_4 为活化 - 石墨化剂，可高效转化多种生物质（如木质素磺酸钠、竹子、花生壳、蒲公英花茎及木材）为多孔石墨化碳材料，如表 2-2 所列，展现出优异的可调控性和普适性。K_2FeO_4 的活化 - 石墨化作用机理主要基于 K_2FeO_4 与 H_2O 反应生成 KOH 和 $Fe(OH)_3$，如式（2-21）所示。KOH 作为一种有效的活化剂，可以腐蚀碳基质而产生孔隙。此外，$Fe(OH)_3$ 在高温下可以转化为 Fe_2O_3［式（2-22）］，再通过式（2-23）和式（2-24）反应，还原为 Fe_3O_4，最后还原为 Fe[69]。而 Fe 可借助渗碳体中间相（Fe_3C）促进石墨碳的形成。

$$4K_2FeO_4+10H_2O \longrightarrow 8KOH+4Fe(OH)_3+3O_2 \tag{2-21}$$

$$Fe(OH)_3 \longrightarrow FeO(OH) \longrightarrow Fe_2O_3 \tag{2-22}$$

$$3Fe_2O_3+(H_2, C, CO) \longrightarrow 2Fe_3O_4+(H_2O, CO, CO_2) \tag{2-23}$$

$$Fe_3O_4+4(H_2, C, CO) \longrightarrow 3Fe+4(H_2O, CO, CO_2) \tag{2-24}$$

表 2-2 使用单一活化 - 石墨化剂制备多孔石墨化碳材料的制备条件、结构特性及电化学性能

碳前驱体	化学试剂	碳化温度 /℃	比表面积 /（m^2/g）	I_G/I_D	对应文献
柳絮	$K_4Fe(CN)_6$	900	1066. 6	1.22	［22］
玉米秆	$K_4Fe(CN)_6$	1100	540	1.6	［49］
蒲公英花茎	K_2FeO_4	700	780.4	1.10	［70］
木屑	K_2FeO_4	900	1257.7	1.10	［71］
葡萄糖	$K_3[Fe(C_2O_4)_3]$	750	1068.0	1.05	［72］
单宁酸	$K_3[Fe(C_2O_4)_3]$	750	1541.8	1.05	［73］
葡萄糖 + 纤维素	$K_3[Fe(C_2O_4)_3]$	750	1515.6	1.04	［74］
葡萄糖	K_2FeO_4	800	2813.6	1.00	［75］

为了验证 K_2FeO_4 的活化石墨化机理及其对碳材料结构的影响，Liu 等[71]以 K_2FeO_4 为添加剂，木屑为原料制备了多孔石墨化碳材料［图 2-10（a）］，

并检测了 K_2FeO_4 和木屑 900℃碳化后产物的 XRD 图谱。图 2-10（b）显示了单质 K、K_2O、K_2CO_3、单质 Fe 和石墨碳（2θ=26.4°）的明显特征衍射峰，表明木屑经历了同步的 KOH 活化和 Fe 催化石墨化过程。为了进行比较，研究人员采用不同的试剂制备了 GPC（K_2FeO_4）、GC（$FeCl_3$）和 PC（KOH）等多种木屑衍生的碳材料。其中，GPC 显示出最尖锐、最强的石墨碳（002）衍射峰［图 2-10（c）］和最高的 I_G/I_D 值 1.10［图 2-10（d）］，证实了 K_2FeO_4 的良好石墨化作用。图 2-10（e）的氮气吸附 / 脱附曲线和图 2-10（f）的孔径分布曲线表明 GPC 具有分级多孔结构，揭示了 K_2FeO_4 的高效活化作用。

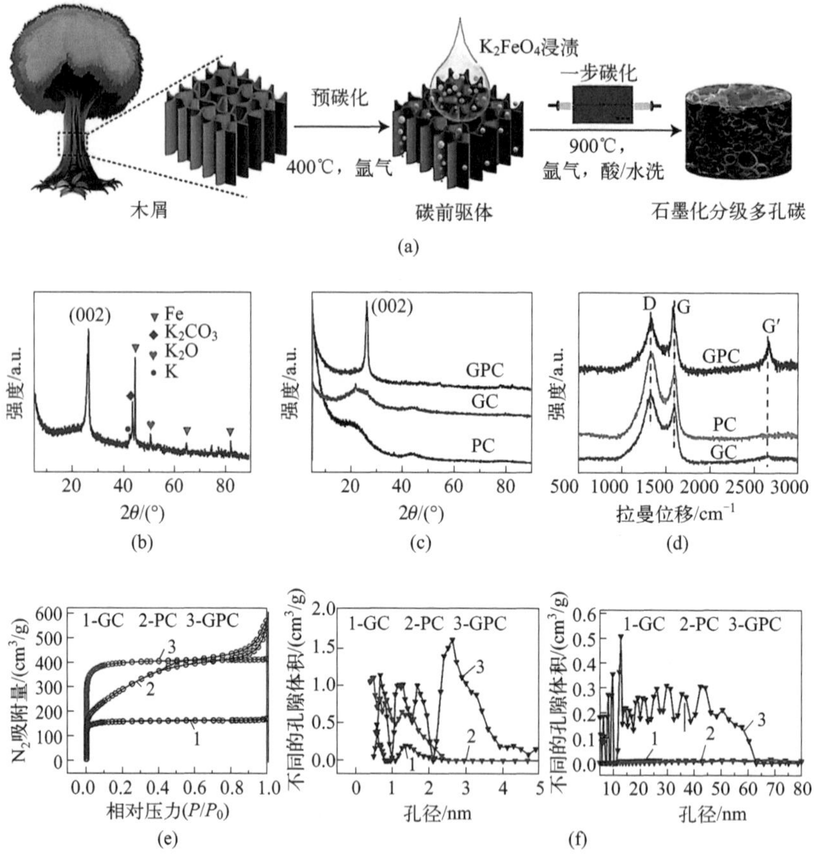

图 2-10　以 K_2FeO_4 为催化剂制备木屑基衍生多孔石墨化碳材料的示意图（a），K_2FeO_4 与木材复合材料 900℃碳化后的 XRD 图谱（b），采用不同添加剂制备的木屑基衍生碳材料：GPC（K_2FeO_4）、GC（$FeCl_3$）和 PC（KOH）的 XRD 图（c）与拉曼光谱（d），GPC、GC 和 PC 的 N_2 吸附 / 脱附等温线（e）以及 GPC、GC 和 PC 的孔径分布图（f）[71]

Wang 等[49]报道，基于 Fe 的自模板和催化石墨化效应，$K_4Fe(CN)_6$ 可以在高温下成功地将玉米秆转化为多孔石墨碳纳米片。Zhang 等[22]发现 $K_4Fe(CN)_6$ 在碳化过程中发生热分解反应。经过一系列反应［式（2-25）～式（2-28）］，得到 K_2CO_3 和 Fe_3C，这两种物质分别有助于多孔结构和石墨碳的发展。因此，$K_4Fe(CN)_6$ 对碳材料也具有同步活化和石墨化效果。

$$K_4Fe(CN)_6 \longrightarrow 4KCN+Fe+N_2+2C \tag{2-25}$$

$$KCN+CO_2 \longrightarrow KOCN+CO \tag{2-26}$$

$$2KCN+4CO_2 \longrightarrow K_2CO_3+5CO+N_2 \tag{2-27}$$

$$2KOCN+2CO_2 \longrightarrow K_2CO_3+3CO+N_2 \tag{2-28}$$

Zhang 等[9]还发现了另一种绿色有效的活化石墨化剂 $K_3[Fe(C_2O_4)_3]$。在高温下，根据式（2-29），$K_3[Fe(C_2O_4)_3]$ 热分解产生 $K_2C_2O_4$ 和 FeC_2O_4。$K_2C_2O_4$ 是一种有效的活化剂，具有弱腐蚀性。因此，$K_3[Fe(C_2O_4)_3]$ 的活化石墨化作用主要基于其分解产物 $K_2C_2O_4$ 和含铁化合物［式（2-30）］。相比于 K_2FeO_4 和 $K_4Fe(CN)_6$ 具有腐蚀性或毒性的衍生产物 KOH 或 KCN，$K_3[Fe(C_2O_4)_3]$ 表现出更加绿色友好的特性，而且有助于实现温和的活化 - 石墨化过程。

$$2K_3[Fe(C_2O_4)_3] \longrightarrow 3K_2C_2O_4+2FeC_2O_4+2CO_2 \tag{2-29}$$

$$FeC_2O_4 \longrightarrow FeO+CO+CO_2 \tag{2-30}$$

根据以上分析，K_2FeO_4、$K_4Fe(CN)_6$ 和 $K_3[Fe(C_2O_4)_3]$ 的活化和石墨化效果分别基于 K 和 Fe 物种。考虑到上述化合物中 K/Fe 的比例固定，可以通过改变生物质 / 催化剂的质量比和碳化温度来调节多孔石墨化碳材料的比表面积和石墨化度。表 2-2 列出了利用上述双功能催化剂成功合成的各种多孔石墨化碳材料。

2.4.2　多孔石墨化碳材料的性质及其对电容性能的影响

尽管碳材料（如活性炭、石墨烯等）在超级电容器和锂离子电池等储能器件中已经实现了商业化应用，但是在制备工艺、储能特征等方面仍存在着诸多限制。根据双电层的储能机理，比表面积是影响碳材料电化学性能的一个重要因素，但是碳材料的其他性质，包括孔径分布、孔的形状结构、导电性以及表面官能团等，都在一定程度上影响其电化学性能。实现对碳材料的比表面积、孔径分布、结构特征、导电性以及表面官能团的有效调控，对提高碳材料在电化学储能领域的应用至关重要。下面分析碳材料结构对超级电容器和锌离子混合电容器性能的影响。

2.4.2.1　有效比表面积

一般情况下，高比表面积能够为电化学反应提供丰富的活性位点，增加电极与电解液间的接触面积，从而加快离子和电子的传输速率，使碳材料的比电容增加。但是，碳材料的比电容与比表面积并不是成正相关的关系，因为不是所有对比表面积有贡献的孔都适合电荷储存，电极材料中存在部分孔由于孔径较小或孔道扭曲使电解液不能进入，无法形成双电层；抑或者电解液可以进入但是厚度达不到形成双电层的厚度。Barbieri 等[76]通过实验证明，当比表面积较小时，比电容随比表面积的增加而增大，两者几乎成线性关系；但当比表面积增加到 1200m^2/g 时，比电容出现饱和，达到一个稳定值。他们认为比电容达到稳定水平，既不是由于电解液对微孔的不可接近性（离子筛），也不是由于比表面积测量的不准确性或不适用性，而是由于孔壁内电荷容纳的空间收缩，对于约 1200m^2/g 的比表面积，平均孔壁厚度变得接近电场的屏蔽长度。因此，对于较大的比表面积，孔壁在给定的电极电位下不再能够容纳相同量的电荷。

2.4.2.2　孔径分布

双电层模型只能在理论上说明充放电过程中离子分布情况。实际上，碳材料的孔隙结构在很大程度上决定了电解液中离子的储能机理以及碳材料的电容性能。多孔碳基双电层电容器受与内部孔离子迁移有关的电极动力学问题的影响。多孔结构内离子迁移的确切机制非常复杂，因为孔道的弯曲度、连通性、尺寸分布、孔的形状，以及电解液的性质和固液界面都必须考虑[77]。碳材料的形貌特征以及它们的孔性结构对提高电解液的渗透能力、离子的扩散速率、电子传递速率以及由电荷引起的离子吸附面积都具有非常重要的影响。除比表面积外，孔径的分布对电荷的储存也非常重要。双电层电容器的电荷储存主要依靠离子在孔结构中的传输。离子的传输时间（τ）与离子的传输路径（l）和离子运动系数（d）有关，它们之间的关系为 $\tau=l^2/d$。国际纯粹与应用化学联合会（International Union of Pure and Applied Chemistry，IUPAC）依据孔径的大小，将孔分为微孔、介孔和大孔。其中大孔的孔径大于 50nm，介孔或中孔的孔径介于 2 ～ 50nm 之间，微孔的孔径＜ 2nm。在 2015 年，IUPAC 又将微孔分为超微孔（孔径介于 0.7 ～ 2nm 之间）和极微孔（孔径＜ 0.7nm）。不同尺寸的孔，在电化学储能中的作用不同，它们或充当离子缓冲室，或作为电子传输通道，或为离子吸附提供活性位点。多级孔性结构能显著提高碳材料的倍率性能，因为它能使离子从相邻的中孔和大孔中快速到达微孔，有效地缩短传输路径。此外，大孔和介孔不仅充当离子缓冲室，同时能够适应电极材料的体积膨胀，可有效缓解充放电过程中电极材料发生破坏的现象，增加电极材料的循环寿命。

微孔对比电容的影响一直存在争议。由于存在离子筛效应，多孔碳不可能吸附超过其孔径的溶剂化离子。但有研究表明，电解液中的离子在充放电过程中能够去溶剂化后储存在微孔或超微孔中。Vix-Guterl 等 [78] 研究发现微孔孔容与多孔碳质量比电容呈正相关关系。实验中选用模板碳为电极材料，在四乙基四氟硼酸铵（$TEABF_4$）电解液中测试。电解液中 BF_4^- 和 TEA^+ 的溶剂化离子直径分别为 1.61nm 和 1.30nm，而实验中模板碳的微孔仅有 0.7nm，远小于溶剂化离子尺寸。因此，Vix-Guterl 等推测离子在进入微孔前，在电场极化作用下去除了溶剂化外壳。Largeot 等 [79] 选用碳化物衍生碳 CDC 为电极材料，研究其在离子液体 1- 乙基 -3- 甲基咪唑双三氟甲磺酰亚胺盐（EMI-TFSI）中比电容与孔径的关系，从归一化电容（F/cm）与 CDC 的孔径图得出了孔径与离子大小之间的关系，两种离子（EMI^+、$TFSI^-$）的最大尺寸约为 0.7nm，而孔径为 0.7nm 的 CDC 表现出最大电容，即当孔径与离子尺寸匹配时电容达到最大值。

Chmiola 等 [80] 认为孔径接近电解液离子大小或是它的 2 倍对形成双电层是最有利的，对比电容的贡献也最大。这种比电容的增加与溶剂化壳的变形有关，能够减小电荷之间的距离从而提高电容 [81]。通常碳材料的比电容在有机电解液中比在水系电解液中小，这是因为有机电解液中溶剂化离子的尺寸较大。另外，有机电解液较大的电阻也导致了比电容相对较小。综合大量在水系电解液中的相关研究结果发现，微孔发达且比表面积高的电极材料对应质量比电容也相对较高。Simon 等[81]通过实验证明，当纳米碳材料孔径＞1nm 时其比电容开始下降，尤其是当孔径＞2nm 以后，即使碳材料的比表面积已经达到 2000 ～ 2500m^2/g，其比电容也只有 100 ～ 150F/g，远低于水系电解液中活性炭的平均比电容 200F/g。相对于比表面积而言，微孔对质量比电容的影响更大。

需要明确的是对于太大的孔，内部自由空间较大，不利于电荷的储存，而且会降低碳材料的密度。但适当的介孔含量有利于电解液的快速传输，加快微孔表面的电荷储存，从而提高多孔碳微孔储能和倍率性能。介孔对离子传输过程的影响如图 2-11 所示，当碳材料中存在一定比例的介孔时可以连通周围多个微孔，有利于加快离子的传输效率，更大限度地发挥微孔储存电荷的能力。因此，介孔是多孔碳材料内部形成离子传输三维通道的重要桥梁[82]，具有中孔 - 微孔结构的碳材料能够实现较高的倍率性能。

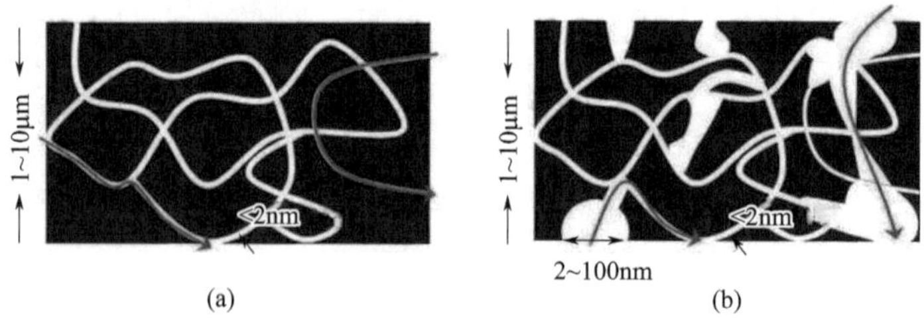

图 2-11　以微孔为主的活性炭颗粒（a）和微孔 - 中孔 - 大孔分布均匀的分级多孔碳（b）[82]

2.4.2.3　导电性

碳材料的导电性对其电化学性能具有重要的影响。导电性能越好，电子的传输速率越快，越有利于减小电极材料的内部电阻，提高倍率性能，改善能量和功率的传输效率。一般对于碳材料而言，石墨化度越高即意味着材料的导电性越好。

碳材料的导电性和孔结构之间存在相互制约的关系。一方面，高温碳化能够提高碳材料的导电性，但同时容易使部分孔结构发生坍塌，导致碳材料的比表面积减小，孔隙不发达，不利于电解液离子的扩散和传输。另一方面，丰富的孔结构可以提供较高的比表面积，缩短离子运输距离，但同时会降低碳材料的导电性，不利于电子的转移。因此，为提高碳材料的电化学性能，需要合理设计碳材料的结构，平衡石墨化度与孔结构的关系，优化离子扩散和电子转移路径。

2.4.2.4　表面官能团

碳材料的电化学性能还可以通过改变材料表面或内部的杂原子（如 N、O、S、P、B）来控制。杂原子可以提高碳基电极材料的表面润湿性并且增加赝电容；此外，杂原子掺杂会在碳材料中产生许多结构缺陷，在增加比表面积的同时也增加了反应的活性位点。例如，N、O 原子上的孤对电子能够加快电荷的转移，并且产生的官能团提供了额外的活性位点，能够发生氧化还原反应，产生赝电容[83]。

杂原子掺杂可以通过碳材料与杂原子试剂［如 NH_3、$CO(NH_2)_2$、HNO_3、H_3BO_3、H_3PO_4、CH_4N_2S 等］反应或直接分解富含杂原子的碳前驱体（如聚苯胺、聚吡咯、树脂材料、生物质等）实现[84]。通过后处理产生的杂原子官能团通常位于碳材料的表面，在电化学反应过程中容易引起官能团损失和多孔通道被堵塞[85]。而采用富含杂原子的碳前驱体产生的杂原子能够引入到碳骨架中，并且在持续的充放电循环过程中保持稳定。考虑到以合成的聚合物做前驱体可能产生的环境污染，以自然生长的生物质为原料来制备掺杂碳材料在工业化中引起了极大的关注。并且生物质作为氮 / 氧源保证了碳材料中氮 / 氧的均匀分布。当碳化温度足够高时，氮聚合物会分解成大量的含碳、氮气体，如 $C_2N_2^+$、$C_3N_2^+$、$C_3N_3^+$，最后形成氮掺杂的石墨化碳[86]。

具有电负性的氮原子掺杂到碳骨架中会导致邻近碳原子上产生正电荷，从而提升电化学性能。具体如下：吡咯型氮、吡啶氮和羟基吡啶氮属于电子供体，具有电化学活性，可以通过反应式（2-31）和式（2-32）与 KOH 电解液发生赝电容反应；石墨氮不仅能提高碳材料的电子导电性，还能提供额外的活性位点与电解质离子相互作用，形成双电层[87]。

$$C—NH_2+2OH^- \rightleftharpoons C—NHOH+H_2O+2e^- \tag{2-31}$$

$$CH—NH_2+2OH^- \rightleftharpoons C=NH+2H_2O+2e^- \tag{2-32}$$

氧掺杂有助于碳材料形成亲水性表面，从而提高电极表面润湿性并减少电极与电解质之间的接触电阻。此外，C—OH 酚基、COOH 羧基和 C═O 醌基能发生可逆或不可逆的电化学氧化还原反应，如式（2-33）、式（2-34）和式（2-35）[88] 所示：

$$C{-}OH \rightleftharpoons C{=}O + H^+ + e^- \tag{2-33}$$

$$COOH \rightleftharpoons COO^- + H^+ + e^- \tag{2-34}$$

$$C{=}O + e^- \rightleftharpoons CO^- \tag{2-35}$$

对于磷掺杂，磷的电子供给能力优于碳，导致磷原子带正电荷，在电化学反应过程中有利于电荷的转移。同时，含磷官能团不仅能增强碳材料的润湿性，还能通过相关反应提供额外的赝电容，如式（2-36）[89] 所示：

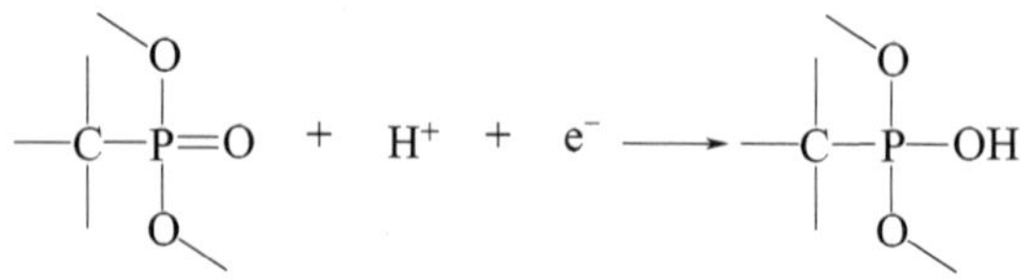

（2-36）

然而，需要注意的是，杂原子也会产生一定的副作用，需要考虑到官能团与电解液之间的不可逆反应、电解液的分解、高的自放电现象以及电极增加的内部电阻。此外，若碳材料表面产生过量的官能团，会降低材料的导电性。过量官能团还可能会堵塞微小孔隙，使得电解液难以进入到碳材料内部孔隙，造成有效比表面积降低。

参考文献

［1］Yu M F，Lourie O，Dyer M J，et al. Strength and breaking mechanism of multiwalled carbon nanotubes under tensile load[J]. Science，2000，287（5453）：637-640.

［2］Zhang L L，Zhao X S. Carbon-based materials as supercapacitor electrodes[J]. Chemical Society Reviews，2009，38（9）：2520-2531.

［3］Wang C，Wu D，Wang H，et al. A green and scalable route to yield porous carbon sheets from biomass for supercapacitors with high capacity[J]. Journal of Materials Chemistry A，2018，6（3）：1244-1254.

［4］Xie K，Qin X，Wang X，et al. Carbon nanocages as supercapacitor electrode materials[J]. Advanced Materials，2012，24（3）：347-352.

［5］Liu R L，Ji W J，He T，et al. Fabrication of nitrogen-doped hierarchically porous carbons through a hybrid dual-template route for CO_2 capture and haemoperfusion[J]. Carbon, 2014, 76: 84-95.

[6] Gu W, Yushin G. Review of nanostructured carbon materials for electrochemical capacitor applications: Advantages and limitations of activated carbon, carbide-derived carbon, zeolite-templated carbon, carbon aerogels, carbon nanotubes, onion-like carbon, and graphene[J]. Wiley Interdisciplinary Reviews: Energy and Environment, 2014, 3 (5): 424-473.

[7] Rose M, Kockrick E, Senkovska I, et al. High surface area carbide-derived carbon fibers produced by electrospinning of polycarbosilane precursors[J]. Carbon, 2010, 48 (2): 403-407.

[8] Field C B, Behrenfeld M J, Randerson J T, et al. Primary production of the biosphere: Integrating terrestrial and oceanic components[J]. Science, 1998, 281 (5374): 237-240.

[9] Zhang X, Gan X, Liu B, et al. An interfacial self-assembly strategy to fabricate graphitic hollow porous carbon spheres for supercapacitor electrodes[J]. New Carbon Materials, 2021, 36 (3): 594-605.

[10] Zhang X, Jiang C, Li H, et al. Rational design of activated graphitic carbon spheres with optimized ion and electron transfer channels for zinc-ion hybrid capacitors[J]. Journal of Colloid and Interface Science, 2023, 651: 211-220.

[11] Zhang X, Zhang F, Li H, et al. Dual graphitization to fabricate graphitic carbon aerogel for superior sodium-ion storage[J]. Journal of Alloys and Compounds, 2025, 1010: 177282.

[12] Peter M. Energy production from biomass (part 1): Overview of biomass[J]. Bioresource Technology, 2002, 83: 37-46.

[13] Liu W, Jiang H, Yu H Q. Thermochemical conversion of lignin to functional materials: A review and future directions[J]. Green Chemistry, 2015, 17: 4888-4907.

[14] Deng J, Xiong T, Wang H, et al. Effects of cellulose, hemicellulose, and lignin on the structure and morphology of porous carbons[J]. ACS Sustainable Chemistry & Engineering, 2016, 4: 3750-3756.

[15] Irisarri E, Ponrouch A, Palacin M R. Review—Hard carbon negative electrode materials for sodium-ion batteries[J]. Journal of the Electrochemical Society, 2015, 162: A2476-A2482.

[16] Xing L, Chen X, Tan Z, et al. Synthesis of porous carbon material with suitable graphitization strength for high electrochemical capacitors[J]. ACS Sustainable Chemistry & Engineering, 2019, 7: 6601-6610.

[17] Liu H, Chen W, Zhang R, et al. Bioinspired in situ self-catalyzing strategy towards graphene nanosheets with hierarchical structure derived from biomass for advanced supercapacitors[J].

Applied Surface Science, 2021, 566: 150692.

[18] Wan L, Wei W, Xie M, et al. Nitrogen, sulfur co-doped hierarchically porous carbon from rape pollen as high-performance supercapacitor electrode[J]. Electrochimica Acta, 2019, 311: 72-82.

[19] Lian J, Cheng R, Xiong L, et al. Supercapacitors with high nitrogen content by cage-like ganoderma lucidum spore, Applied Surface Science, 2019, 494: 230-238.

[20] Li Z, Zhang L, Amirkhiz B S, et al. Carbonized chicken eggshell membranes with 3D architectures as high-performance electrode materials for supercapacitors, Advanced Energy Materials, 2012, 2: 431-437.

[21] Huang L, Wang S, Zhang Y, et al. Preparation of a NP co-doped waste cotton fabric-based activated carbon for supercapacitor electrodes[J]. New Carbon Materials, 2021, 36 (6): 1128-1135.

[22] Zhang X, Zhang K, Li H, et al. Porous graphitic carbon microtubes derived from willow catkins as a substrate of MnO_2 for supercapacitors[J]. Journal of Power Sources, 2017, 344: 176-184.

[23] Jiang J, Zhu J, Ai W, et al. Evolution of disposable bamboo chopsticks into uniform carbon fibers: a smart strategy to fabricate sustainable anodes for Li-ion batteries[J]. Energy & Environmental Science, 2014, 7 (8): 2670-2679.

[24] Zhang X, Meng X, Gong S, et al. Synthesis and characterization of 3D MnO_2/carbon microtube bundle for supercapacitor electrodes[J]. Materials Letters, 2016, 179: 73-77.

[25] Yang F, Sun L, Xie W, et al. Nitrogen-functionalization biochars derived from wheat straws via molten salt synthesis: An efficient adsorbent for atrazine removal[J]. Science of the Total Environment, 2017, 607: 1391-1399.

[26] Liu Y, Shi M, Han M, et al. Spontaneous exfoliation and tailoring derived oxygen-riched porous carbon nanosheets for superior Li^+ storage performance[J]. Chemical Engineering Journal, 2020, 387: 124104.

[27] Li Z, Lv W, Zhang C, et al. A sheet-like porous carbon for high-rate supercapacitors produced by the carbonization of an eggplant[J]. Carbon, 2015, 92: 11-14.

[28] Zhang Y, Li X, Dong P, et al. Honeycomb-like hard carbon derived from pine pollen as high-performance anode material for sodium-ion batteries[J]. ACS Applied Materials & Interfaces, 2018, 10 (49): 42796-42803.

[29] Long C, Chen X, Jiang L, et al. Porous layer-stacking carbon derived from in-built template in biomass for high volumetric performance supercapacitors[J]. Nano Energy, 2015, 12: 141-151.

[30] Chen C, Zhang Y, Li Y, et al. All-wood, low tortuosity, aqueous, biodegradable supercapacitors with ultra-high capacitance[J]. Energy & Environmental Science, 2017, 10 (2): 538-545.

[31] 张晓华 . 生物质基炭材料的结构调控及其电化学性能研究 [D]. 太原：太原理工大学，2019.

[32] Deng J, Li M, Wang Y. Biomass-derived carbon: Synthesis and applications in energy storage and conversion[J]. Green Chemistry, 2016, 18 (18): 4824-4854.

[33] Armandi M, Bonelli B, Geobaldo F, et al. Nanoporous carbon materials obtained by sucrose carbonization in the presence of KOH[J]. Microporous and Mesoporous Materials, 2010, 132 (3): 414-420.

[34] Sun F, Wu D, Gao J, et al. Graphitic porous carbon with multiple structural merits for high-performance organic supercapacitor[J]. Journal of Power Sources, 2020, 477: 228759.

[35] Liu X, Lai C, Xiao Z, et al. Superb electrolyte penetration/absorption of three-dimensional porous carbon nanosheets for multifunctional supercapacitor[J]. ACS Applied Energy Materials, 2019, 2 (5): 3185-3193.

[36] Zheng X, Lv W, Tao Y, et al. Oriented and interlinked porous carbon nanosheets with an extraordinary capacitive performance[J]. Chemistry of Materials, 2014, 26 (23): 6896-6903.

[37] Muramatsu H, Kim Y A, Yang K S, et al. Rice husk-derived graphene with nano-sized domains and clean edges[J]. Small, 2014, 10 (14): 2766-2770.

[38] Han P, Cheng M, Luo D, et al. Selective etching of CN bonds for preparation of porous carbon with ultrahigh specific surface area and superior capacitive performance[J]. Energy Storage Materials, 2020, 24: 486-494.

[39] Sevilla M, Mokaya R. Energy storage applications of activated carbons: Supercapacitors and hydrogen storage[J]. Energy & Environmental Science, 2014, 7 (4): 1250-1280.

[40] Lin G, Wang Q, Yang X, et al. Preparation of phosphorus-doped porous carbon for high performance supercapacitors by one-step carbonization[J]. RSC advances, 2020, 10 (30): 17768-17776.

[41] Molina-Sabio M, Rodrıguez-Reinoso F. Role of chemical activation in the development of carbon porosity[J]. Colloids and Surfaces A: Physicochemical and Engineering Aspects, 2004, 241 (1-3): 15-25.

[42] Kim D W, Kil H S, Nakabayashi K, et al. Structural elucidation of physical and chemical activation mechanisms based on the microdomain structure model[J]. Carbon, 2017, 114:

98-105.

[43] Prauchner M J，Rodríguez-Reinoso F. Chemical versus physical activation of coconut shell：A comparative study[J]. Microporous and Mesoporous Materials，2012，152：163-171.

[44] Wang Q，Liu F，Jin Z，et al. Hierarchically divacancy defect building dual-activated porous carbon fibers for high-performance energy-storage devices[J]. Advanced Functional Materials，2020，30（39）：2002580.

[45] Marsh H，Warburton A P. Catalysis of graphitisation[J]. Journal of Applied Chemistry，1970，20（4）：133-142.

[46] Thambiliyagodage C J，Ulrich S，Araujo P T，et al. Catalytic graphitization in nanocast carbon monoliths by iron，cobalt and nickel nanoparticles[J]. Carbon，2018，134：452-463.

[47] Hoekstra J，Beale A M，Soulimani F，et al. Base metal catalyzed graphitization of cellulose：A combined Raman spectroscopy，temperature-dependent X-ray diffraction and high-resolution transmission electron microscopy study[J]. The Journal of Physical Chemistry C，2015，119（19）：10653-10661.

[48] Sevilla M，Fuertes A B. Graphitic carbon nanostructures from cellulose[J]. Chemical Physics Letters，2010，490（1-3）：63-68.

[49] Wang L，Mu G，Tian C，et al. Porous graphitic carbon nanosheets derived from cornstalk biomass for advanced supercapacitors[J]. ChemSusChem，2013，6（5）：880-889.

[50] Wang L，Tian C，Wang H，et al. Mass production of graphene via an in situ self-generating template route and its promoted activity as electrocatalytic support for methanol electroxidization[J]. The Journal of Physical Chemistry C，2010，114（19）：8727-8733.

[51] Boonprachai R，Autthawong T，Namsar O，et al. Natural porous carbon derived from popped rice as anode materials for lithium-ion batteries[J]. Crystals，2022，12（2）：223.

[52] Kim D W，Kil H S，Kim J，et al. Highly graphitized carbon from non-graphitizable raw material and its formation mechanism based on domain theory[J]. Carbon，2017，121：301-308.

[53] Lin Z H，Li X，Song Y F，et al. Highly graphitized porous carbon microspheres derived from copolymer of glucose and melamine for advanced electrodes[J]. Particle & Particle Systems Characterization，2022，39（6）：2200055.

[54] Wang C，Li Y，Cao F，et al. Employing Ni-embedded porous graphitic carbon fibers for high-efficiency lithium-sulfur batteries[J]. ACS Applied Materials & Interfaces，2022，14（8）：10457-10466.

[55] Sun L, Tian C, Fu Y, et al. Nitrogen-doped porous graphitic carbon as an excellent electrode material for advanced supercapacitors[J]. Chemistry-A European Journal, 2014, 20 (2): 564-574.

[56] Li J, Zhang Z, Wang Z, et al. Low temperature graphitization and electrochemical properties of porous carbon catalyzed with bimetal Ni-Mo[J]. Diamond and Related Materials, 2022, 123: 108862.

[57] Wang Q, Qin B, Li H X, et al. Honeycomb-like carbon with tunable pore size from bio-oil for supercapacitor[J]. Microporous and Mesoporous Materials, 2020, 309: 110551.

[58] Destyorini F, Amalia W C, Irmawati Y, et al. High graphitic carbon derived from coconut coir waste by promoting potassium hydroxide in the catalytic graphitization process for lithium-ion battery anodes[J]. Energy & Fuels, 2022, 36: 5444-5455.

[59] Wu D, Cheng J, Wang T, et al. A novel porous N- and S-self-doped carbon derived from Chinese rice wine lees as high-performance electrode materials in a supercapacitor[J]. ACS Sustainable Chemistry & Engineering, 2019, 7 (14): 12138-12147.

[60] Tan Y, Ren J, Li X, et al. Highly graphitic porous carbon prepared via K_2FeO_4-assisted KOH activation for supercapacitors[J]. New Journal of Chemistry, 2022, 46: 14338-14345.

[61] Wang H, Li X, Peng J, et al. Control of the interface graphitized/amorphous carbon of biomass-derived carbon microspheres for symmetric supercapacitors[J]. Nanoscale Advances, 2021, 3: 4858-4865.

[62] Singh G, Lee J, Bahadur R, et al. Highly graphitized porous biocarbon nanosheets with tunable micro-meso interfaces and enhanced layer spacing for CO_2 capture and LIBs[J]. Chemical Engineering Journal, 2022, 433: 134464.

[63] Sun L, Tian C, Li M, et al. From coconut shell to porous graphene-like nanosheets for high-power supercapacitors[J]. Journal of Materials Chemistry A, 2013, 1: 6462-6470.

[64] Perondi D, Bassanesi G R, Manera C, et al. From cellulose to graphene-like porous carbon nanosheets[J]. Microporous and Mesoporous Materials, 2021, 323: 111217.

[65] Zhao Z, Yi Z, Li H, et al. Synergetic effect of spatially separated dual co-catalyst for accelerating multiple conversion reaction in advanced lithium sulfur batteries[J]. Nano Energy, 2021, 81: 105621.

[66] Sun L, Fu Y, Tian C, et al. Isolated boron and nitrogen sites on porous graphitic carbon synthesized from nitrogen-containing chitosan for supercapacitors[J]. ChemSusChem, 2014, 7:

1637-1646.

［67］ Zhao Z，Yin W，Li H，et al. Low temperature synthesis of hierarchically porous carbon host for durable lithium-sulfur batteries［J］. Microporous and Mesoporous Materials，2022，337：111946.

［68］ Gong Y，Li D，Fu Q，et al. Nitrogen self-doped porous carbon for high-performance supercapacitors［J］. ACS Applied Energy Materials，2020，3：1585-1592.

［69］ Gong Y，Li D，Luo C，et al. Highly porous graphitic biomass carbon as advanced electrode materials for supercapacitors［J］. Green Chemistry，2017，19：4132-4140.

［70］ Tan Y，Xu Z，He L，et al. Three-dimensional high graphitic porous biomass carbon from dandelion flower activated by K_2FeO_4 for supercapacitor electrode［J］. Journal of Energy Storage，2022，52：104889.

［71］ Liu H，Su S，Wang H，et al. A sustainable one-step strategy for highly graphitized capacitive carbons with hierarchical micro-meso-macro porosity［J］. Nanoscale Advances，2022，4：1394-1407.

［72］ Zhang X，Liu B，Yan X，et al. Design and structure optimization of 3D porous graphitic carbon nanosheets for high-performance supercapacitor［J］. Microporous and Mesoporous Materials，2020，309：110580.

［73］ Zhang X，Gan X，Liu B，et al. An interfacial self-assembly strategy to fabricate graphitic hollow porous carbon spheres for supercapacitor electrodes［J］. New Carbon Materials，2021，36：594-605.

［74］ Zhang X，Li H，Qin B，et al. Direct synthesis of porous graphitic carbon sheets grafted on carbon fibers for high-performance supercapacitors［J］. Journal of Materials Chemistry A，2019，7：3298-3306.

［75］ Guo A，Zhang X，Shao B，et al. Catalytic graphitization assisted synthesis of Fe_3C/Fe/graphitic carbon with advanced pseudocapacitance［J］. RSC Advances，2022，12：7935-7940.

［76］ Barbieri O，Hahn M，Herzog A，et al. Capacitance limits of high surface area activated carbons for double layer capacitors［J］. Carbon，2005，43（6）：1303-1310.

［77］ Béguin F，Presser V，Balducci A，et al. Carbons and electrolytes for advanced supercapacitors［J］. Advanced Materials，2014，26（14）：2219-2251.

［78］ Vix-Guterl C，Frackowiak E，Jurewicz K，et al. Electrochemical energy storage in ordered porous carbon materials［J］. Carbon，2005，43（6）：1293-1302.

［79］ Largeot C，Portet C，Chmiola J，et al. Relation between the ion size and pore size for an electric double-layer capacitor[J]. Journal of the American Chemical Society, 2008, 130 (9): 2730-2731.

[80] Chmiola J, Largeot C, Taberna P L, et al. Desolvation of ions in subnanometer pores and its effect on capacitance and double-layer theory[J]. Angewandte Chemie International Edition, 2008, 47 (18): 3392-3395.

[81] Simon P, Burke A F. Nanostructured carbons: double-layer capacitance and more[J]. The Electrochemical Society Interface, 2008, 17 (1): 38-43.

[82] Zheng X, Luo J, Lv W, et al. Two-dimensional porous carbon: Synthesis and ion-transport properties[J]. Advanced Materials, 2015, 27 (36): 5388-5395.

[83] Mondal A K, Kretschmer K, Zhao Y, et al. Nitrogen-doped porous carbon nanosheets from eco-friendly eucalyptus leaves as high performance electrode materials for supercapacitors and lithium ion batteries[J]. Chemistry-A European Journal, 2017, 23 (15): 3683-3690.

[84] Yao Y, Zhang Y, Li L, et al. Fabrication of hierarchical porous carbon nanoflakes for high-performance supercapacitors[J]. ACS Applied Materials & Interfaces, 2017, 9 (40): 34944-34953.

[85] Chen L F, Huang Z H, Liang H W, et al. Three-dimensional heteroatom-doped carbon nanofiber networks derived from bacterial cellulose for supercapacitors[J]. Advanced Functional Materials, 2014, 24 (32): 5104-5111.

[86] Li Q, Xu P, Gao W, et al. Graphene/graphene-tube nanocomposites templated from cage-containing metal-organic frameworks for oxygen reduction in Li-O_2 batteries[J]. Advanced Materials, 2014, 26 (9): 1378-1386.

[87] Deng Y, Xie Y, Zou K, et al. Review on recent advances in nitrogen-doped carbons: preparations and applications in supercapacitors[J]. Journal of Materials Chemistry A, 2016, 4: 1144-1173.

[88] Fang Y, Luo B, Jia Y, et al. Renewing functionalized graphene as electrodes for high-performance supercapacitors[J]. Advanced Materials, 2012, 24: 6348-6355.

[89] Nirosha B, Selvakumar R, Jeyanthi J, et al. Elaeocarpus tectorius derived phosphorus-doped carbon as an electrode material for an asymmetric supercapacitor[J]. New Journal of Chemistry, 2020, 44: 181-193.

第3章

零维多孔石墨化碳球的制备及性能分析

3.1 单宁酸衍生多孔石墨化实心碳球的制备及性能分析

混合电容器结合了超级电容器和电池的优势，具有更高的能量密度、功率密度和良好的循环稳定性[1]。ZIHC依靠碳材料容纳从锌负极中剥离出的Zn^{2+}来储存能量[2,3]。因此，碳材料的孔隙结构（包括高S_{BET}和合适的孔径分布）对于能量存储非常重要。高S_{BET}能够提供更多的活性表面用于容纳Zn^{2+}。然而，碳材料的容量与S_{BET}不成正比，孔隙参数则是在更大程度上决定了离子的迁移和吸附。Gogotsi等[4]和Largeot等[5]发现，微孔的大小接近或是离子尺寸的2倍时，能够最大程度地容纳离子的嵌入与脱出，而介孔则有利于在高电流密度下实现离子的快速扩散。此外，适当的氧含量可提供额外的赝电容，增强润湿性以提高离子扩散速率。含氧基团C—OH和COOH能够促进Zn^{2+}在$ZnSO_4$溶液中的化学吸附，形成C—O—Zn和C—OO—Zn键，从而进一步提供额外的赝电容。除了高S_{BET}、适当的孔径和良好的润湿性外，高的电导率可以提供电子传输的低阻力通道，最大限度地提高碳材料的电化学性能。因此，开发具有高S_{BET}、适当孔径、氧掺杂和良好导电性的新型碳材料对于提高ZIHC的性能具有极其重要的意义。

单宁酸（tannic acid，TA）是从植物中提取的含量丰富的多酚。分子结构中含有大量的邻苯二酚基团，与金属离子具有很强的螯合能力。基于这一现象，许多先进的碳材料都是基于金属-TA络合聚合物制备的。例如，通过水热处理和碳化后制备的Co/C复合材料[6]，在氧还原反应中表现出优异的性能。Zhang等[7]采用机械化学组装策略合成了TA衍生的有序介孔碳，实现了TA与Zn^{2+}/Ni^{2+}的络合交联。Fe/Co-TA络合衍生的碳材料具有良好的导电性，这是由于金属Fe、Co在碳化过程中有效的催化石墨化作用。然而，这些碳材料通常具有不发达的多孔结构和低S_{BET}。而由Zn-TA聚合物衍生的碳球具有高S_{BET}[8]，这是由于ZnO的刻蚀作用和Zn的挥发性，但碳材料的导电性却不尽如人意。

为了实现碳材料的高S_{BET}、适当孔径、良好导电性以及氧掺杂的多重目标，采用水热处理合成Fe-TA水热碳球，随后进行KOH活化处理。Fe^{3+}与TA的强络合作用，确保了水热碳球的稳定性，使Fe原子良好地分散在碳框架中。

随后，KOH 对 Fe-TA 水热碳球的活化过程，促进了石墨化和活化的同步实现。最终得到了由纳米片组装的多孔石墨碳球（AGCS），具有丰富的活性位点和快速的离子 / 电荷转移。

3.1.1 样品制备

3.1.1.1 Fe-TA 水热碳球的合成

采用水热法合成 Fe-TA 水热碳球。首先，将 2g TA 和一定量的 $Fe(NO_3)_3 \cdot 9H_2O$ 分别溶于去离子水（20mL）中，形成透明溶液。随后，将 $Fe(NO_3)_3$ 溶液滴加到 TA 溶液中，并将混合物搅拌 1h。经 140℃水热反应 12h 后，洗涤干燥。将得到的 Fe-TA 水热碳球（CS）命名为 CS-x[x 为 $Fe(NO_3)_3 \cdot 9H_2O$ 的质量，取 1.5g、2g 和 2.5g]。

3.1.1.2 AGCS-x 的合成

将得到的 Fe-TA 水热碳球 CS-x 与 KOH 按质量比 1：1 进行混合研磨，然后在 N_2 气氛下 750℃碳化 2h。冷却至室温后，分别用 3mol/L HCl 和去离子水洗涤碳化产物数次，干燥后得到的样品命名为 AGCS-x（x=1.5、2 和 2.5）。

3.1.2 电化学性能测试方法

3.1.2.1 锌离子电容器电化学性能测试方法

将制备的碳材料与乙炔黑和聚四氟乙烯以质量比为 8 ：1 ：1 的比例混合均匀。然后将其涂覆在不锈钢网上，并用压片机在 10MPa 压力下挤压 3min，保证活性物质可以与不锈钢网良好的接触。

以上述制备的碳电极为正极，锌箔为负电极，2mol/L $ZnSO_4$ 为电解液组装成水系锌离子混合电容器。电极材料的电化学性能如循环伏安（CV）、恒电流充放电（GCD）都在电压窗口为 0.2 ～ 1.8V 的范围内测试。交流阻抗在频率范围为 100kHz ～ 0.01Hz、开路电势为 5mV 的条件下进行测试。循环伏安曲线和交流阻抗在上海辰华电化学工作站（CHI760e）上测试，恒电流充放电曲线在蓝电（CT2001A）工作站上测试。电容器的能量密度 E（W·h/kg）和功率密度 P（W/kg）分别根据式（3-1）和式（3-2）计算，如下：

$$E=0.5C_m\times\Delta V \tag{3-1}$$

$$P=3600E/t \tag{3-2}$$

式中 C_m——比容量，mA·h/g；

ΔV——电压窗口，V；

t——放电时间，s。

3.1.2.2 超级电容器电化学性能测试方法

将制备的碳材料与乙炔黑和聚四氟乙烯以质量比为 8∶1∶1 的比例混合均匀。然后将其涂覆在泡沫镍集流体上，并用压片机在 10MPa 压力下挤压 3min，保证活性物质可以与泡沫镍良好的接触。

三电极体系的测试以 6mol/L KOH 溶液为电解液，Pt 片为对电极，双盐桥 Hg/HgO 电极作为参比电极。循环伏安、计时电位都在电压窗口为 -1.0～0V 的范围内测试。交流阻抗在频率范围为 100kHz～0.01Hz 的条件下进行测试。三电极体系下电极的比电容 C（F/g）根据计时电位曲线计算，计算公式如式（3-3）所示：

$$C=\frac{I\Delta t}{m\Delta V} \tag{3-3}$$

式中 I——放电电流，A；

Δt——放电时间，s；

m——活性物质的质量，g；

ΔV——电压窗口，V。

库仑效率（η）根据公式（3-4）计算得出，具体如下：

$$\eta=\frac{t_d}{t_c} \tag{3-4}$$

式中 t_c，t_d——充电时间和放电时间，s。

两电极体系中单电极的比电容 C_{sp}（F/g）计算公式如式（3-5）所示：

$$C_{sp}=\frac{4I\Delta t}{m\Delta V} \tag{3-5}$$

式中 I——放电电流，A；

Δt——放电时间，s；

m——两个电极活性材料的总质量，g；

ΔV——电压窗口，V。

能量密度 E（W·h/kg）的计算公式如式（3-6）所示：

$$E=\frac{C_{sp}V^2}{8} \tag{3-6}$$

式中 V——最大放电电压窗口，V。

功率密度 P（W/kg）的计算依据式（3-7）：

$$P=\frac{E}{\Delta t} \tag{3-7}$$

式中 Δt——放电时间，s。

3.1.3 形貌与结构分析

AGCS-x 的制备流程如图 3-1 所示。首先，基于 Fe^{3+} 与 TA 的强络合作用，通过自组装形成 Fe-TA 络合物。然后，在水热处理过程中通过氧化自聚合将 Fe-TA 络合物进一步聚集形成水热碳球。随后，将得到的 Fe-TA 水热碳球与 KOH 混合后进行碳化，从而得到多孔石墨化碳球。其中，Fe^{3+} 不仅作为促进碳球形成的金属络合点，而且充当了多孔和石墨碳结构发展的原位模板和催化剂。Fe^{3+} 与邻苯二酚基团之间的强络合效应，可以原位固定 Fe 颗粒在碳基体中，有效防止其在碳化过程中迁移[9]。在同步石墨化和活化后，纳米片组装的 AGCS-x 具有丰富的孔隙结构。

图 3-2（a）、（b）、（c）中的 SEM（扫描电镜）图像显示，Fe-TA 水热碳球 CS-x 呈现出良好的球形形貌，直径范围为 0.5 ～ 3.0μm。CS-1.5［图 3-2（a）和图 3-2（d）］和 CS-2［图 3-2（b）和图 3-2（e）］都是由纳米片组装而成的花状球体。当 $Fe(NO_3)_3$ 的质量增加到 2.5g 时，CS-2.5 的球面是光滑的［图 3-2（c）和图 3-2（f）］，可见 CS-x 的球面形貌受到 $Fe(NO_3)_3$ 添加量的影响较明显。显然，由纳米片组装而成的碳球可以提供相连的孔道结构并暴露出更多的活性面积[10]。图 3-2（d）、（e）、（f）显示，经过活化后，AGCS-x 的球形结构得以保留，表明 Fe-TA 水热碳球具有较强的络合和自聚合能力。由于

KOH 的蚀刻作用，AGCS-x 的表面变得更加粗糙，并且带有一些小颗粒。这种形态可以暴露更多的结构缺陷和开放通道，提供大量的活性位点，促进离子扩散。此外，由纳米片组装的 AGCS-x 可以缓解反复循环过程中碳材料体积的变化，从而阻止结构的坍塌。

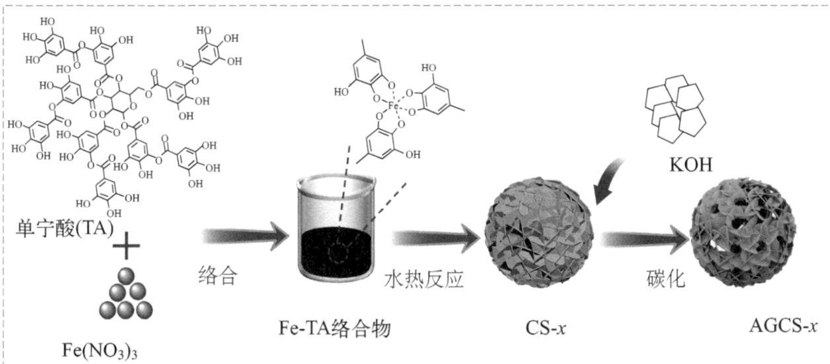

图 3-1 AGCS-x 样品制备示意图

图 3-2 Fe-TA 水热碳球活化前后的 SEM 图像

（a）、（d）CS-1.5；（b）、（e）CS-2；（c）、（f）CS-2.5；（g）AGCS-1.5；（h）AGCS-2；（i）AGCS-2.5

通过 TEM 进一步表征 AGCS-2 的微观结构。如图 3-3（a）和（b）所示，AGCS-2 具有相互连接的微孔和介孔，内部孔隙相互连接。这种独特的结构特性有助于电解液进入并且缩短离子扩散距离。图 3-3（c）中的晶格条纹证明了 AGCS-2 碳基体中存在石墨纳米微晶，这主要归因于 Fe 原子的催化作用，诱导碳原子有序排列成有序晶格[11]。在这种情况下，石墨结构和微孔结构共存有助于提供快速的电子 / 离子转移通道、丰富的离子储存活性位点以及优异的离子扩散动力学。

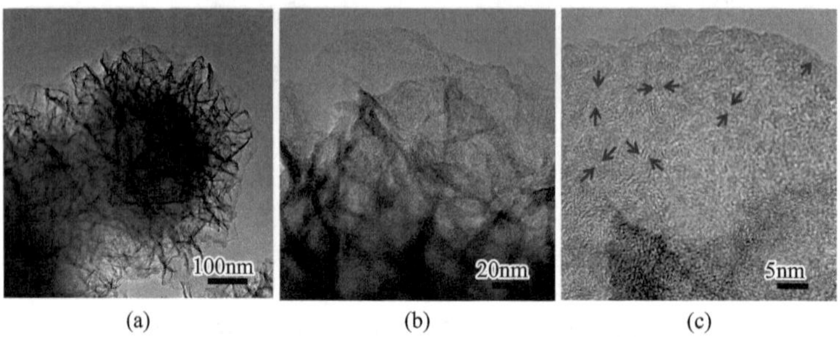

图 3-3　AGCS-2 在不同放大倍率下的 TEM 图像

3.1.4　比表面积及孔径分析

图 3-4（a）中 AGCS-x 的 N_2 吸附 / 脱附等温线呈现Ⅳ型等温线特征，即在相对较低的压力下（$P/P_0 < 0.01$）氮气吸附量快速上升，而在压力为 $0.45 < P/P_0 < 1.0$ 区间有明显滞后环，表明在碳结构中形成了微孔和介孔结构。AGCS-x 的详细孔隙参数如表 3-1 所列。AGCS-x 的 S_{BET} 随着 $Fe(NO_3)_3$ 含量的增加而增加，即呈现 AGCS-1.5（1825m^2/g）＜ AGCS-2（2069m^2/g）＜ AGCS-2.5（2843m^2/g）的趋势，这是由于 KOH 和碳的相对质量比增加（基于 KOH 和 Fe-TA 水热碳球的相同质量比）。孔径分布曲线［图 3-4（b）］进一步证明了 AGCS-x 样品具有分级多孔结构，孔径主要分布在 0.45 ～ 60.0nm 之间，微孔主要集中在 1.0nm 处。许多研究表明，碳材料微孔孔径接近电解质离子尺寸或是其 2 倍时，有助于实现最大电容[12, 13]。Jian 等[14]报道了 0.75nm 以上的微孔对 $[Zn(H_2O)_n]^{2+}$ 的扩散能垒较低。考虑到裸露离子尺寸，

即 Zn^{2+}（0.148nm）、SO_4^{2-}（0.46nm）及其相应的水合离子直径［$Zn(H_2O)_n$］$^{2+}$（0.86nm）、［$SO_4(H_2O)_n$］$^{2-}$（0.758nm），可知 0.8 ～ 1.7nm 微孔是电荷存储的最佳孔径范围[15,16]。然而，离子在微孔中的扩散速度较慢，并且在高电流密度下大部分活性位点无法进入，导致高功率密度下的能量密度较差。AGCS-*x* 中介孔的存在可以显著促进离子传输，缩短离子扩散距离，并增加有效离子可接触表面积，从而进一步提高倍率性能。

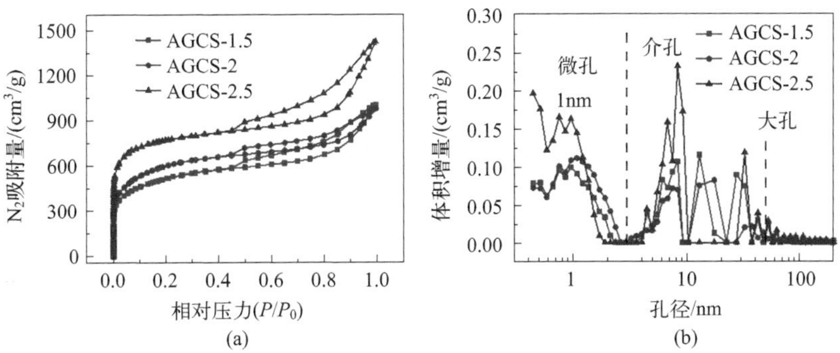

图 3-4 AGCS-*x* 的 N_2 吸附 / 脱附等温线（a）和孔径分布曲线（b）（书后另见彩图）

表 3-1 AGCS-*x* 的孔结构参数

样品	S_{BET} /（m^2/g）	S_{mic}① /（m^2/g）	S_{mec}② /（m^2/g）	V_{total}③ /（cm^3/g）	V_{mic}④ /（cm^3/g）	V_{mec}⑤ /（cm^3/g）	D_{ap}⑥ /nm
AGCS-1.5	1825	1249	576	1.52	0.68	0.84	3.33
AGCS-2	2069	1574	495	1.48	0.87	0.61	2.87
AGCS-2.5	2843	1820	1023	2.15	0.97	1.18	3.03

① 微孔比表面积。
② 介孔比表面积。
③ 总的孔体积。
④ 微孔体积。
⑤ 介孔体积。
⑥ 平均孔径。

3.1.5 X 射线衍射与拉曼光谱分析

采用 XRD 和拉曼光谱对 AGCS-*x* 样品的晶体结构进行测定。图 3-5（a）

的 XRD 图谱显示，所有 AGCS-x 均具有良好的结晶度，在 26.4° 与 43° 处有两个峰，分别对应石墨碳的（002）晶面和（100）晶面。AGCS-x 在低角度衍射下峰强度较大，表明样品中含有大量的微孔结构[17]。图 3-5（b）为 AGCS-x 的拉曼光图，在 1572cm^{-1} 和 1340cm^{-1} 处有两个明显的峰，分别对应于 sp^2 骨架的石墨碳（G 峰）和带有缺陷或不完整石墨晶体的 sp^3 碳结构（D 峰）。2683cm^{-1} 处的 2D 峰表明 AGCS-x 中存在少量石墨烯层[18]。AGCS-1.5、AGCS-2 和 AGCS-2.5 的 I_G/I_D 值分别为 1.24、1.11 和 1.05。碳材料的 I_G/I_D 值越高，导电性越好，可以提供快速的电子转移通道。采用四探针粉末电导率测试仪进一步测量样品的电导率，如图 3-6 所示。AGCS-x 的电导率随压强的增加而增加。在 25MPa 压强下，AGCS-1.5、AGCS-2 和 AGCS-2.5 的电导率分别为 5.3S/cm、2.8S/cm 和 1.5S/cm。AGCS-2.5 的电导率较低是由于高 S_{BET} 和过多的孔隙结构导致碳结构不连续。在 AGCS-2 中，适量的石墨碳和合适的孔隙结构共存，可以为 Zn^{2+} 的储存提供快速的电子转移通道和丰富的活性位点。

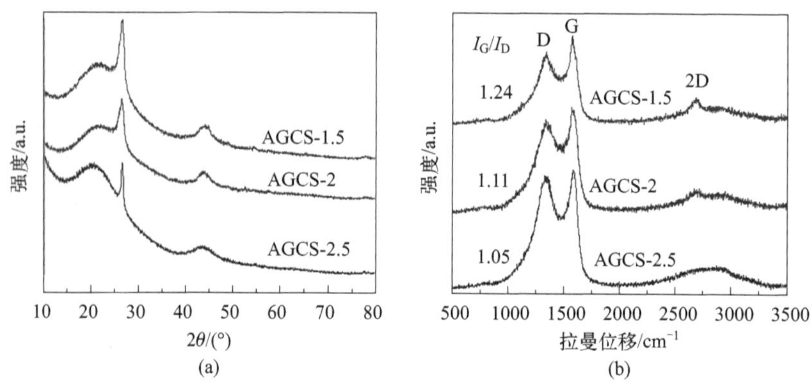

图 3-5　AGCS-x 的 XRD 谱图（a）和拉曼光谱（b）

3.1.6　X 射线光电子能谱分析

图 3-7（a）中的 XPS（X 射线光电子能谱）光谱显示，AGCS-x 中的主要元素为 C，O 含量相对较少并且未检测到其他杂质信号，说明经酸洗和水洗后，Fe 和 K 几乎被完全去除。如图 3-8（a）所示，所有 AGCS-x 材料均具有较高

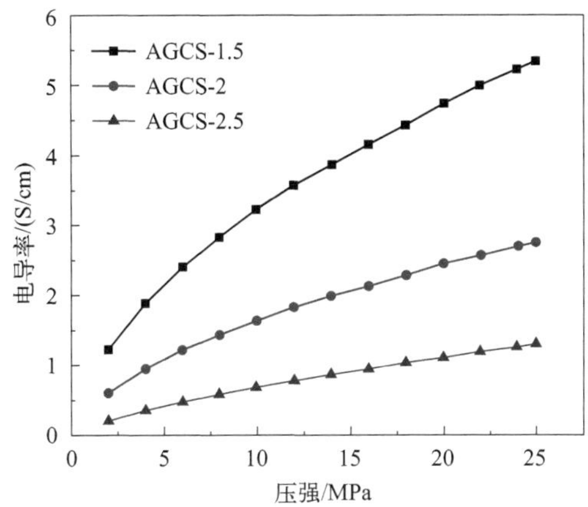

图 3-6　AGCS-x 电极材料在不同压强下的电导率

的 O 含量（> 8%），其中部分来自 TA 前驱体，部分由 KOH 活化产生。AGCS-2 的 O 含量（13.0%，原子百分数）高于 AGCS-1.5（8.9%，原子百分数）和 AGCS-2.5（8.31%，原子百分数），这归因于适量的 KOH/C 的质量比。高 O 掺杂含量能有效形成碳材料的亲水表面，提高电极润湿性，降低界面电阻。良好的润湿性可以通过接触角测试来确认，如图 3-9 所示。得益于高 O 掺杂，AGCS-2 的接触角（30°）小于 AGCS-1.5（41°）和 AGCS-2.5（37°）。润湿性好的电极材料能够降低 Zn^{2+} 的化学吸附势垒，促进 Zn^{2+} 扩散和电荷快速转移。O 1s［图 3-7（b）］的光谱主要拟合为 4 种含氧官能团，包括 C═O（O-Ⅰ，约 531.2 eV）、C—O—C 或 C—OH（O-Ⅱ，约 532.6eV）、COOR（O-Ⅲ，约 533.6eV）和水或化学吸附 O（O-Ⅳ，约 534.9eV），其含量如图 3-8（b）所示。边缘残留的 C—OH 酚基可以吸附 Zn^{2+} 在 $ZnSO_4$ 溶液中形成 C—O—Zn 键，并提供额外的赝电容。此外，COOH 基团还可以与 Zn^{2+} 相互作用，形成 C—OO—Zn 键，提高电极的润湿性。AGCS-x 中的化学吸附 O 或水（O-Ⅳ）表明暴露的和可接近的碳表面。对于图 3-7（c）中的 C 1s 谱图，在 284.6eV 和 285.1eV 处的两个峰分别对应 sp^2 杂化碳（C═C）和 sp^3 杂化碳（C—C）。位于 286.3eV、287.8eV、289.1eV 和 291.0eV 的其他峰分别对应于 C—O、C═O、COOR 和 π—π^*。AGCS-x 中 π—π^* 峰的出现，进一步证明了其部分石墨化碳结构。

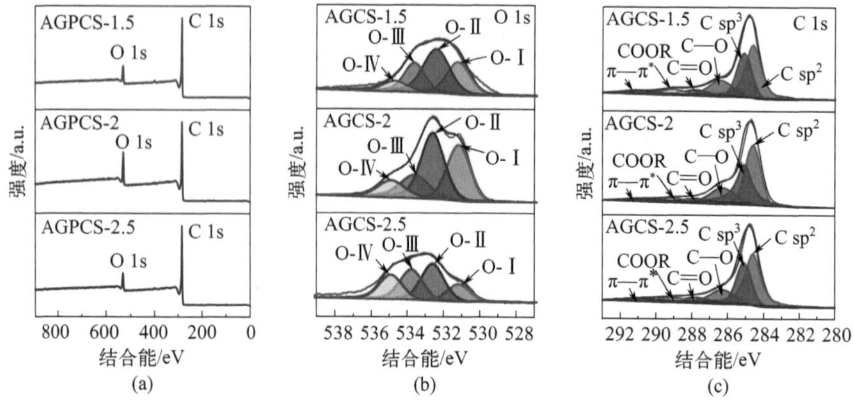

图 3-7 AGCS-x 电极材料的 XPS 光谱结果

（a）全谱图；（b）O 1s 谱图；（c）C 1s 谱图

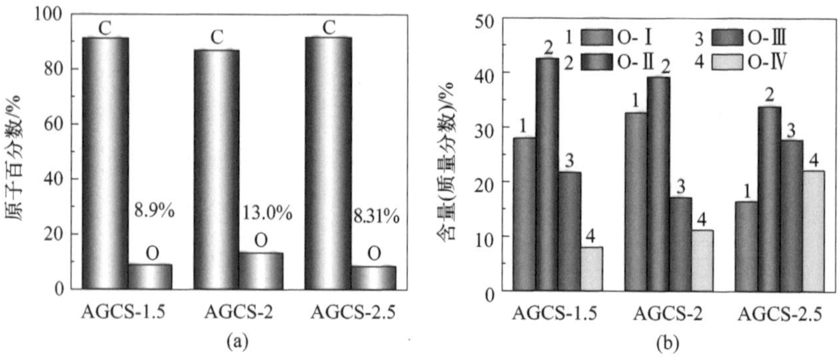

图 3-8 AGCS-x 中碳和氧的元素含量（a）和含氧官能团 O-Ⅰ、O-Ⅱ、O-Ⅲ和 O-Ⅳ的含量（b）

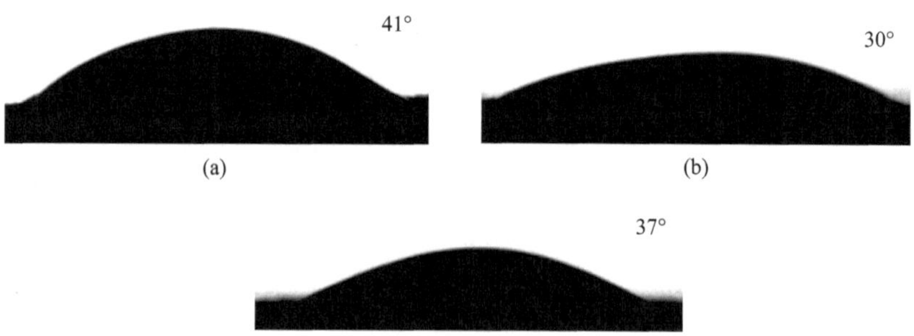

图 3-9 碳材料 AGCS-1.5 的接触角（a）、AGCS-2 的接触角（b）和 AGCS-2.5 的接触角（c）

3.1.7　锌离子混合电容器电化学性能分析

结合上述分析可知，AGCS-x 具有高 S_{BET}、丰富孔隙、大量的含氧官能团、高石墨化程度等多重优点。以 AGCS-x 为正极材料，锌箔为负电极，2mol/L $ZnSO_4$ 为电解液，组装成水系 ZIHC，探究 AGCS-x 作为正极材料在水系 ZIHC 中的潜力，如图 3-10 所示（书后另见彩图）。

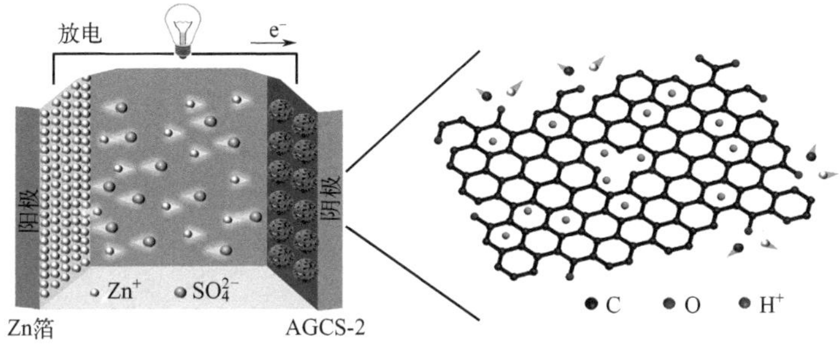

图 3-10　组装的 AGCS-x//Zn 水系锌离子混合电容器示意图

AGCS-x 在扫描速率为 10mV/s 时的 CV 曲线如图 3-11（a）所示，矩形结构的 CV 曲线在约 1.2V 处具有氧化还原峰，表明双电层和赝电容并存。双电层容量与电解液离子（Zn^{2+} 和 SO_4^{2-}）的表面物理吸附 / 脱附有关，赝电容主要来自含氧官能团与 Zn^{2+} 或 H^+ 之间的可逆氧化还原反应。$ZnSO_4$ 电解液中 H^+ 的存在与 Zn^{2+} 的水解有关。在充放电过程中可能存在的电荷存储过程可以用下列式子描述。

① 物理吸附 / 解吸过程：

$$C+Zn^{2+}+2e^- \underset{\text{充电}}{\overset{\text{放电}}{\rightleftharpoons}} C//Zn \tag{3-8}$$

$$C//SO_4+2e^- \underset{\text{充电}}{\overset{\text{放电}}{\rightleftharpoons}} C+SO_4^{2-} \tag{3-9}$$

② 化学吸附 / 解吸过程：

$$—C═O+H^++e^- \underset{\text{充电}}{\overset{\text{放电}}{\rightleftharpoons}} —C—OH \tag{3-10}$$

$$—C═O+Zn^{2+}+2e^- \xrightleftharpoons[充电]{放电} —C—O—Zn \qquad (3\text{-}11)$$

$$—C—OH+Zn^{2+}+e^- \xrightleftharpoons[充电]{放电} —C—O—Zn+H^+ \qquad (3\text{-}12)$$

$$—COOH+Zn^{2+}+e^- \xrightleftharpoons[充电]{放电} —COO—Zn+H^+ \qquad (3\text{-}13)$$

③ 副产物形成：

$$4Zn^{2+}+SO_4^{2-}+6OH^-+xH_2O \xrightleftharpoons[充电]{放电} Zn_4SO_4(OH)_6 \cdot xH_2O \qquad (3\text{-}14)$$

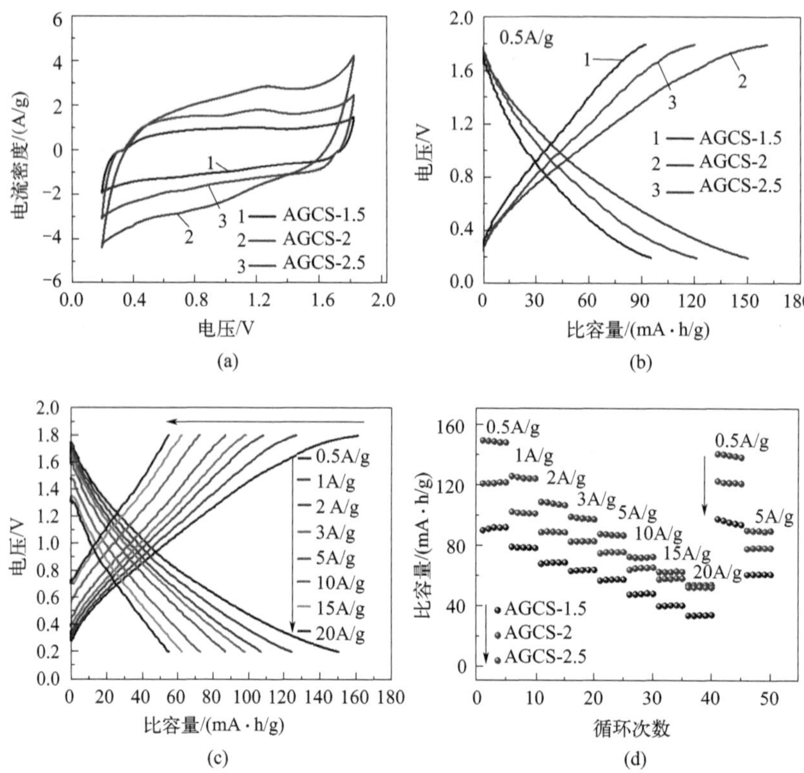

图 3-11　AGCS-x 在 10mV/s 下的 CV 曲线（a）、AGCS-x 在 0.5A/g 下的 GCD 曲线（b）、不同电流密度下 AGCS-2 电极的 GCD 曲线（c）和不同电流密度下所有电极的比容量（d）（书后另见彩图）

在图 3-11（b）中，AGCS-2 的 CV 曲线面积比 AGCS-1.5 和 AGCS-2.5 的更大，表明其拥有更高的比容量。AGCS-x 在 0.5A/g 下的 GCD 曲线［图 3-11

（c）］没有明显的氧化还原电压平台。AGCS-2 在 0.5A/g 的电流密度下表现出最高的比容量，为 148.6mA · h/g，优于 AGCS-1.5（92mA · h/g）和 AGCS-2.5（120.8mA · h/g）。该结果与图 3-11（a）中的 CV 曲线结论吻合。虽然 AGCS-2.5 比 AGCS-2 具有更大的 S_{BET} 和更多的微孔，但它具有较高的介孔含量，即具有较大的介孔表面积（S_{mes}=1023m^2/g）和介孔体积（V_{mes}=1.18cm^3/g）。Zhao 等[16]发现，大于［$Zn(H_2O)_n$］$^{2+}$ 的孔径无法有效地储存 Zn^{2+}，因为离子可以在孔内自由传输。ZIHC 依靠碳材料储存能量，以容纳从锌负极脱出的 Zn^{2+}。因此，过多的介孔会导致无效的离子储存，从而导致比容量降低。此外，AGCS-2.5 的电导率低于 AGCS-2，这会降低充放电过程中活性位点的有效利用率。相比之下，AGCS-2 具有适当的 S_{BET} 和孔径分布，以及良好的导电性，从而实现了更高的比容量。

图 3-11（c）显示了 AGCS-2 在不同电流密度下的 GCD 曲线。AGCS-2 在 10A/g 时的放电比容量为 87.0mA · h/g，即电流密度增加 20 倍，AGCS-2 的容量保持率为 58.5%。图 3-11（d）显示了 AGCS-*x* 电极在 0.5 ～ 20A/g 的电流密度范围下的比容量和循环性能。随着电流密度的增加，电化学反应动力学有限，导致电极的比容量呈现下降趋势。当 AGCS-*x* 在不同电流密度下充放电循环 5 次，电流密度增加 40 倍后，将电流密度重新恢复到 0.5A/g 和 5A/g 时，比容量几乎恢复到原来的水平，表明 AGCS-*x* 具有较高的可逆性和良好的结构稳定性。虽然随着电流密度从 0.5A/g 增加到 20A/g，AGCS-2 的倍率性能（36.3%）较 AGCS-1.5（37.3%）和 AGCS-2.5（43.0%）差，但在各种电流密度下，AGCS-2 仍保持着 AGCS-*x* 中最高的比容量。AGCS-2.5 表现出最佳的倍率性能可归因于其高比例的介孔。通常，离子在高电流密度下没有足够的时间扩散到内部孔隙中。AGCS-2.5 中丰富的介孔可以缩短电解液离子从外部扩散到内部孔隙的距离，并降低离子传输阻力，从而有助于实现良好的倍率性能。考虑到 AGCS-1.5 和 AGCS-2 的导电性好但倍率性能差，可以发现倍率性能主要受孔隙率的影响，而非电导率的影响。也就是说，快速离子转移比电子转移更能实现优异的倍率性能。

AGCS-2//Zn 器件的高比容量和宽电压有助于在其 1440W/kg 的功率密度下实现 119.0W · h/kg 的高能量密度（图 3-12），优于 AGCS-1.5//Zn（1440W/kg 时为 76.13W · h/kg）和 AGCS-2.5//Zn（1440W/kg 时为 97.34W · h/kg）。

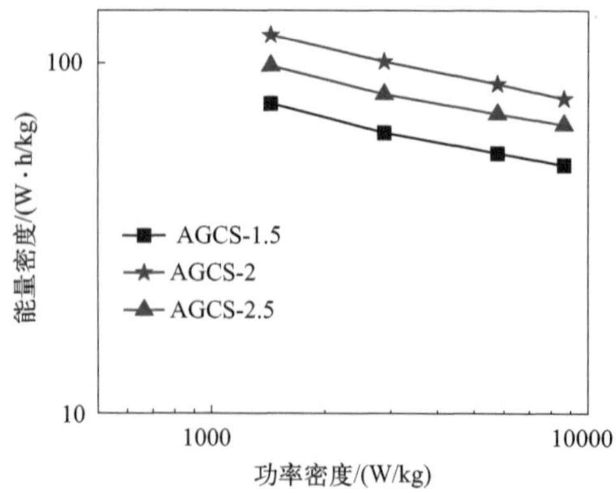

图 3-12 AGCS-x 的功率密度和能量密度关系曲线

如图 3-13（a）所示，AGCS-2 在不同电流密度下的 CV 曲线没有明显的变形，表明其良好的电化学行为。通过对不同电流密度下的 CV 曲线进行拟合，探究其 Zn^{2+} 存储动力学。电荷存储贡献主要包括电容贡献和扩散贡献，可以根据 $i=k_1v+k_2v^{1/2}$ 的方程进行量化，其中，k_1 和 k_2 是通过绘制 $i/v^{1/2}$ 和 $v^{1/2}$ 之间的关系曲线得到的常数。图 3-13（b）显示了 AGCS-2 在 10mV/s 扫描速率下的电容贡献（k_1v）和扩散贡献（$k_2v^{1/2}$），对应的贡献占比分别为 32% 和 68%。随着扫描速率的增加，扩散贡献从 68% 降低到 36%（100mV/s）[图 3-13（c）]。在低扫描速率下，离子有足够的时间扩散到内部孔隙中，因此扩散过程占主导地位。然而，在高扫描速率下，由于离子扩散时间不足，电容容量贡献占主导地位。此外，还分析了 AGCS-1.5[图 3-13（d）] 和 AGCS-2.5[图 3-13（e）] 电极在 10 ～ 100mV/s 扫描速率下的电容和扩散贡献。在 100mV/s 的高扫描速率下，AGCS-2.5 的扩散贡献（42%）高于 AGCS-1.5（34%）和 AGCS-2（36%），表明 AGCS-2.5 具有快速动力学特性，这主要是由于其具有丰富的介孔结构。

AGCS-2 的优异性能进一步体现在长循环稳定性上（图 3-14）。AGCS-2//Zn 在 5A/g 电流密度下循环 10000 圈后容量保持率为 96%，库仑效率接近 100%，表现出了良好的循环稳定性。AGCS-2//Zn 的高比容量和长循环寿命可与其他已报道的碳基 ZIHC 相媲美，甚至更胜一筹。AGCS-2//Zn 在 10000 次循环前后的奈奎斯特（Nyquist）图如图 3-15 所示。显然，电荷转移电阻（R_{ct}）在 10000 次循环后增加。这种现象可归因于 AGCS-2 在长期循环后形成的一些不可逆的片状 $Zn_4SO_4(OH)_6 \cdot 5H_2O$[图 3-16（a）]，可以阻断导电碳网络。此外，Zn/Zn^{2+} 的重复剥离 / 电镀会导致一些绝缘氧化锌或氢氧化物和锌枝晶的形成［图 3-16（b）］，从而增加了锌负极的电阻。

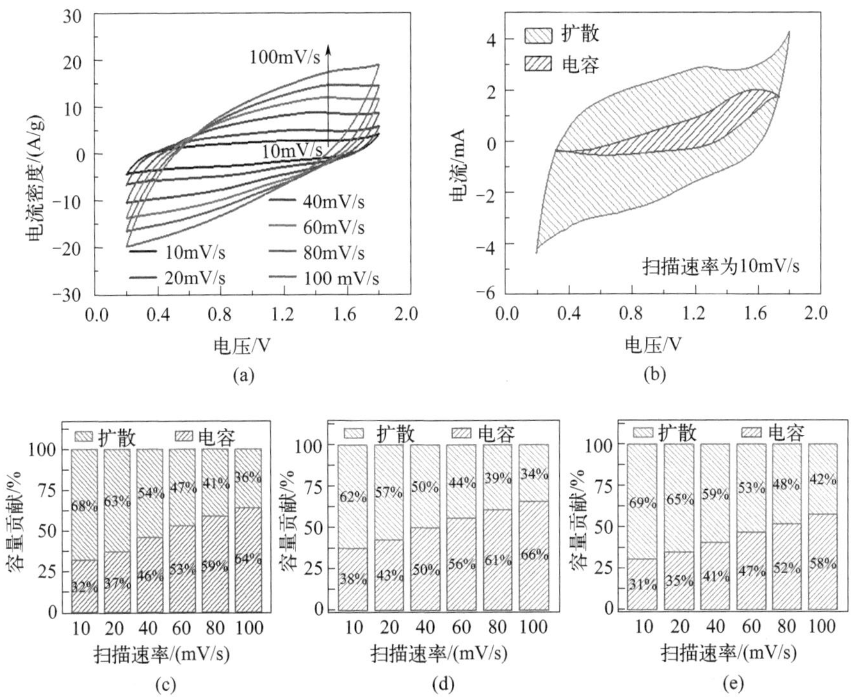

图 3-13 AGCS-2 在不同扫描速率下的 CV 曲线（a）、扫描速率为 10mV/s 时 AGCS-2 的扩散和电容贡献分析（b）、不同扫描速率下 AGCS-2 电极的电容贡献占比（c）、不同扫描速率下 AGCS-1.5 电极的电容贡献占比（d）和不同扫描速率下 AGCS-2.5 电极的电容贡献占比（e）（书后另见彩图）

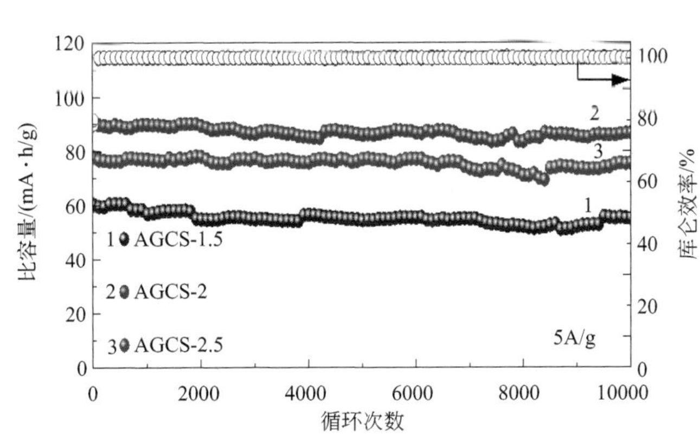

图 3-14 AGCS-x 在 5A/g 下循环 10000 次的比容量保持率和库仑效率

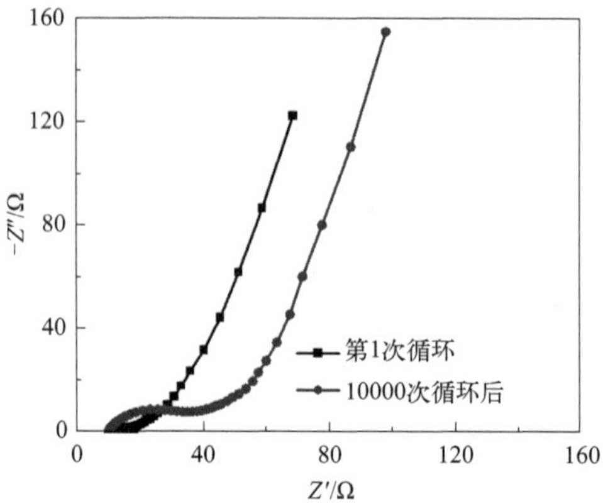

图 3-15　AGCS-2 首圈和循环 10000 次后的 Nyquist 图

Z′ —实部阻抗；Z″—虚部阻抗

图 3-16　碳正极循环后的 SEM 图像（a）和锌负极循环后的 SEM 图像（b）

3.1.8　超级电容器电化学性能分析

为了证明 AGCS-2 在电化学储能中的多功能性，以 AGCS-2 为工作电极，测试其在三电极系统 6mol/L KOH 电解液中的超级电容器电化学性能。如图 3-17（a）和图 3-17（b），与 AGCS-1.5 和 AGCS-2.5 相比，AGCS-2 具有更大的 CV 曲线面积和更长的充放电时间，进一步证明了其具有最佳电容。AGCS-2 在不同扫描速率下的类矩形形状［图 3-17（c）］表明其具有良好的双电层行为。三角形的 GCD 曲线［图 3-17（d）］表明其具有良好的可逆充放电行为。在 1A/g 的电流密度下，AGCS-2 显示出 279F/g 的高比电容。即使在

10A/g 高电流密度下，也能保持 162F/g，电容保持率为 58%。因此，作为超级电容器的电极，AGCS-2 还具有高比电容和良好的倍率性能。

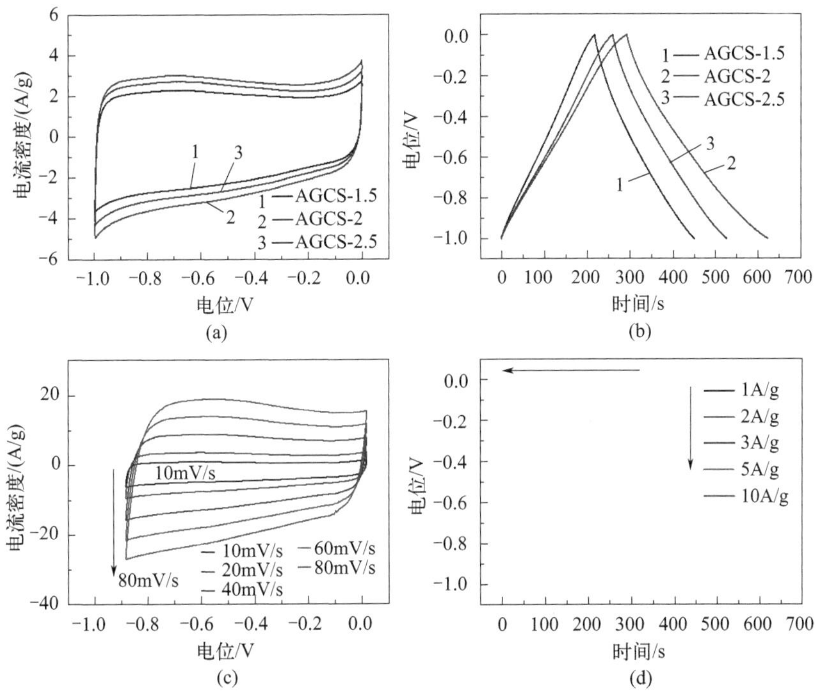

图 3-17 以 6mol/L KOH 为电解液的三电极体系中 AGCS-x 的电化学特性

（a）AGCS-x 在 10mV/s 下的 CV 曲线；（b）AGCS-x 在 1A/g 下的 GCD 曲线；（c）AGCS-2 在 10 ～ 100mV/s 扫描速率下的 CV 曲线；（d）AGCS-2 的 GCD 曲线

显然，AGCS-2 表现出良好的电化学性能，即有高比容量、优异的倍率性能和优异的循环寿命，这归因于以下几个方面：

① 适当的 S_{BET} 并伴有多级孔结构，可以为电荷存储提供丰富的活性位点和平滑的互连通道，以实现快速的离子传输；

② 具有良好导电性的石墨化碳骨架，可以提供快速的电子转移；

③ 高 O 掺杂不仅改善了电极的润湿性，提高了活性表面积的利用率，而且还引入了额外的赝电容；

④ 由纳米片组装的碳球为离子缓冲提供一定的间隙，使其可以适应长循环导致的体积变化。

综上所述，在Fe^{3+}和单宁酸自组装的基础上，经过碳化，可制备出由相互连接的碳纳米片组装的多孔石墨碳球。在碳化过程中添加KOH可以同步实现石墨化和活化。因此，优化后的AGCS-2具有较大的S_{BET}、丰富的微孔和介孔结构、良好的电子导电性和适量的氧掺杂。这些特征为电荷积累提供了丰富的活性位点，优化了离子和电子转移路径，并引入了额外的赝电容。因此，基于AGCS-2组装的水系ZIHC表现出优异的电化学性能，在0.5A/g时具有148.6mA·h/g的高比容量和良好的倍率性能。此外，AGCS-2//Zn在1440W/kg时实现了119.0W·h/kg的高能量密度，并且在10000次循环后容量保持率接近96%。因此，金属和有机物络合结合原位石墨化和活化的方法，有助于开拓一种有效的合成先进多孔石墨碳球的方法。

3.2 单宁酸衍生多孔石墨化空心碳球的制备及性能分析

空心碳球壳层结构的致密性，严重阻碍了电解液离子的渗入和传输，导致碳球中活性位点数量有限。因此，对多孔空心碳球的壳层进行孔洞化处理，能够有效缩短电解液离子的传输途径、降低离子传输阻力、显著增加活性位点，从而提高材料的电化学利用率。例如，Hu等[19]以聚合物为模板，通过苯乙烯和甲基丙烯酸交联形成空心球结构，再利用聚甲基丙烯酸易分解的特性，通过热解过程中释放的气体引发的物理活化效应促进微孔和中孔的产生，从而得到分级多孔空心碳球。Liu等[20]采用水热法，以SiO_2为硬模板，得到具有微孔/介孔结构的壳层以及大孔空腔结构的空心多孔碳球，再经KOH活化，比表面积从669m^2/g增加到1290m^2/g，比电容达到303.9F/g。具有发达孔隙的多孔空心碳球不仅可以有效提高离子的选择性，而且在充放电过程中能够促进离子的扩散和传输。目前，空心碳球的制备方法主要是硬模板法和软模板法。硬模板法需使用沸石、$CaCO_3$、SiO_2等作为模板剂，烦琐的制备过程以及去模板剂的使用是硬模板法制备空心碳球的主要障碍。相比而言，软模板法是以胶体体系为模板的分子自组装过程，其模板很容易通过热解或萃取去除[21]，但同样会造成原材料的浪费，增加制备成本。

本节以单宁酸为碳前驱体，三草酸合铁酸钾为催化剂，通过单宁酸中大量的酚羟基基团与铁离子的络合作用，自组装形成稳定的铁-单宁酸骨架，经过一步碳化法制备了空心多孔石墨化碳球（HPGCS）。在热分解过程中，三草酸合铁酸钾释放的气体以及产生的碳酸钾对碳材料分别起到物理活化和化学活化双重活化效果，能够增加碳球表面孔洞，提高比表面积和活性位点。同时，三草酸合铁酸钾中的铁元素是无定形碳转化为石墨化碳的有效催化剂，可提高碳材料的导电性。基于空心多孔石墨化碳球快速的离子扩散通道以及低电阻的石墨化结构，其作为超级电容器电极材料表现出优异的电化学性能。

3.2.1　样品制备

石墨化空心碳球的制备：将 2g 单宁酸和 2.5g $K_3[Fe(C_2O_4)_3]$ 分别溶于 20mL 蒸馏水中；然后，在磁力搅拌条件下，将 $K_3[Fe(C_2O_4)_3]$ 溶液逐滴滴加到单宁酸溶液中，$K_3[Fe(C_2O_4)_3]$ 溶液中的铁离子会与单宁酸分子上的羟基络合，形成铁 - 单宁酸络合物，溶液变为蓝黑色混浊液；持续搅拌 1h 使单宁酸与铁离子充分络合；随后称取 0.15g 的三聚氰胺海绵放入上述混合物中，使其完全浸渍；将混合物置于 80℃鼓风干燥箱中烘干 12h；将干燥后的固体放入管式定碳炉中，在 N_2 气氛下，以 5℃ /min 的升温速率在一定温度下碳化 2h；自然冷却至室温后，得到的黑色固体用 3mol/L 的 HCl 洗涤，再用去离子水冲洗至滤液的 pH 值达到中性，干燥后得到石墨化空心碳球 $HPGCS_T$（其中，T 为碳化温度，T=700℃、750℃、800℃）。为了进行对比，样品 PGC 在制备过程中不添加三聚氰胺海绵，其他制备过程与 $HPGCS_{750}$ 相同。

3.2.2　多孔石墨化碳球的形成机理分析

$HPGCS_T$ 的制备流程如图 3-18 所示。单宁酸是一种多酚有机物，含有大量的酚羟基结构，在溶液中能够与铁离子络合，形成稳定的铁 - 单宁酸络合物。铁 - 单宁酸络合物具有优异的渗透性和附着力，可以很好地附着在三聚氰胺海绵上，从而增加铁 - 单宁酸络合物的分散性。在热分解过程中，相互交联的铁 - 单宁酸络合物会碳化形成碳壳，内部呈中空结构。$K_3[Fe(C_2O_4)_3]$ 会受热分解产生 $K_2C_2O_4$ 和 FeC_2O_4，如式（2-29）所示，$K_2C_2O_4$ 和 FeC_2O_4 会进一步分解，如式（2-17）和式（2-18）所示。热分解过程中释放的 CO 和 CO_2 会对碳材料产生物理活化效应，促进孔结构的发展。同时，分解产物 K_2CO_3 对碳骨架具有刻蚀作用，产生化学活化效果。因此，$K_3[Fe(C_2O_4)_3]$ 在高温下对碳骨架具有物理和化学双重活化作用。此外，$K_3[Fe(C_2O_4)_3]$ 中的 Fe 原子是碳材料催化石墨化的有效催化剂。分解产物 FeO 会进一步转变成 Fe_3C。Fe_3C 是将无定形碳转变为石墨化碳的关键中间产物。

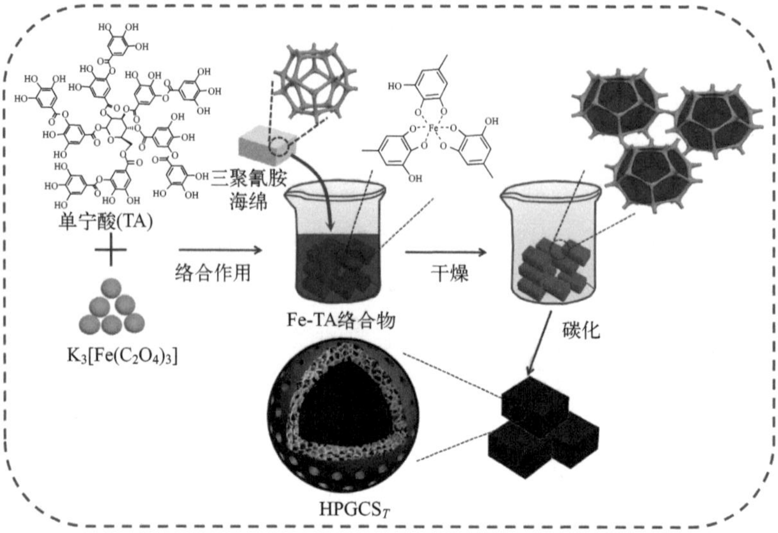

图 3-18　多孔石墨化碳球 $HPGCS_T$ 的制备流程

3.2.3　形貌与结构分析

图 3-19 为各样品的扫描电镜图。从图 3-19（a）～（c）中可以看出，$HPGCS_T$ 均具有良好的球状结构。$HPGCS_{700}$ 壳层表面相对比较光滑［图 3-19（a）］，$HPGCS_{750}$ 壳层表面显现出大量的凸起以及少量的孔洞结构［图 3-19（b）］，这可能是由于热解过程中释放的气体对壳层产生的物理活化效应以及 K_2CO_3 对碳骨架的刻蚀作用。从图 3-19（c）可以看出 $HPGCS_{800}$ 壳层上的孔洞更为明显，破碎的球体表明 $HPGCS_T$ 具有中空结构。结合以上分析可以推测出，引起 $HPGCS_T$ 球体表面差异的原因主要有：一是随着温度的升高，铁 - 单宁酸络合物热解更加充分，$K_3[Fe(C_2O_4)_3]$ 的活化作用也更加剧烈，因此壳层表面的孔洞明显增加；二是温度的升高可能造成孔隙的融并或坍塌，使得孔洞更加明

显，如图 3-19（c）所示。碳球壳层表面的孔洞有利于电解质离子渗透到内部区域，有效缩短离子传输途径、降低离子传输阻力，并且显著增加电解液与碳材料之间的接触面积。从破损的 $HPGCS_{750}$［图 3-19（d）和图 3-19（e）］可以看出，壳层具有三维蜂窝状多孔结构，衍生出多向离子迁移通道，能够为电荷存储提供丰富的活性位点。同时，三维的导电网络能够加快电子传输，有利于储能空间的高效利用。当样品中没有添加三聚氰胺海绵时，PGC 没有形成规则的形状，如图 3-19（f）所示，这可能是由于缺少三聚氰胺海绵对铁 - 单宁酸络合物的分散作用，络合物间结构比较致密，难以形成球状结构。

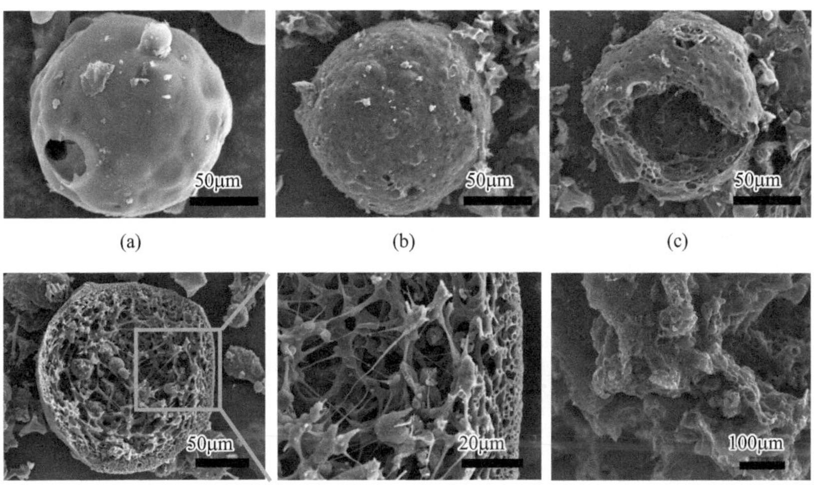

图 3-19　各样品的扫描电镜图

（a）$HPGCS_{700}$；（b）$HPGCS_{750}$；（c）$HPGCS_{800}$；（d）和（e）$HPGCS_{750}$；（f）PGC

3.2.4　比表面积及孔径分析

样品的氮气吸附 / 脱附等温线和孔径分布曲线如图 3-20 所示（书后另见彩图）。PGC、$HPGCS_{700}$、$HPGCS_{750}$、$HPGCS_{800}$ 四种样品都表现出Ⅳ型等温吸附 / 脱附曲线［图 3-20（a）］。等温线在低压区内出现快速增长的趋势，这是由于碳材料中存在大量的微孔，并且在相对压力 P/P_0=0.45 ～ 0.90 的区域内出现滞后环，说明样品中存在介孔。PGC 在制备过程中未添加三聚氰胺海绵，表现出最低的吸附量，具有最小的比表面积 1072.9m^2/g。当加入三聚氰胺海绵后，$HPGCS_T$ 的氮吸附量得到明显的提高。随着碳化温度的升高，$HPGCS_T$ 比表面积显著减小，即 $HPGCS_{700}$（2005.7m^2/g）> $HPGCS_{750}$（1541.8m^2/g）> $HPGCS_{800}$（1516.6m^2/g）。图 3-20（b）的孔径分布图显示，PGC 和 $HPGCS_T$ 的主要孔隙是微孔，孔径集中在约 0.76nm。微孔是电荷储存的主要孔隙[22]。

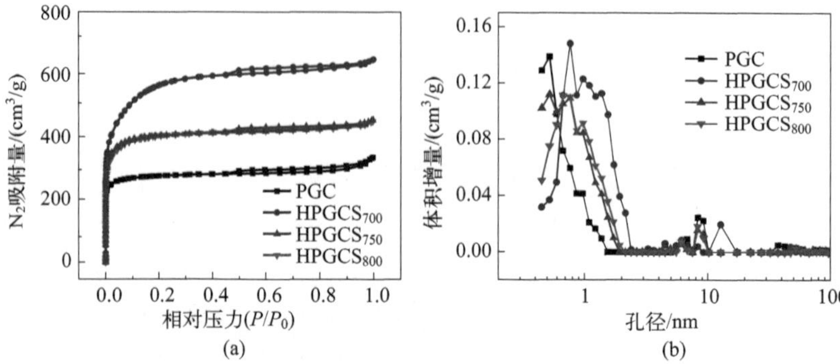

图 3-20　PGC 和 $HPGCS_T$ 的氮气吸附 / 脱附等温线（a）和孔径分布曲线（b）（书后另见彩图）

3.2.5　X 射线衍射和拉曼光谱分析

图 3-21（a）中的 XRD 曲线显示 $HPGCS_{750}$ 在 $2\theta \approx 20° \sim 30°$ 区域内呈现较宽的非晶态碳骨架衍射峰。而 $HPGCS_{800}$ 在 $2\theta = 26.39°$ 处的峰比较明显，属于石墨碳（002）晶面的衍射峰（JCPDS No.41-1487），这是由于高温下 $K_3[Fe(C_2O_4)_3]$ 中的 Fe 促进了石墨化碳结构的形成，并且温度越高，越有利于非晶态碳转化为晶态碳。XRD 曲线的低角度区域，衍射峰强度偏高，这是由于样品中含有高密度的微孔。图 3-21（b）中的拉曼光谱图显示 4 种样品均具有碳材料典型的特征峰：G 带（1585cm^{-1}）和 D 带（1335cm^{-1}）。G 带和 D 带的强度比 I_G/I_D 可以反映碳材料的石墨化度。PGC、$HPGCS_{700}$、$HPGCS_{750}$ 和 $HPGCS_{800}$ 的 I_G/I_D 值分别为 1.00、0.97、1.05 和 1.06，表明碳材料具有部分石墨化结构特征。部分石墨化结构不仅有助于加快电子的转移还能增加碳材料的比表面积和活性位点，有利于电化学性能的提高。

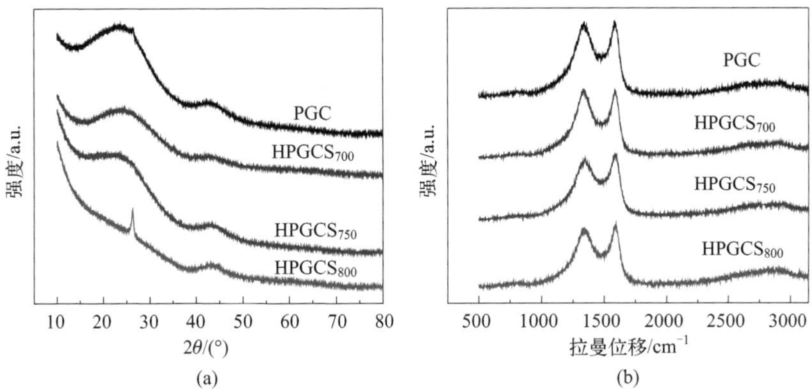

图 3-21 PGC 和 $HPGCS_T$ 的 XRD 曲线（a）和拉曼光谱图（b）

3.2.6 X 射线光电子能谱分析

图 3-22（a）中 $HPGCS_{750}$ 的 C 1s XPS 谱图可以分为四个峰，分别位于 288.6eV（C═O）、286.1eV（C—O）、285.0eV（C sp^3） 和 284.5eV（C sp^2）。其中，C sp^2 峰和 C sp^3 峰所占面积比为 2.46 : 1，说明绝大部分碳原子以六方晶格的形式存在，$HPGCS_{750}$ 中石墨化碳含量较高。图 3-22（b）中 O 1s 的 XPS 谱图可以分为四个峰，分别为 C═O（531.3eV）、C—OH（532.4eV）、C—O—C（533.4eV）和 O═C—OH（534.3eV）。含氧官能团的存在能够增加碳材料的表面润湿性，有利于双电层的形成。

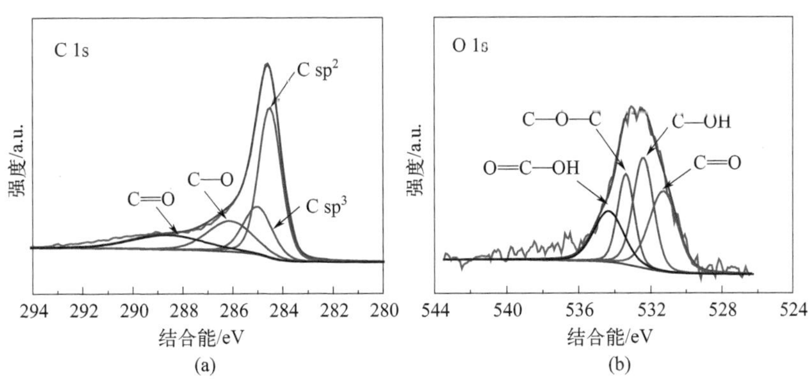

图 3-22 $HPGCS_T$ 的 C 1s XPS 谱图（a）和 O 1s XPS 谱图（b）

3.2.7 超级电容器电化学性能分析

图 3-23（a）显示 PGC 和 $HPGCS_T$ 在三电极体系下，扫描速率为 10mV/s 时的 CV 曲线。可以看出 $HPGCS_T$ 的 CV 曲线面积相较于 PGC 有明显的增大。这是由于 $HPGCS_T$ 在制备过程中加入了三聚氰胺海绵，其比表面积得到明显的提高，从而增加了电荷存储必要的活性位点。在 −1.0 ～ −0.8V 和 −0.1 ～ 0V 电压范围内，CV 曲线略偏离矩形形状，这是由于碳材料中存在孔隙很窄的亚纳米孔以及不规则的孔或闭口孔限制了离子的迁移和吸附[23, 24]。图 3-23（b）给出了 $HPGCS_{750}$ 在扫描速率为 10 ～ 100mV/s 时的 CV 曲线。随着扫描速率的提高，CV 曲线仍较好地接近矩形形状，表明了离子和电荷快速的转移和传输能力。许多研究表明，当电极材料的孔径接近溶剂化离子的尺寸或接近溶剂化离子尺寸的 2 倍时，有利于双电层的形成。KOH 电解液中，阳离子（K^+）和阴离子（OH^-）的溶剂化离子大小分别为 0.33nm 和 0.30nm[25, 26]。而 $HPGCS_T$ 的孔径主要集中在约 0.76nm，因此可作为电解液离子快速传输的通道，并且在电荷储存过程中，不会因孔径太大而"浪费空间"。图 3-23（c）为 PGC 和 $HPGCS_T$ 在电流密度为 1A/g 时的充放电曲线，各曲线均表现出较小的电压降，说明电极具有极低的内阻。$HPGCS_{750}$ 具有最长的充放电时间，表现出最高的电荷储存容量。图 3-23（d）显示各电极的比电容随电流密度的增加而减小，这是由离子扩散速率的限制引起的。当电流密度较小时，电解液离子有足够的时间可以渗透到电极表面和内部孔隙中；而在高电流密度下，只有部分的孔（主要是外孔）可以接触到电解液，使得活性位点的利用率减小，电容衰减。$HPGCS_{750}$ 表现出最大的电容量，在电流密度为 1A/g 时，比电容达到 332.7F/g，远高于 PGC（298.7F/g）、$HPGCS_{700}$（308.1F/g）和 $HPGCS_{800}$（282.4F/g）。当电流密度高达 30A/g 时，$HPGCS_{750}$ 的比电容仍保持在 244.5F/g，相当于 73.5% 的电容保持率。

考虑到实际应用，在双电极体系下，分别以 6mol/L KOH 和 1mol/L Na_2SO_4 为电解液对 $HPGCS_{750}$//$HPGCS_{750}$ 进行电化学性能测试。图 3-24（a）显示，在 6mol/L KOH 电解液中，$HPGCS_{750}$//$HPGCS_{750}$ 在不同扫描速率下的 CV 曲线都表现出典型的对称矩形形状。即使当电流密度增加到 200mV/s，矩形形状仅有微小的偏移［图 3-24（b）］，表明 $HPGCS_{750}$ 在高扫描速率下具有快速的离子传输和电子转移能力。图 3-24（c）显示了 GCD 曲线具有良好的线性和对称性形状，并且当电流密度为 10A/g 时，电压降仅有 0.14V，表明其内阻极低。当电流密度为 0.5A/g 时，比电容达到 270.5F/g，当电流密度增加到 10A/g 时，比电容仍保持在 219.7F/g，相当于 81.2% 的电容保持率，表现出良好的倍率性能。

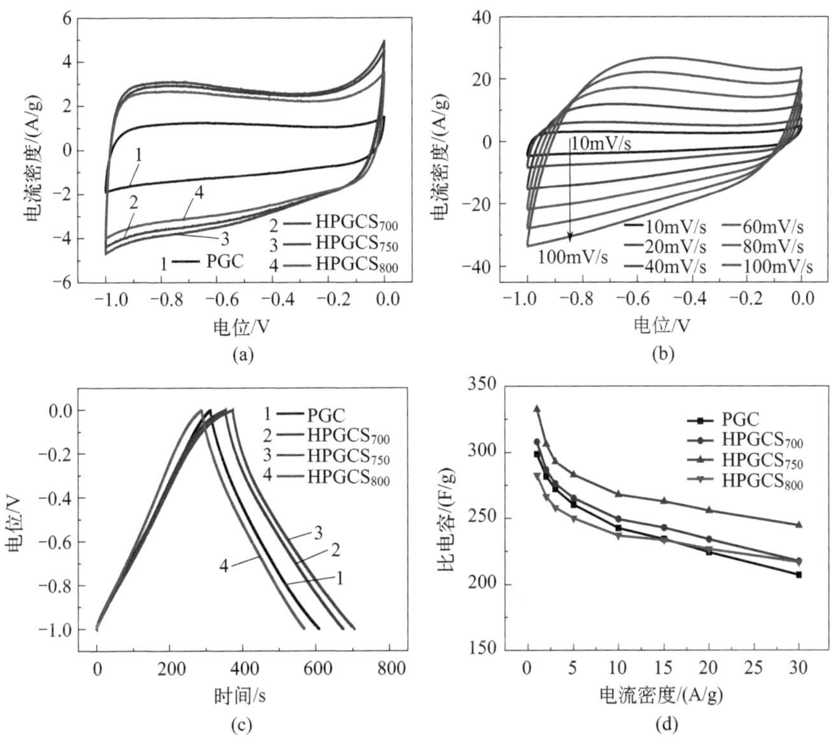

图 3-23 电极 PGC 和 HPGCS$_T$ 在 10mV/s 时的循环伏安曲线（a）、HPGCS$_{750}$ 在不同扫描速率下的循环伏安曲线（b）、电极 PGC 和 HPGCS$_T$ 在 1A/g 时的充放电曲线（c）及电极 PGC 和 HPGCS$_T$ 在不同电流密度下的比电容（d）（书后另见彩图）

相比于 KOH 电解液，Na_2SO_4 电解液由于具有低浓度的 H^+ 和 OH^-，可以提供更宽的工作电压，以获得更高的能量密度。如图 3-25（a）所示，HPGCS$_{750}$//HPGCS$_{750}$ 在 0-1.0 ～ 0-1.8V 电压窗口范围内 CV 曲线都表现出良好的矩形形状。当电压窗口为 0-2V 时，阳极电流明显增加，这是由于电压过高，水发生了分解 [27]。当电压窗口为 0-1.8V 时，不同扫描速率下的 CV 曲线都表现出良好的矩形形状 [图 3-25（a）]。图 3-25（c）显示出 HPGCS$_{750}$//HPGCS$_{750}$ 在 1mol/L

Na_2SO_4 电解液中循环 10000 次以后电容仍保持在 92.1%，具有良好的循环稳定性。这主要是由于 $HPGCS_{750}$ 的空腔结构能够缓解电极材料在循环过程中的体积变化。

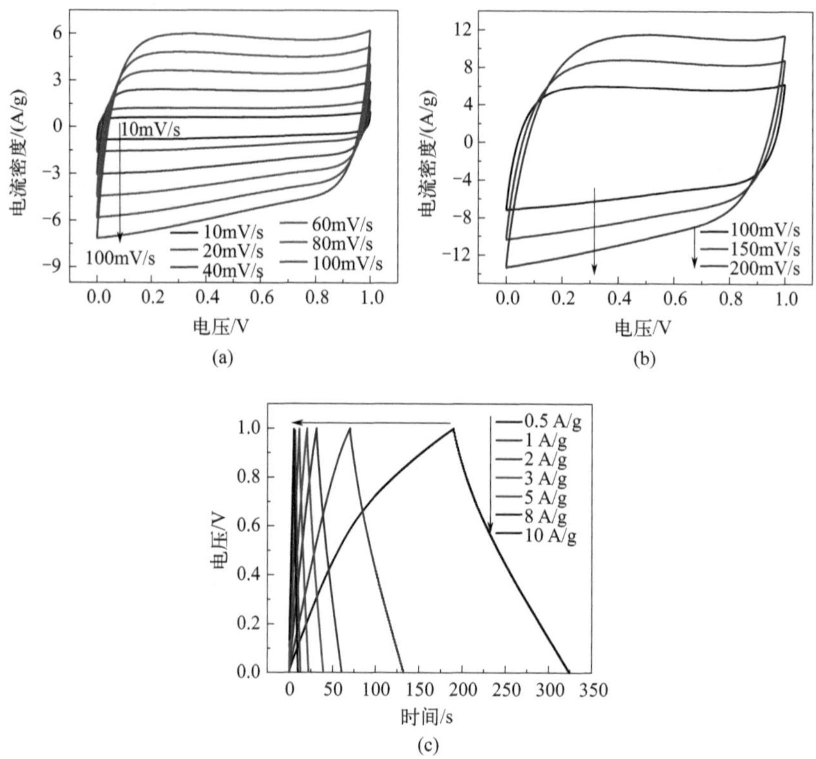

图 3-24　HPGCS750//HPGCS750 在 6mol/L KOH 电解液中的电化学性能

（a）和（b）不同扫描速率下的循环伏安曲线；（c）不同电流密度下的计时电位曲线

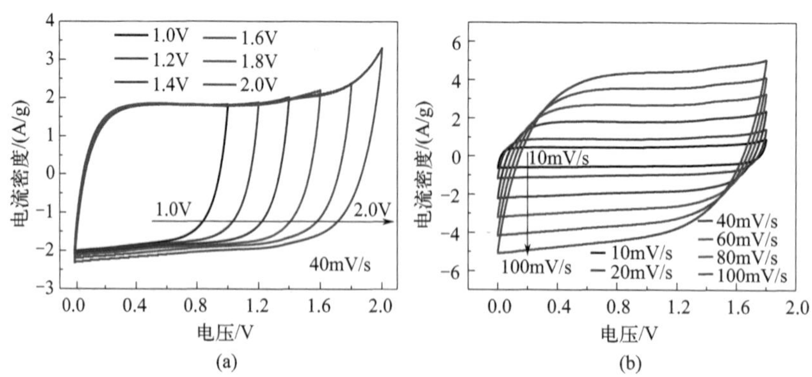

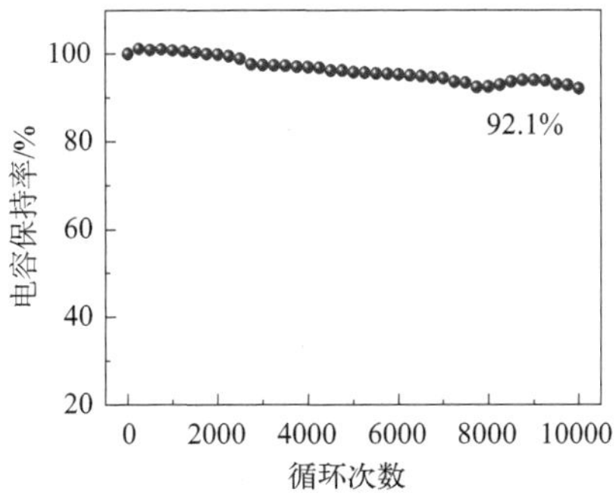

(c)

图 3-25　$HPGCS_{750}$//$HPGCS_{750}$ 在 1mol/L Na_2SO_4 电解液中的电化学性能

（a）不同电压窗口下扫描速率为 40mV/s 时的 CV 曲线；（b）电压窗口为 0-1.8V 时的 CV 曲线；（c）循环 10000 次的循环寿命曲线

为研究 $HPGCS_{750}$ 离子和电子动力学行为，对其进行交流阻抗测试并对曲线进行拟合，如图 3-26（a）。电容器在两种电解液中的交流阻抗曲线都是由高频区的半圆和低频区的直线组成。在高频区，电容器在 KOH 电解液中的等效串联电阻（R_s）为 1.0Ω，电荷转移电阻（R_{ct}）为 0.25Ω。而在 Na_2SO_4 电解液中，R_s 值为 4.3Ω，R_{ct} 值为 1.6Ω，明显高于在 KOH 电解液中的 R_s 和 R_{ct} 值，这是由电解液的导电性差异［KOH（aq.）＞ Na_2SO_4（aq.）］以及离子迁移速率不同（OH^- ＞ SO_4^{2-} ＞ K^+ ＞ Na^+）引起的[28]。在低频区，交流阻抗曲线都近似垂直，表明较低的扩散电阻。图 3-26（b）显示了频率响应的 Bode 图。当相位角为 −45° 时，KOH 和 Na_2SO_4 电解液中的频率分别为 0.35Hz 和 0.07Hz，对应的时间常数 τ_0 分别为 2.88s 和 13.77s，快速的频率响应进一步证明了 $HPGCS_{750}$ 快速的充放电能力。

图 3-27 为 $HPGCS_{750}$//$HPGCS_{750}$ 的功率 / 能量密度曲线。在 1mol/L Na_2SO_4 电解液中，当功率密度为 459.1W/kg 时，电容器的能量密度达到 23.7W · h/kg。6mol/L KOH 电解液中，当功率密度为 252.2W/kg 时，电容器的能量密度为 9.4W · h/kg。$HPGCS_{750}$ 优异的电化学性能可归因于：

① 碳球壳壁上的多孔结构，衍生出多向离子迁移通道，加快了电解液离子的传输，同时暴露出更多的活性位点，有效提高了储能性能；

② $HPGCS_{750}$//$HPGCS_{750}$ 较高的石墨化度以及壳层表面和内部形成的导电

网络，加快了电荷转移，实现空心碳球储能空间的高效利用；

③ 独特的空腔结构能够有效缓解循环过程中由于离子的嵌入和吸附引起的体积变化。

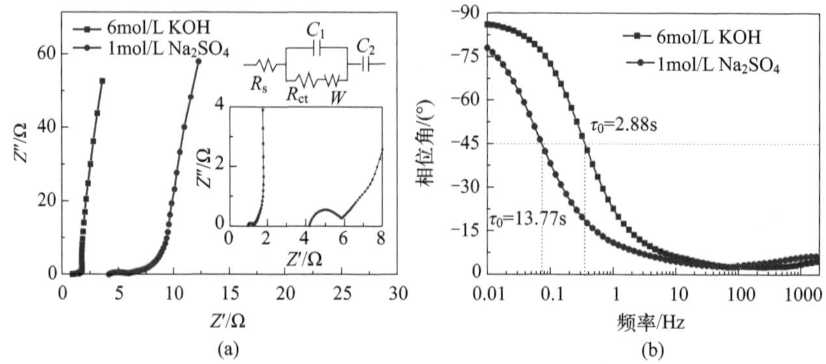

图 3-26 $HPGCS_{750}$//$HPGCS_{750}$ 在不同电解液中的交流阻抗图（a）和 Bode 相位角图（b）

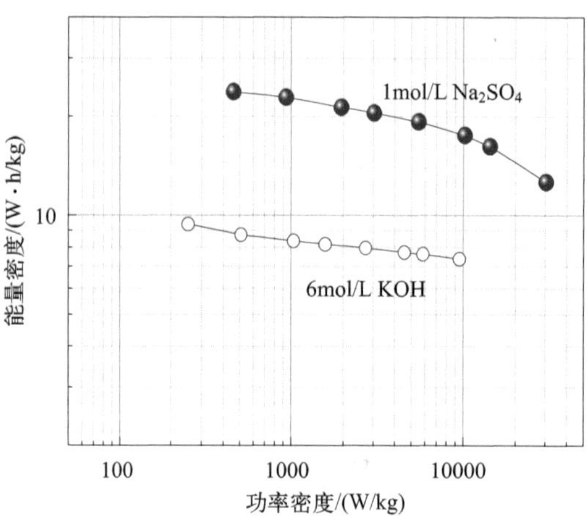

图 3-27 $HPGCS_{750}$//$HPGCS_{750}$ 在不同电解液中的能量密度与功率密度的关系图

综上，本节采用无模板法，利用单宁酸和铁离子的络合作用以及三草酸合铁酸钾的活化-石墨化作用，通过一步碳化，成功制备了空心多孔石墨化碳球。碳球壳层三维蜂窝状的多孔网络结构，为离子的传输和电子的转移提供稳定连续的通道。电极材料 $HPGCS_{750}$ 在电流密度为 1A/g 时，提供了 332.7F/g 的高比电容量；在功率密度为459.1W/kg时，能量密度达到23.7W·h/kg，并且经过10000次循环以后，电容量保持在92.1%。基于$HPGCS_{750}$具有可提供丰富活性位点的壳层多孔结构、低电阻的石墨化结构以及保证持久循环稳定性的空腔结构，使其成为一种非常有前途的储能材料。

参考文献

[1] Gao X, Wu H, Su C, et al. Recent advances in carbon-based nanomaterials for multivalent-ion hybrid capacitors: A review [J]. Energy & Environmental Science, 2023, 16, 1364-1383.

[2] Dong L, Ma X, Li Y, et al. Extremely safe, high-rate and ultralong-life zinc-ion hybrid supercapacitors [J]. Energy Storage Materials, 2018, 13: 96-102.

[3] Leng C, Fedoseeva Y V, Zhao Z, et al. Rational-design heteroatom-doped cathode and ion modulation layer modified Zn anode for ultrafast zinc-ion hybrid capacitors with simultaneous high power and energy densities [J]. Journal of Power Sources, 2022, 536: 231484.

[4] Chmiola J, Yushin G, Gogotsi Y, et al. Anomalous increase in carbon capacitance at pore sizes less than 1 nanometer [J]. science, 2006, 313 (5794): 1760-1763.

[5] Largeot C, Portet C, Chmiola J, et al. Relation between the ion size and pore size for an electric double-layer capacitor [J]. Journal of the American Chemical Society, 2008, 130 (9): 2730-2731.

[6] Wei J, Liang Y, Hu Y, et al. Hydrothermal synthesis of metal-polyphenol coordination crystals and their derived metal/N-doped carbon composites for oxygen electrocatalysis [J]. Angewandte Chemie, 2016, 128 (40): 12658-12662.

[7] Zhang P, Wang L, Yang S, et al. Solid-state synthesis of ordered mesoporous carbon catalysts via a mechanochemical assembly through coordination cross-linking [J]. Nature communications, 2017, 8 (1): 15020.

[8] Wang G, Qin J, Zhou X, et al. Self-template synthesis of mesoporous metal oxide spheres with metal-mediated inner architectures and superior sensing performance [J]. Advanced Functional Materials, 2018, 28 (51): 1806144.

[9] Li J, Wang N, Deng J, et al. Flexible metal-templated fabrication of mesoporous onion-like carbon and Fe_2O_3@N-doped carbon foam for electrochemical energy storage [J]. Journal of Materials Chemistry A, 2018, 6 (27): 13012-13020.

[10] Zhao C, Zhao C, Liu Q, et al. Investigation of the mechanism of small size effect in carbon-based supercapacitors [J]. Nanoscale, 2021, 13 (29): 12697-12710.

[11] Fan H, Hu X, Zhang S, et al. Flower-like carbon cathode prepared via in situ assembly for Zn-ion hybrid supercapacitors [J]. Carbon, 2021, 180: 254-264.

[12] Zhang X, Li H, Qin B, et al. Direct synthesis of porous graphitic carbon sheets grafted on carbon fibers for high-performance supercapacitors [J]. Journal of Materials Chemistry A, 2019, 7 (7): 3298-3306.

[13] Yan Z, Gao Z, Zhang Z, et al. Graphene nanosphere as advanced electrode material to promote high performance symmetrical supercapacitor [J]. Small, 2021, 17 (18): 2007915.

[14] Jian W, Zhang W, Wei X, et al. Engineering pore nanostructure of carbon cathodes for zinc ion hybrid supercapacitors [J]. Advanced Functional Materials, 2022, 32 (49): 2209914.

[15] Wang L, Huang M, Huang J, et al. Coupling of EDLC and the reversible redox reaction: Oxygen functionalized porous carbon nanosheets for zinc-ion hybrid supercapacitors [J]. Journal of Materials Chemistry A, 2021, 9 (27): 15404-15414.

[16] Zhao C, Lin Y, Lin Q, et al. CP/C=O bonds assisted desolvation effect in ultra-micropores carbon for boosting Zn-ion storage capability [J]. Energy Storage Materials, 2023, 58: 332-343.

[17] Zhang X, Liu B, Yan X, et al. Design and structure optimization of 3D porous graphitic carbon nanosheets for high-performance supercapacitor [J]. Microporous and Mesoporous Materials, 2020, 309: 110580.

[18] Nanaji K, Sarada B, Varadaraju U, et al. A novel approach to synthesize porous graphene sheets by exploring KOH as pore inducing agent as well as a catalyst for supercapacitors with ultra-fast rate capability [J]. Renewable Energy, 2021, 172: 502-513.

[19] Hu D, Chen C, Liu Q. Fabrication of hollow carbon spheres with robust and significantly enhanced capacitance behaviors[J]. Journal of Materials Science, 2018, 53 (17): 12310-12321.

[20] Liu J, Wang X, Gao J, et al. Hollow porous carbon spheres with hierarchical nanoarchitecture for application of the high performance supercapacitors[J]. Electrochimica Acta, 2016, 211: 183-192.

[21] Liu T, Zhang L, Cheng B, et al. Hollow carbon spheres and their hybrid nanomaterials in electrochemical energy storage[J]. Advanced Energy Materials, 2019, 9 (17): 1803900.

[22] Zhang X, Li H, Qin B, et al. Direct synthesis of porous graphitic carbon sheets grafted on carbon fibers for high-performance supercapacitors[J]. Journal of Materials Chemistry A, 2019, 7:

3298-3306.

[23] Chen Z，Wen J，Yan C，et al. High-performance supercapacitors based on hierarchically porous graphite particles[J]. Advanced Energy Materials，2011，1（4）：551-556.

[24] Zhang X，Li H，Zhang K，et al. Strategy for preparing porous graphitic carbon for supercapacitor：Balance on porous structure and graphitization degree[J]. Journal of the Electrochemical Society，2018，165（10）：A2084-A2092.

[25] Yan J，Wang Q，Wei T，et al. Recent advances in design and fabrication of electrochemical supercapacitors with high energy densities[J]. Advanced Energy Materials，2014，4：1300816.

[26] Zhang X，Wang X，Jiang L，et al. Effect of aqueous electrolytes on the electrochemical behaviors of supercapacitors based on hierarchically porous carbons[J]. Journal of Power Sources，2012，216：290-296.

[27] Qian W，Zhu J，Zhang Y，et al. Condiment-derived 3D architecture porous carbon for electrochemical supercapacitors[J]. Small，2015，11（37）：4959-4969.

[28] Jia D，Yu X，Tan H，et al. Hierarchical porous carbon with ordered straight micro-channels templated by continuous filament glass fiber arrays for high performance supercapacitors[J]. Journal of Materials Chemistry A，2017，5（4）：1516-1525.

第 4 章

一维多孔石墨化碳微米管的制备及性能分析

碳纳米管具有独特的管状结构和良好的导电性，能够为离子的扩散和电子的转移提供快速通道，在电化学储能中表现出良好的性能[1]。然而，在碳纳米管的生产过程中需要使用昂贵的金属催化剂，生产成本较大并且对环境产生一定的危害，从而限制了碳纳米管的大规模生产。因此，人们将注意力转移到具有管状结构的生物质上，如柳絮、杨絮、木屑、纤维等。植物的生长需要管状结构为它们输送生命体所必需的水和无机盐。这些管状的结构可以作为制备多孔碳材料的模板，避免了复杂的造孔技术和去模板过程。此外，以生物质为原料制备碳材料不仅价格低廉、环境友好、可再生性强，而且可以缓解对不可再生能源的压力。大量的具有天然微管结构的生物质如红麻秆、竹子、木屑等都是以微管束的形式存在，管壁间的相互连接使得这些材料的比表面积较小。红麻秆的管径介于 25 ～ 60μm 之间[2]，杨树木屑的管径介于 2.9 ～ 20μm 之间[3]。而柳絮是以单管的形式存在，并且管径较小，介于 5 ～ 10μm 之间[4]。因此，理论上以柳絮作为碳前驱体，相同的条件下得到的碳材料的比表面积较红麻秆以及木屑的比表面积大，有利于提高活性物质的分散性。

4.1　以 $K_4Fe(CN)_6$ 为催化剂制备柳絮衍生多孔石墨化碳微米管及性能分析

与其他生物质衍生碳一样，直接碳化柳絮得到的碳材料电导率低、比表面积小，限制了其在储能领域的直接应用。许多研究者以 KOH[5]/K_2CO_3[6] 为活化剂通过活化法来提高生物质基碳材料的比表面积，或以 $FeCl_2$/$FeCl_3$[7]/$NiCl_2$[8] 等金属盐作为催化石墨化剂来改善生物质基碳材料的导电性。然而，这些试剂只能发挥单一作用，或增大比表面积，或提高导电性。因此，寻找开发一种简单可行的方法在提高碳材料的比表面积的同时也能够提高其石墨化度，对实现生物质基碳材料在储能领域的发展起着非常重要的作用。

基于这一想法，本节以柳絮为碳前驱体，选用 $K_4Fe(CN)_6$ 为催化剂，通过一步碳化法来制备多孔石墨化碳微米管（PGCMT），并且分析了催化剂对碳材料形貌结构的影响。实验结果表明，经过催化剂处理以后得到的 PGCMT

与未经催化剂处理的碳微米管相比，比表面积和石墨化度都得到明显的提高。$K_4Fe(CN)_6$ 不仅发挥了催化石墨化的作用而且还具有活化效果。虽然 Wang 等[9]也曾以 $K_4Fe(CN)_6$ 作为石墨化剂对玉米秸秆进行处理，但并未发现其活化作用。值得注意的是，PGCMT 仍保留了柳絮空心微米管状的结构。以 PGCMT 作为基底沉积 MnO_2 后，电极 MnO_2/PGCMB 具有良好的电化学性能，这得益于 PGCMT 的高比表面积，它使得 MnO_2 均匀分散，提供了丰富的活性位点，并且 PGCMT 独特的结构和良好的导电性为离子和电子的传输提供了快速通道。结果表明，通过一种简单新颖的方法可以将柳絮变废为宝，制成具有一定商业价值的多孔石墨化碳微米管，不仅可应用于电化学储能领域，而且在其他材料科学领域也将会有重要的应用。

4.1.1 样品制备

4.1.1.1 多孔石墨化碳微米管的制备

称取 1.5g 的柳絮完全浸渍于 30mL 0.1mol/L 的 $K_4Fe(CN)_6$ 溶液中，静置 3h 使柳絮充分吸收盐溶液。随后放入 80℃的鼓风干燥箱中干燥 12h。将干燥后的固体置于管式定碳炉中加热碳化，在氮气气氛下，以 20℃ /min 的升温速率升温至 900℃，保温碳化 2h。自然冷却后，得到的黑色固体用 2mol/L 的 HCl 洗去残留的杂质，并用蒸馏水反复洗涤、过滤多次，直到过滤后的滤液的 pH 值显中性。收集滤渣，将所得的黑色固体在 80℃的烘箱中干燥 5h，得到多孔石墨化碳微米管 PGCMT。

4.1.1.2 MnO_2/PGCMB 电极的制备

将上述制得的多孔石墨化碳微米管 PGCMT 与乙炔黑、聚四氟乙烯以质量比为 8：1：1 的比例混合均匀，然后将混合物涂覆在泡沫镍集流体上，用压片机在 10MPa 压力下挤压 3min，以保证活性物质可以与泡沫镍良好的接触，制成直径为 12mm 的电极。MnO_2 的沉积是在 CHI660D 上海辰华电化学工作站，三电极体系下进行的。以 Ag/AgCl、铂电极（20mm×20mm）分别作为参比电极和对电极，以制备的 PGCMT 电极为工作电极，电解液是 0.05mol/L

$Mn(CH_3COO)_2$ 和 0.1mol/L Na_2SO_4 的混合溶液。沉积 MnO_2 是采用恒电位电沉积模式，沉积电位为 0.65V（相对于 Ag/AgCl 参比电极），当通过的电荷量达到 0.6C 时，停止沉积，随后用蒸馏水冲洗电极两次，放在 60℃的鼓风干燥箱中干燥 8h，所制备的电极记作 MnO_2/PGCMB。

4.1.1.3　对比样品的制备

为了研究催化剂 $K_4Fe(CN)_6$ 对碳材料性能的影响，人们制备了柳絮在不添加任何催化剂的条件下直接在 900℃碳化得到的样品，命名为碳微米管（CMT）。此外，为了比较其他金属盐催化剂对碳材料结构性能的影响，分别采用已报道的常见的金属盐石墨化剂 $NiCl_2$、$FeCl_2$ 来代替 $K_4Fe(CN)_6$ 作催化剂，并且采用与制备 PGCMT 相同的实验方法制得了石墨化碳微米管（GCMT），分别命名为 GCMT-Ni 和 GCMT-Fe。

同时，MnO_2/CMT、MnO_2/GCMT-Ni 和 MnO_2/GCMT-Fe 电极的制备方法也与 MnO_2/PGCMB 相同。

4.1.2　结构与形貌表征分析

扫描电子显微镜是表征样品外观形貌的有效手段。如图 4-1（a）显示了一维结构的 CMT，由许多个直径为 2 ～ 9μm 的表面光滑的空心碳微管组成，它保留了生物质柳絮的天然结构，说明碳化后的柳絮仍能保持原来的管状结构。相比而言，图 4-1（b）中经过催化剂 $K_4Fe(CN)_6$ 处理的 PGCMT 结构遭到一定的破坏，表面变得粗糙，这是由催化剂的刻蚀作用造成的，但 PGCMT 仍保持了管状的结构。这种管状的结构能够为电子的传输提供快速通道。

如图 4-2（a）所示，通过电化学沉积的方法，纳米级的 MnO_2 均匀地分布在 PGCMT 的管内和管外。对图 4-2（a）放大得到图 4-2（b），可以看到 PGCMT 表面的 MnO_2 晶核形成一种新的高度相连的三维网状结构，具有大孔、介孔壁和微孔。大的蜂窝状的孔相当于离子缓冲室，缩短了电解液离子到达内部活性物质表面的距离；介孔壁为离子通过提供了低阻通道；微孔结构增加了电解液与活性物质的接触面积，为电化学能量储存提供了丰富的活性位点，有利于氧化还原反应的发生。与其他的样品相比，MnO_2/PGCMB 表面的 MnO_2 疏松多孔，而 MnO_2/CMT[图 4-2（c）和图 4-2（d）]、MnO_2/GCMT-Ni[图 4-2（e）和图 4-2（f）] 和 MnO_2/GCMT-Fe[图 4-2（g）和图 4-2（h）] 表面沉积的 MnO_2 结构紧密。高度致密的结构不利于电解液离子通过，使得 MnO_2 与电解液接触的表面积明显减小。

图 4-1 CMT 的扫描电镜图（a）和 PGCMT 的扫描电镜图（b）

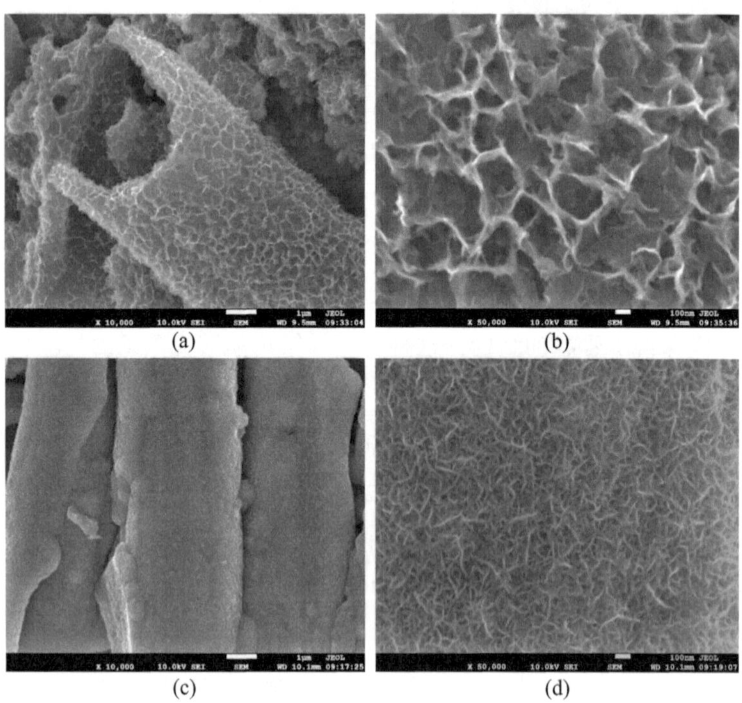

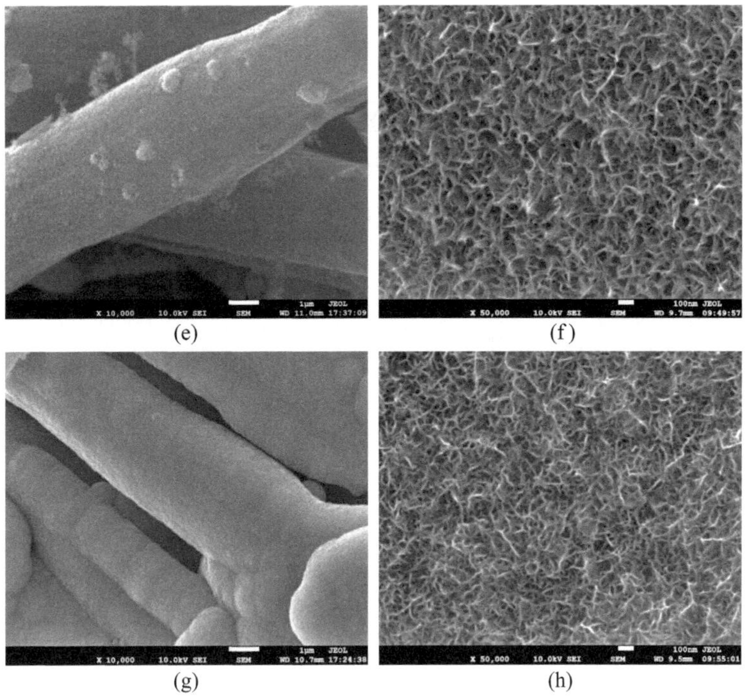

图 4-2　扫描电镜图

（a）（b）MnO_2/PGCMB；（c）（d）MnO_2/CMT；（e）（f）MnO_2/GCMT-Ni；（g）（h）MnO_2/GCMT-Fe

［其中（b）（d）（f）和（h）分别为（a）（c）（e）和（g）的放大图］

4.1.3　比表面积和孔径分析

图 4-3（a）显示了样品 PGCMT、GCMT-Ni、GCMT-Fe 和 CMT 的氮气吸附 / 脱附等温线。四种样品均呈现典型的Ⅳ型吸附 / 脱附等温线。其中 PGCMT 的氮气吸附量最多，GCMT-Ni 和 GCMT-Fe 次之，CMT 最少，说明使用不同的催化剂处理柳絮，对其比表面积都有一定程度的提高，但以 $K_4Fe(CN)_6$ 为催化剂得到的 PGCMT 的比表面积最大。进一步对比分析等温线可以发现，PGCMT 等温线在相对低压区（$P/P_0 < 0.05$）有一个快速上升的趋势，说明样品 PGCMT 中存在大量的微孔。PGCMT 在相对压力 P/P_0 为 0.45 ～ 0.9 的范围内出现明显的滞后环，说明材料中含有介孔。采用密度泛函理论计算样品的孔径分布得到图 4-3（b）。从图中可以看出，柳絮在不添加任何催化剂得到的样

品 CMT 中几乎没有微孔孔隙，孔径主要集中在 2.6nm 左右。采用催化剂处理后，样品 PGCMT、GCMT-Ni 和 GCMT-Fe 均出现微孔结构，其中 PGCMT 的微孔结构非常丰富。除 CMT 外，PGCMT、GCMT-Ni 和 GCMT-Fe 的介孔都集中在 3.4nm 左右，可能是由于催化剂中金属离子的模板作用。孔径分布曲线表明，PGCMT 中含有大量的微孔（介于 0.7 ～ 2nm 之间）和介孔。不同尺寸的孔隙对提高超级电容器性能有着不同的贡献：

① 微孔是电荷调节的主要场所，通常会带来较大的比表面积和更多的活性位点，从而产生高电容；

② 介孔作为离子通道，允许离子快速进入电极材料内部，保证了高功率密度；

③ 大孔能承载赝电容物种，增加了由法拉第反应产生的附加电容贡献，大大提高了超级电容器的储能性能。

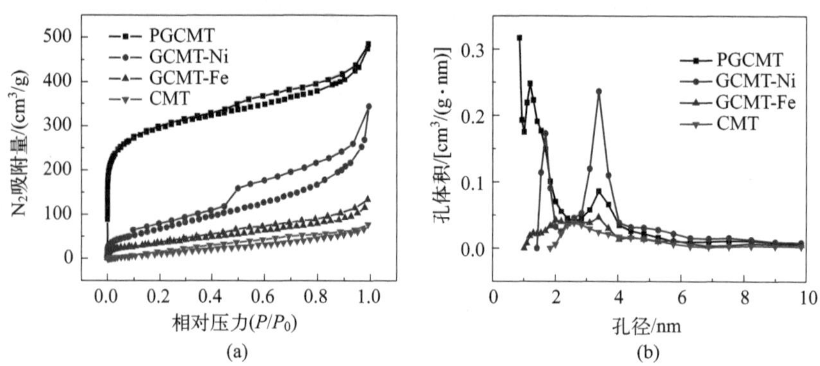

图 4-3 样品 PGCMT、GCMT-Ni、GCMT-Fe 和 CMT 的氮气吸附 / 脱附等温线（a）和孔径分布曲线（b）

氮气吸附 / 脱附曲线相对应的孔性特征，包括总的比表面积（S_{BET}）、微孔的比表面积（S_{mic}）、微孔体积（V_{mic}）、孔容（V_t）以及平均孔径（D_{ap}），均列于表 4-1。PGCMT 的比表面积高达 1066.6m^2/g，远高于 GCMT-Ni（191.2m^2/g）、GCMT-Fe（102.6m^2/g）和 CMT（31.5m^2/g）的比表面积。大的比表面积能够为 MnO_2 提供足够的空间，使其均匀分布。从图 4-2 中也可以看出，MnO_2/PGCMB 表面的 MnO_2 疏松多孔，而 MnO_2/CMT、MnO_2/GCMT-Ni 和 MnO_2/

GCMT-Fe 表面沉积的 MnO_2 结构较为致密。

表 4-1　各样品的孔性特征对比

样品	S_{BET} /（m^2/g）	S_{mic} /（m^2/g）	V_{mic} /（cm^3/g）	V_t /（cm^3/g）	D_{ap} /nm
PGCMT	1066.6	735.2	0.25	0.75	2.82
GCMT-Ni	191.2	0	0	0.53	11.14
GCMT-Fe	102.6	0	0	0.21	8.13
CMT	31.5	0	0	0.12	15.14

4.1.4　X 射线衍射与拉曼光谱分析

碳材料的导电性也是影响其电化学性能的一个关键因素，如导电性影响电极材料的内部电阻、电子传输速率以及能量效率。碳材料的石墨化度越高即意味着导电性越好。样品的石墨化程度通过 XRD 和拉曼光谱表示。如图 4-4（a）所示，在 2θ=26.33° 处可以看到 PGCMT 的衍射峰，这与石墨化碳（JCPDS No.41-1487）的（002）晶面的衍射峰相吻合。CMT 在制备过程中没有添加任何催化剂，表现出很弱的 XRD 衍射强度，这与非晶态碳骨架一致，说明其具有较差的导电性。各样品的平面间距（d_{002}）和石墨化度参数（g）均列于表 4-2。经 $K_4Fe(CN)_6$ 处理后，2θ 值由 CMT 的 24.76° 增加到 PGCMT 的 26.33°，相应的 d_{002} 从 0.359nm 下降到 0.338nm。依据石墨化度计算公式 g=（0.344−d_{002}）/0.0086[8]，可知 PGCMT 的石墨化度达到 0.68，与 GCMT-Fe 的石墨化度一样。这些结果表明，PGCMT 具有良好的导电性。

样品的拉曼光谱如图 4-4（b）所示。PGCMT 表现出三个特征峰，分别为 D 峰（1363cm^{-1}）、G 峰（1574cm^{-1}）和 2D 峰（2709cm^{-1}）。D 峰与碳材料的无序结构和缺陷有关；G 峰是由 2D 六角晶格 sp^2 碳原子的 E_{2g} 振动产生的[10]；2D 峰是石墨化碳的特征峰。G 峰和 D 峰的强度比（I_G/I_D）可以反映出碳材料的石墨化度。其中，PGCMT 的 I_G/I_D 值为 1.22，表明结晶度很高，即导电性很好。而 GCMT-Ni、GCMT-Fe 和 CMT 的 I_G/I_D 值分别为 1.14、1.65 和 1.05。CMT 较低的 I_G/I_D 值表明其具有高度无序的碳结构，这与 XRD 的分析结果相吻合。Ma 等[11]和 Xie 等[5]也采用柳絮作碳前驱体，采用 KOH 活化法分别制备了多孔碳片（CMFs）和分级多孔碳微米管（HPNCTs）。CMFs 的比表面积达到 3510m^2/g，但是柳絮的管状结构遭到 KOH 的严重破坏。HPNCT-700 的比表面积为 1012.2m^2/g，与本节的 PGCMT 的比表面积（1066.56m^2/g）相近。然而，CMFs 和 HPNCT-700 的 I_G/I_D 值分别为 0.83 和 0.91，均小于 PGCMT 的 I_G/I_D 值（1.22），说明它们的导电性能比 PGCMT 差。通常，石墨化度越高，碳材料的比表面积越小。然而，结合上面样品的孔性特征（表 4-1）以及由 XRD 和拉曼光谱得到的石墨化度数据（表 4-2），可以看出 PGCMT 同时具有最大的比表面积和较高的石墨化度，说明我们所选的催化剂 $K_4Fe(CN)_6$ 实现了同步活化和石墨化的效果。

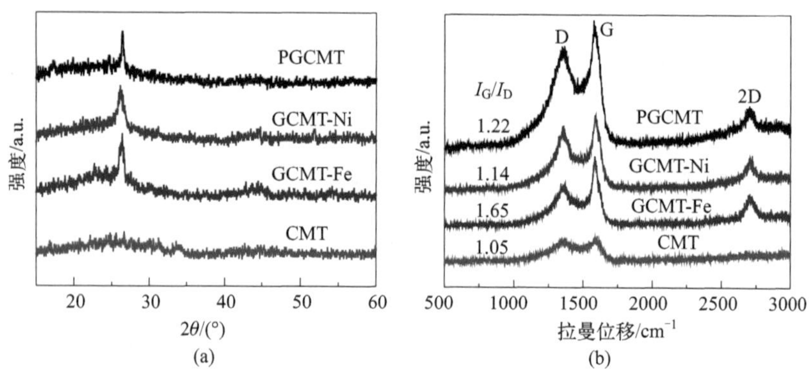

图 4-4　PGCMT、GCMT-Ni、GCMT-Fe 以及 CMT 的 XRD 曲线（a）和拉曼光谱（b）

表 4-2　各样品物理特性对比结果

样品	2θ /（°）	d_{002}①/nm	g②	I_G/I_D
PGCMT	26.33	0.338	0.68	1.22
GCMT-Ni	26.08	0.341	0.30	1.14
GCMT-Fe	26.33	0.338	0.68	1.65
CMT	24.76	0.359	—	1.05

① 晶面间距。

② 石墨化度［$g=(0.344-d_{002})/0.0086$］。

4.1.5　X 射线光电子能谱分析

图 4-5（a）和图 4-5（b）分别为 CMT 和 PGCMT 的 C 1s 谱图。两个 C 1s 谱图在结合能为 284.83eV 处都出现了一个主峰，对应 C—C 和 C═C[12]。结合能在 286.40eV 和 288.51eV 处出现的峰归属于碳原子和氧原子结合的官能团，即 C—O 和 C═O。这两个与含氧官能团相关的峰面积占总峰面积的百分比由 CMT 的 14.04% 增加到 PGCMT 的 21.51%，这是由于 $K_4Fe(CN)_6$ 的活化作用使得 PGCMT 中的含氧官能团增加[13]。MnO_2/PGCMB 的 O 1s 谱图［图 4-5（c）］可以拟合成三个峰，其结合能分别为 530.11eV、531.44eV 和 532.31eV，分别对应 Mn—O—Mn、Mn—OH 和 H—O—H。MnO_2/PGCMB 的 Mn 2p 谱图［图 4-5（d）］显示了两个主要的峰，结合能为 642.57eV 和 654.04eV，分别对应 Mn $2p_{3/2}$ 和 Mn $2p_{1/2}$。Mn $2p_{3/2}$ 和 Mn $2p_{1/2}$ 的结合能间距为 11.47eV，这与先前文献报道的 MnO_2 的值是一样的[14]。

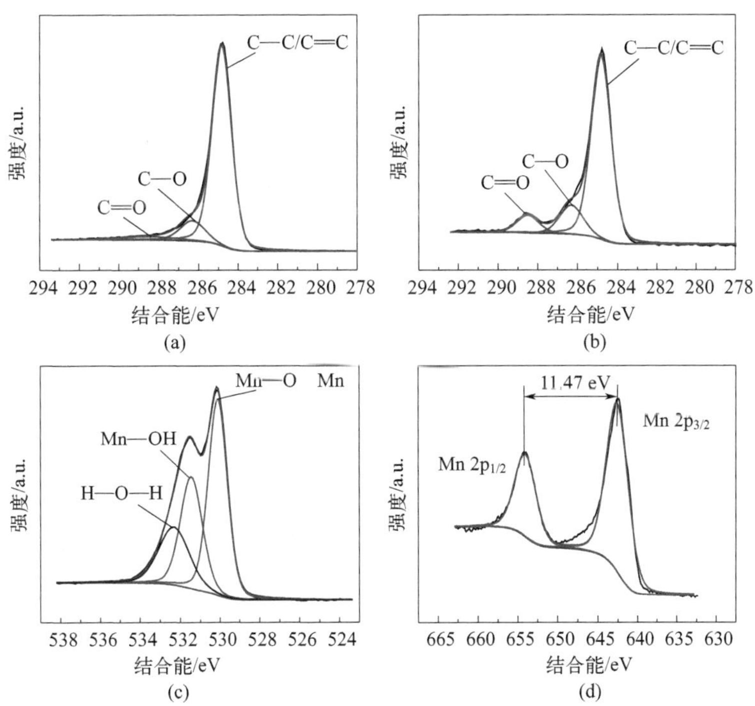

图 4-5　CMT 的 C 1s 谱图（a）、PGCMT 的 C 1s 谱图（b）、MnO_2/PGCMB 的 O 1s 谱图（c）和 MnO_2/PGCMB 的 Mn 2p 谱图（d）

4.1.6　PGCMT 形成机理分析

在本实验中，我们仅采用一种催化剂即可同时实现碳材料的高比表面积和良好的导电性。研究 PGCMT 的形成机理，即催化剂的作用机理，有利于更好地控制碳材料的性能，以满足不同领域对碳材料的需求。为了研究催化剂对碳材料结构形貌的影响，对碳化过程中不同温度下的样品进行 XRD 分析，以判断不同温度下催化剂的变化及其作用机理，如图 4-6 所示。

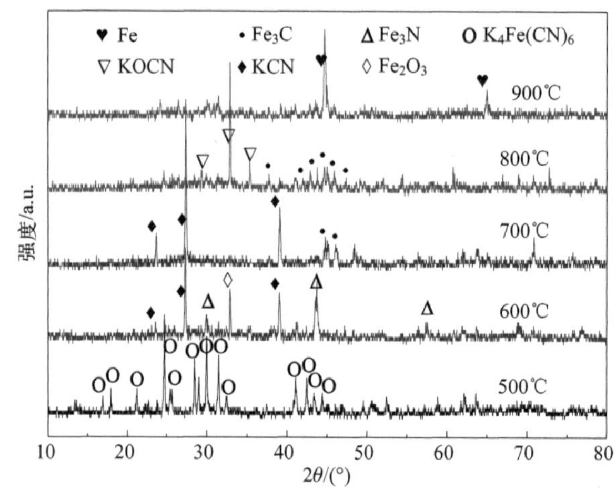

图 4-6　柳絮和 $K_4Fe(CN)_6$ 复合物在不同碳化温度条件下得到样品的 XRD 谱图

从图 4-6 中可以看出，在碳化过程中，不同温度下样品中的无机盐成分不同。当碳化温度达到 500℃时，样品中仍然存在 $K_4Fe(CN)_6$（JCPDS No. 32-0801），说明在这一温度下 $K_4Fe(CN)_6$ 未发生完全分解。当碳化温度升高到 600℃时，出现一些新的化合物的衍射峰，包括 KCN（JCPDS No. 37-1491）、Fe_2O_3（JCPDS No. 39-0238）和 Fe_3N（JCPDS No. 49-1663）。这些物质的形成是由于 $K_4Fe(CN)_6$ 发生了分解反应［如式（2-25）[15]］以及含铁化合物的多步反应（Fe → Fe_2O_3 → Fe_3N）[16]。继续升高温度到 700℃，Fe_3N 转化为 Fe_3C。当碳化温度进一步升高，达到 900℃时，Fe_3C 中的碳原子溢出[7]，此时，Fe_3C 会转化为 Fe（JCPDS No. 06-0696），而溢出的碳原子会紧密地排列在 Fe 模板周围，形成石墨化碳层。此外，在碳化生物质柳絮的过程中，柳絮因发生热分解反应会释放出一些小分子气体，如 CO_2、CO 和 H_2O。部分 KCN 会与 CO_2 反应，生成 KOCN（JCPDS No. 08-0471）[17]，如式（2-26）所示。而 KCN 和 KOCN 又会进一步与 CO_2 反应生成 K_2CO_3，如式（2-27）和式（2-28）所示[17]。K_2CO_3 对碳材料有刻蚀作用，如式（2-4）所示，能促使碳结构中产生孔隙，部分 K_2CO_3 也可能直接分解为 CO_2 和 K_2O[18]，如式（2-5）所示。

基于上述分析，我们提出了一个合理的 PGCMT 的形成机理，如图 4-7 所示（书后另见彩图）。在碳化过程中 $K_4Fe(CN)_6$ 发生分解反应，并经过一系列的反应，生成了 K_2CO_3 和 Fe_3C。这两种物质对 PGCMT 孔结构和石墨化结构的形成起着关键作用。K_2CO_3 可作为活化剂刻蚀碳骨架从而产生大量的孔隙，促进碳材料中孔结构的形成。在高温下形成的金属钾又能产生额外的孔，因为钾蒸气能嵌入到碳结构中，肿胀或破坏碳的微观结构，这些反应使碳材料形成分级多孔结构。此外，当碳化温度高于 700℃时，液滴状的 Fe_3C 会溶解周围的无定形碳[19]，进一步升高温度，Fe_3C 中的活性碳原子会从中溢出，形成层状的石墨化碳纳米片。

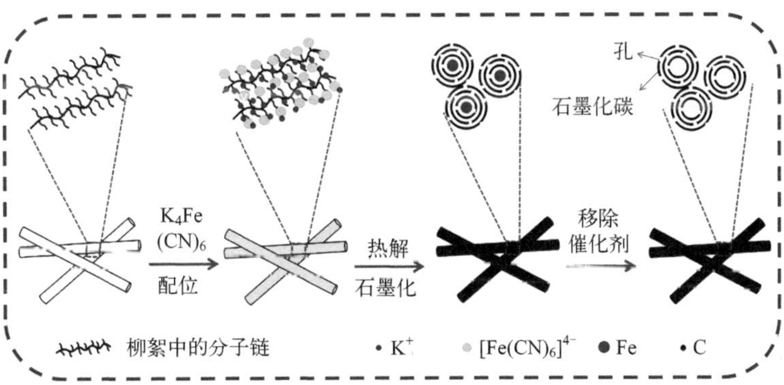

图 4-7　PGCMT 的合成示意图

4.1.7　超级电容器电化学性能分析

为了评价改性后的碳微米管对 MnO_2 电化学性能的影响，采用三电极体系对复合材料 MnO_2/PGCMB 和 MnO_2/CMT 进行电化学性能测试。图 4-8

为 MnO_2/PGCMB 和 MnO_2/CMT 电极在电压范围为 0 ～ 0.8V，扫描速率为 10mV/s 的条件下测得的循环伏安曲线。从图中可以看出，两个电极的循环伏安曲线均呈现对称的近矩形形状，表现了 MnO_2 快速可逆的理想的赝电容特征。然而，在相同的扫描速率下，MnO_2/PGCMB 循环伏安图的面积明显大于 MnO_2/CMT，说明 MnO_2/PGCMB 具有优异的电化学性能。结合 XRD、拉曼光谱以及氮气吸附 / 脱附分析结果可知，这是由于 PGCMT 具有良好的导电性和大的比表面积，能够加快电子和离子的传输速率并提供丰富的活性位点。

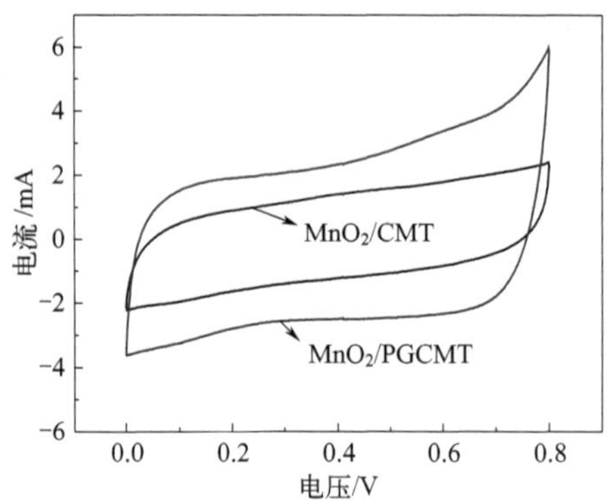

图 4-8 MnO_2/CMT 和 MnO_2/PGCMB 电极在扫描速率为 10mV/s 时的循环伏安曲线

为了进一步研究 MnO_2/PGCMB 的电容特性和倍率性能，对该电极进行了在不同扫描速率下的循环伏安测试和在不同电流密度下的计时电位测试。图 4-9（a）为 MnO_2/PGCMB 在扫描速率为 10 ～ 100mV/s 时的循环伏安曲线。从图中可以看出，随着扫描速率的提高，循环伏安曲线的面积逐渐增大，但仍保持近矩形的形状，说明电极材料发生了快速、可逆、连续的氧化还原反应，是理想的赝电容行为。从图 4-9（b）的 MnO_2/PGCMB 恒电流充放电曲线可以看到，在不同的电流密度下，电极的放电曲线与对应的充电曲线几乎呈对称关系，并且充放电曲线也是呈直线的，这些特征表明电极具有良好的电化学可逆性和优异的库仑效率。即使在 20A/g 的高电流密度下，放电曲线中也没有明显的电压降，表明 MnO_2/PGCMB 具有较低的内部串联电阻，这是由于基底 PGCMT 的管状结构和良好的导电性。电极材料的比电容随电流密度变化的趋势是评价电极材料电化学性能的另一个标准。通过充放电曲线，可以计算出相应电流密度下电极的比电容。MnO_2/PGCMB 在电流密度为 2A/g 时，比电容达到 550.8F/g。当电流密度增大到原来的 25 倍时，MnO_2/PGCMB 的比电容减小到 384.9F/g，但相比于 2A/g 时的 550.8F/g，比电容仍保持原来的 69.9%，说明 MnO_2/PGCMB 电极具有良好的倍率性能。随着电流密度的增加，MnO_2/PGCMB 的比电容呈现减小的趋势。这是因为在较小的电流密度下，电解液离子有足够的时间迁移到微孔中，所以，电极材料中更多的内孔被用于离子吸附 / 解吸，参加电化学反应，从而产生高容量；然而，在大电流密度下，由于电解液离子在微孔中的迟滞运动而造成孔隙堵塞，从而导致电容衰减[20]。

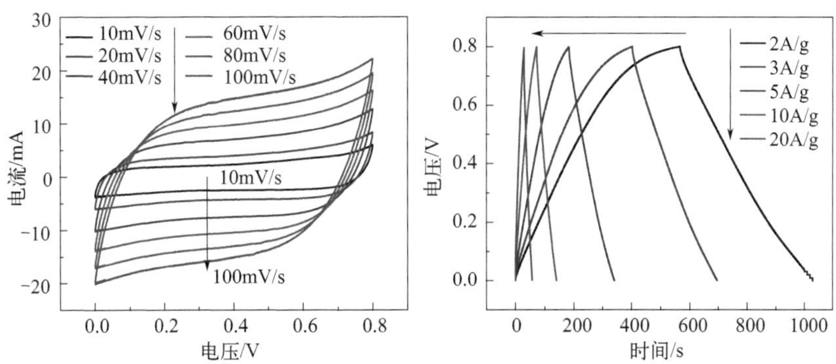

(a) 循环伏安曲线 (b) 计时电位曲线

图 4-9 MnO_2/PGCMB 的循环伏安曲线和计时电位曲线

为了进一步比较碳基底材料的结构对 MnO_2 电化学性能的影响，测试了 MnO_2/PGCMT、MnO_2/GCMT-Ni、MnO_2/GCMT-Fe 以及 MnO_2/CMT 电极在不同电流密度下的比电容，测试结果如图 4-10（a）所示。可以看出在任一电流密度下，MnO_2/PGCMT 的比电容均高于其他 3 个电极的比电容。当电流密度为 2A/g 时，MnO_2/PGCMT 的比电容为 550.8F/g，远高于 MnO_2/GCMT-Ni（267.5F/g）、MnO_2/GCMT-Fe（274.1F/g）以及 MnO_2/CMT（264.7F/g）的比电容。对于相同 MnO_2 沉积量的电极来说，电极 MnO_2/PGCMT 具有最佳的电化学性能，主要归因于其均匀分布的纳米结构的 MnO_2 以及具有单微管结构的高石墨化度的 PGCMT。PGCMT 在充放电过程中为电解液中离子的输送提供了平滑的通道，同时也为电子提供了高导电的网络结构，这也是 MnO_2/PGCMT

电极即使在大的电流密度下仍具有高比电容的原因。

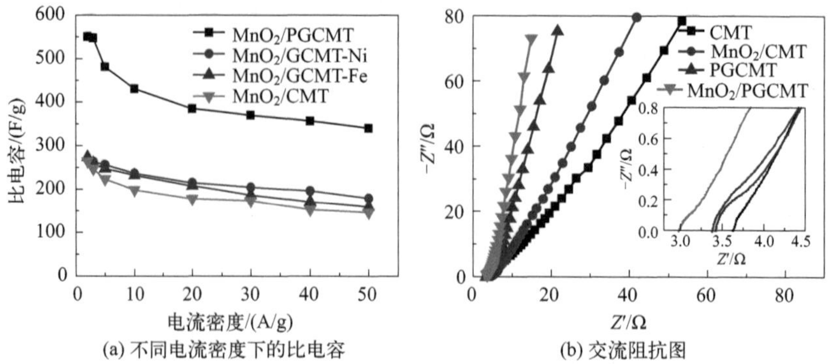

图 4-10 MnO_2/PGCMT、MnO_2/GCMT-Ni、MnO_2/GCMT-Fe 以及 MnO_2/CMT 在不同电流密度下的比电容（a）和 CMT、MnO_2/CMT、PGCMT 和 MnO_2/PGCMT 的交流阻抗图（b）

图 4-10（b）显示了 CMT、MnO_2/CMT、PGCMT 和 MnO_2/PGCMT 的交流阻抗图。每个电极的交流阻抗曲线都是由高频区的半圆和低频区的斜线组成。在高频区，曲线与实轴的截距表示等效串联电阻 R_s，包括电解液电阻、电极材料的固有电阻以及电极 / 电解液界面上的接触电阻。MnO_2/PGCMT 和 MnO_2/CMT 的 R_s 值都小于 PGCMT 和 CMT 的 R_s 值，可能是因为纳米结构的 MnO_2 使得电极材料与电解液接触的表面积增加。MnO_2/PGCMT 的 R_s 值为 3.0Ω，明显低于 MnO_2/CMT（3.4Ω）的 R_s 值，说明 MnO_2/PGCMT 中 PGCMT 良好的导电性和丰富的孔性结构促进了电子 / 离子的快速转移。此外，MnO_2/PGCMT 电极在低频区的斜线相比于其他电极斜率更接近 90°，进一步表明 MnO_2/PGCMT 电极具有良好的电容行为。电极材料在低频区较高频区更能表现出电容特性，因为在低频率下，更多的电解液离子可以进入到电极材料的孔隙中，而在高频率下，仅电解液与电极表面接触的孔隙可以接触电解液离子。

图 4-11 为 MnO_2/PGCMB 在 10A/g 的电流密度下恒电流充放电循环 5000 次的循环寿命图。从图中可以看出，在最初的 500 次充放电循环过程中，电极的比电容有所下降，可能是由电极表面活性位点没有达到稳定状态，部分不可逆氧化还原反应引起的[21]，500 次循环后比电容为初始电容的 94.5%。在 1000 ～ 1400 次循环中，比电容又略有上升，可能是由于 MnO_2 电极材料

逐渐被激活。在循环过程中，电解液中离子的嵌入和嵌出会打通电极材料内部通道，充分激活活性物质的活性位点，从而使得比电容提高[22, 23]。在随后的 1400 ～ 3500 次循环过程中，比电容出现波动现象，这可能是在充放电过程中 MnO_2 的降解以及内部 MnO_2 的活化交替所致。在 3500 ～ 5000 次循环过程中电容保持平稳趋势。经过 5000 次循环后，MnO_2/PGCMB 的比电容保持在 385.9F/g，相当于初始电容的 89.6%，说明 MnO_2/PGCMB 电极具有良好的稳定性和极高的可逆性。

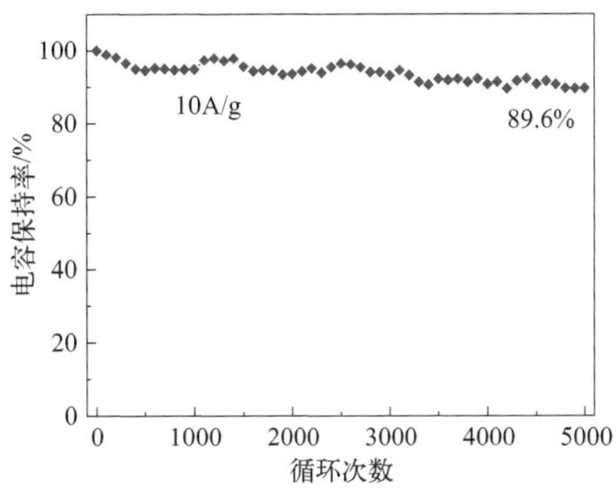

图 4-11　MnO_2/PGCMB 在 10A/g 的电流密度下充放电 5000 次的循环性能曲线

为了进一步分析 MnO_2/PGCMB 的循环性能，我们测试了该电极在扫描速率为 10mV/s 时循环 1 次、1000 次、3000 次、5000 次的循环伏安曲线，如图 4-12（a）所示。可以看到，第 1 次循环时，循环伏安曲线在 0.6V 处出现的峰经过 1000 次循环后消失了。正如前面提到的，这种现象主要是由于某些不可逆的氧化还原反应引起的，因为电极的一些活性物质在初始充放电过程中不稳定，导致一些不可逆氧化还原反应的因素不能完全消除。经过 1000 次循环后，不可逆氧化还原反应的因素被完全消除。循环伏安曲线呈现对称的矩形形状，表明活性物质变得稳定，循环过程中发生的氧化还原反应是可逆的，使得 MnO_2/PGCMB 的循环伏安曲线形状与双电层电容器的相似。在随后的 1000 ～ 5000 次循环中未观察到循环伏安曲线有明显的变化，进一步证实了循环的稳定性和可逆性。图 4-12（b）为 MnO_2/PGCMB 电极在第 1 次和第 5000 次循环后的交流阻抗图。经过 5000 次循环后 R_s 值由 3.00Ω 增加到 3.25Ω，这是循环过程中电极材料发生降解以及电解液的嵌入 / 脱出而造成的体积变化使得接触电阻增大。此外，长期循环后，低频区的斜线变得更加垂直，表明电极行为更接近理想的电容器[24]。

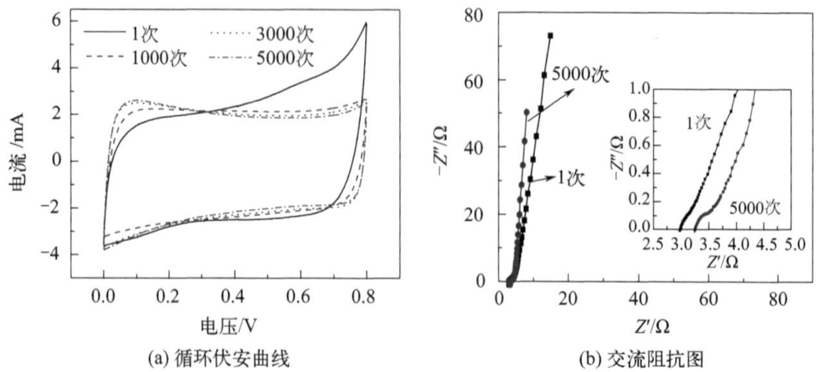

(a) 循环伏安曲线　　(b) 交流阻抗图

图 4-12　MnO_2/PGCMB 在循环测试过程中当电流密度为 10mV/s 时的循环伏安曲线和循环 1 次、5000 次后的交流阻抗图

综上，本节采用具有单壁微管结构的生物质柳絮为天然模板和碳源，以 $K_4Fe(CN)_6$ 作为催化剂，成功制备了多孔石墨化碳微米管 PGCMT；通过 SEM、XRD、拉曼光谱、氮气吸附 / 脱附测试，对比了不同催化剂 $K_4Fe(CN)_6$、$FeCl_2$、$NiCl_2$ 对碳材料结构性能的影响；通过对碳化过程中不同温度下材料的 XRD 进行分析，研究了 $K_4Fe(CN)_6$ 的作用机理；将制备得到的 PGCMT 作为沉积 MnO_2 的基底，研究其对 MnO_2 电化学性能的影响。具体结果如下：

① 柳絮是由管径介于 2 ～ 9μm 的单微米管组成的，直接碳化柳絮得到的 CMT 完好地保留了柳絮天然的管状结构。经过不同催化剂 $K_4Fe(CN)_6$、$FeCl_2$、$NiCl_2$ 得到的柳絮基碳材料 PGCMT、GCMT-Fe、GCMT-Ni 的管状结构也得到保留，但管的表面变得粗糙。分别以这四种碳材料作为电沉积 MnO_2 的基底，MnO_2 在 PGCMT 上形成疏松多孔的结构，而在 GCMT-Fe、GCMT-Ni、CMT 上结构较为致密。

② 使用三种不同催化剂对前驱体进行预处理，得到的碳材料的石墨化度有明显的提高，其中 PGCMT 的石墨化度 g 为 0.68，I_G/I_D 为 1.22。氮气吸附 / 脱附结果表明，当以 $K_4Fe(CN)_6$ 为催化剂时，得到的碳材料的比表面积达到最大

(1066.6m^2/g)，比 GCMT-Fe 和 GCMT-Ni 的比表面高出 4 ～ 9 倍，而未使用催化剂处理直接碳化得到的 CMT 的比表面积仅为 31.5m^2/g。此外，XPS 显示 PGCMT 的表面含氧官能团相比于 CMT 增加了 53.2%。这些结果表明，$K_4Fe(CN)_6$ 在碳化过程中对碳前驱体不仅起到催化石墨化作用还具有活化效果。

③ 通过对 $K_4Fe(CN)_6$ 与柳絮在共碳化过程中不同碳化温度下的无机物组分的分析，推导出 $K_4Fe(CN)_6$ 的作用机理。首先 $K_4Fe(CN)_6$ 在高温下发生分解，并通过一系列的反应，生成了 K_2CO_3 和 Fe_3C。其中 K_2CO_3 充当活化剂对碳材料起活化作用，而 Fe_3C 能促进石墨化碳的形成。

④ 采用不同结构的碳微米管作为 MnO_2 的基底，对其电化学性能具有显著的影响。其中以 PGCMT 作为 MnO_2 的基底时，比电容得到明显的提高，在电流密度为 2A/g 时，比电容达到 550.8F/g；在 10A/g 的电流密度下，经过 5000 次循环后，MnO_2/PGCMB 的比电容保持在 385.9F/g，相当于初始电容的 89.6%，表明其具有良好的循环稳定性。MnO_2/PGCMB 优良的电化学性能主要归因于：a.PGCMT 管状结构及其分级孔性为电解液提供了快速传输通道；b. PGCMT 良好的导电性加快了电子的传输速率；c. PGCMT 具有较高的比表面积，提高了 MnO_2 的分散性，增加了其有效利用率。

4.2 以铁盐和 KCl 混合物为催化剂制备柳絮衍生多孔石墨化碳微米管及性能分析

上述研究发现 $K_3[Fe(C_2O_4)_3]$ 和 $K_4Fe(CN)_6$ 对碳材料都具有同步活化和石墨化效果。为了进一步丰富催化剂的种类，本节中以柳絮为碳源，采用 $Fe(NO_3)_3$ 和 KCl 的混合物作催化剂来制备多孔石墨化碳 PGC-N，希望通过 $Fe(NO_3)_3$ 和 KCl 的协同作用来同时提高碳材料的比表面积和石墨化度。作为对比，我们也选用 $Fe_2(SO_4)_3$ 和 $FeCl_3$ 来代替 $Fe(NO_3)_3$ 从而研究不同铁盐和 KCl 的混合物对碳材料结构的影响，并分析讨论了催化剂的作用机理。将得到的不同结构特征的碳材料作为 MnO_2 的基底，研究其对 MnO_2 电化学性能的影响。结果发现 PGC-N 作为电沉积 MnO_2 的基底时，具有最佳的电化学性能，主要是由于 PGC-N 具有以下优点：

① 多孔结构和中空微管形态为 MnO_2 沉积提供了充足的空间，有效地避免

了 MnO_2 的聚集；

② 良好的导电性促进了 MnO_2 的电子转移，提高了 MnO_2 的电化学利用率。

4.2.1 样品制备

4.2.1.1 多孔石墨化碳的制备

将 1.5g 柳絮浸渍于 30mL 的 0.1mol/L $Fe(NO_3)_3$ 和 0.4mol/L KCl 的混合溶液中，其中各试剂与柳絮的质量比为 $m_{Fe(NO_3)_3}:m_{柳絮}\approx 0.5$，$m_{KCl}:m_{柳絮}\approx 0.6$。浸渍 6h 后混合物放置在 80℃的烘箱中干燥，直到水分完全蒸发，得到预碳化物 WC-N-K。将 WC-N-K 放入管式定碳炉中在氮气气氛下碳化，升温速率为 10℃ /min，碳化温度为 900℃，保温 2h 后自然冷却至室温。将得到的黑色固体用 2mol/L 的 HCl 清洗，并用蒸馏水多次洗涤至中性，在 80℃的烘箱中烘干后得到最终产物多孔石墨化碳，记为 PGC-N。

为了比较 KCl 的添加对碳材料结构和性能的影响，只以 0.1mol/L 的 $Fe(NO_3)_3$ 作为催化剂得到 WC-N，经过与 WC-N-K 相同的碳化、洗涤、干燥处理后得到的产物记为 GC-N。此外，分别以 0.05mol/L 的 $Fe_2(SO_4)_3$ 和 0.1mol/L 的 $FeCl_3$ 来替代 0.1mol/L 的 $Fe(NO_3)_3$，研究不同种类铁盐与 KCl 的混合物作催化剂对碳材料结构和性能的影响，得到的样品分别记为 WC-S-K 和 WC-Cl-K。WC-S-K 和 WC-Cl-K 经过碳化和酸洗后分别得到 PGC-S 和 PGC-Cl。

4.2.1.2 MnO_2/PGC-N 电极的制备

MnO_2/PGC-N 电极的制备方法与第 4 章的 MnO_2/PGCMB 相同，见本书 4.1.1.2 部分。此外，MnO_2/GC-N 电极、MnO_2/PGC-S 电极和 MnO_2/PGC-Cl 电极也通过相同的方法制备。

4.2.2 结构与形貌表征分析

为了研究催化剂对柳絮结构形貌的影响，采用扫描电子显微镜对其进行观察。图 4-13（a）和图 4-13（b）分别为 GC-N 和 PGC-N 的 SEM 图。从图中可以看出，GC-N 和 PGC-N 在外观形貌上没有明显的区别，二者都是由多个碳微米管组成的，保留了柳絮的天然结构。这种独特的结构为电解液离子的传输提供了理想通道，并为电子的转移提供了快速的导电网络。

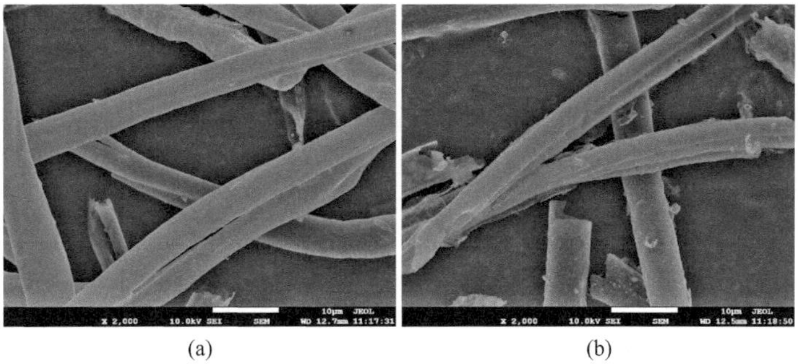

图 4-13　GC-N 的扫描电镜图（a）和 PGC-N 的扫描电镜图（b）

图 4-14 为各碳材料表面沉积 MnO_2 后的扫描电镜图。图 4-14（b）显示，

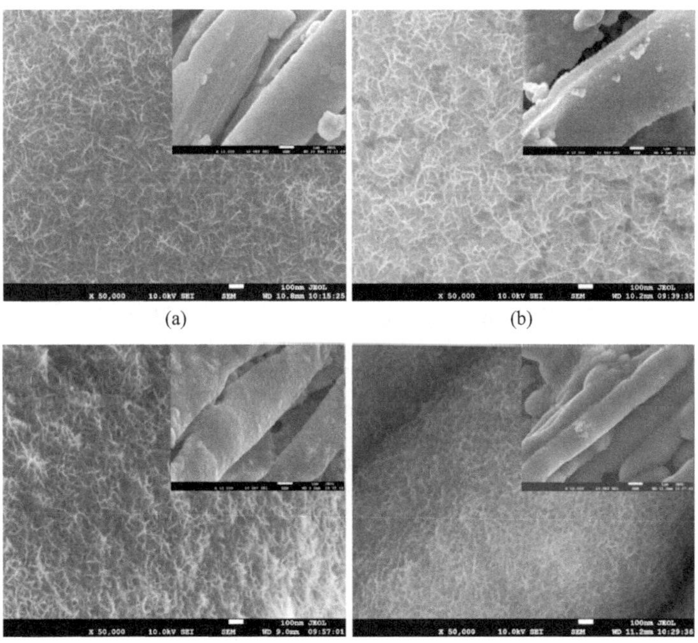

图 4-14　扫描电镜图

（a）MnO_2/GC-N；（b）MnO_2/PGC-N；（c）MnO_2/PGC-S；（d）MnO_2/PGC-Cl

MnO_2 纳米花均匀地生长在碳微米管 PGC-N 的表面，形成了一种高度互联的三维网络结构，为氧化还原反应提供了大量的活性位点。此外，多孔管状的 PGC-N 为电解液扩散提供了快速的通道，极大地增加了电极和电解液的接触面积 [25]。同时，我们也研究了使用不同的催化剂得到的碳基底对 MnO_2 结构的影响，如图 4-14（a）～（d）所示。可以明显看出，MnO_2/PGC-N［图 4-14（b）］表面的 MnO_2 相比于 MnO_2/GC-N［图 4-14（a）］、MnO_2/PGC-S［图 4-14（c）］和 MnO_2/PGC-Cl［图 4-14（d）］表面的 MnO_2 显得更加疏松多孔，这有利于最大限度地利用活性物质的比表面积，从而提高电化学能量储存。因此，PGC-N 是沉积 MnO_2 的理想基底。

4.2.3　比表面积和孔径分析

为了研究 KCl 的添加以及不同铁盐与 KCl 的混合物作催化剂对碳材料孔结构的影响，我们对样品 GC-N、PGC-N、PGC-S 和 PGC-Cl 进行氮气吸附 / 脱附测试。如图 4-15（a）所示，所有样品的等温线在吸附和脱附曲线之间存在明显的滞后环（$P/P_0 > 0.45$），这与毛细管凝聚有关，表明碳材料中存在大量的介孔。PGC-N 的等温线在相对低压区（$P/P_0 < 0.05$）有迅速上升的趋势，说明 PGC-N 中存在大量的微孔，这可以通过图 4-15（b）的孔径分布图来证明。以 $Fe(NO_3)_3$ 和 KCl 的混合物作催化剂得到的样品 PGC-N 的氮气吸附量和孔体积明显高于只选用 $Fe(NO_3)_3$ 作催化剂得到的 GC-N。表 4-3 进一步证实了这一结论。其中，GC-N 的比表面积仅为 449.27m^2/g，总的孔体积为 0.58cm^3/g；而 PGC-N 的比表面积为 1488.60m^2/g，相当于 GC-N 比表面积的 3 倍，并且孔体积高达 1.24cm^3/g。此外，PGC-N 微孔的比表面积为 966.02m^2/g，是 GC-N（104.21m^2/g）的 9 倍多，PGC-N 的平均孔径（3.34nm）明显小于 GC-N 的平均孔径（5.17nm）。因此，添加 KCl 可以促进碳材料中微孔的形成。碳材料的孔性特征还与催化剂中铁盐的种类有关。以 $Fe(NO_3)_3$ 和 KCl 作催化剂得到的 PGC-N 具有最大的比表面积（1488.60m^2/g）和孔体积（1.24cm^3/g），明显高于其他的碳材料 PGC-S（893.69m^2/g，0.72cm^3/g）、PGC-Cl（32.37m^2/g，0.22cm^3/g）。根据使用催化剂种类的不同，结合图 4-15 和表 4-3 的分析，得出孔隙发展根据催化剂的不同遵循的趋势是 $Fe(NO_3)_3$-KCl > $Fe_2(SO_4)_3$-KCl > $FeCl_3$-KCl。

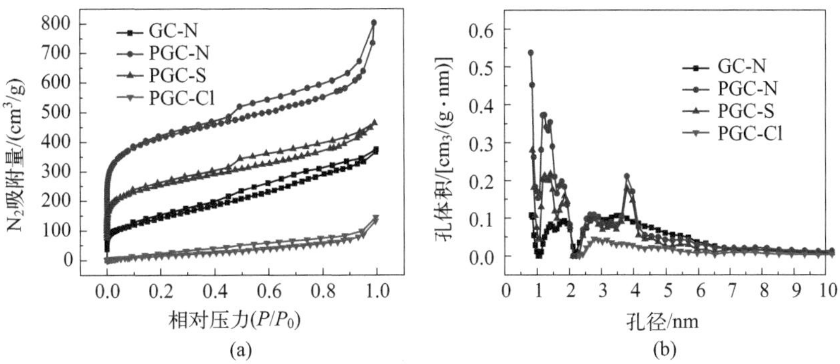

图 4-15　样品 GC-N、PGC-N、PGC-S 和 PGC-Cl 的氮气吸附 / 脱附曲线（a）和孔径分布曲线（b）

表 4-3　碳材料的孔性特征

样品	S_{BET} /（m^2/g）	S_{mic}① /（m^2/g）	V_{mic}② /（cm^3/g）	V_t③ /（cm^3/g）	D_{ap}④ /nm
GC-N	449.27	104.21	0.06	0.58	5.17
PGC-N	1488.60	966.02	0.33	1.24	3.34
PGC-S	893.69	536.38	0.20	0.72	3.21
PGC-Cl	32.37	0	0	0.22	27.64

① 微孔比表面积。
② 微孔体积。
③ 总的孔体积。
④ 平均孔径。

4.2.4　X 射线衍射和拉曼光谱分析

为了研究不同催化剂对碳材料石墨化结构的影响，我们对样品进行了 XRD 分析。如图 4-16 所示，样品 PGC-N 在 $2\theta=26.50°$ 和 44.70° 处出现明显的衍射峰，分别对应石墨（JCPDS No. 41-1487）的（002）晶面和（101）晶面。PGC-N 的（002）峰强度明显低于 GC-N，这是由于样品 PGC-N 中存在大量的微孔结构，增加了碳材料的无序性。使用不同的铁盐作催化剂对碳材料的石墨化度也有影响。其中 PGC-S 中（002）衍射峰强度最弱。根据 XRD 的数据结果得到样品的物理特征，包括（002）峰位置、晶面间距 d_{002} 以及石墨化度 g，列于表 4-4。PGC-N 的（002）峰位置在 26.50°，对应的 d_{002} 为 0.3361nm。依据石墨化度的计算公式 $g=(0.344-d_{002})/0.0086$，得到 PGC-N 的石墨化度为 0.92，低于 GC-N 的石墨化度（g=1.01）。

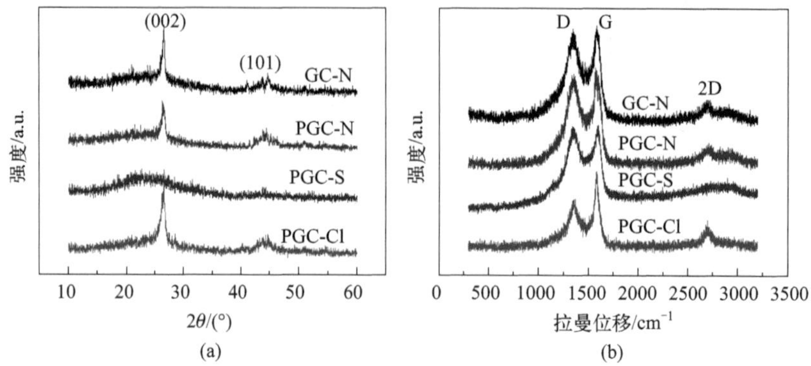

图 4-16　样品 GC-N、PGC-N、PGC-S 和 PGC-Cl 的 XRD 曲线（a）和拉曼光谱图（b）

表 4-4　各样品的物理参数

样品	2θ/（°）	d_{002}①/nm	g②	I_G/I_D
GC-N	26.56	0.3353	1.01	1.06
PGC-N	26.50	0.3361	0.92	1.05
PGC-S	24.01	—	—	1.03
PGC-Cl	26.58	0.3351	1.04	1.30

① 层间距。

② 石墨化度参数，$g=(0.344-d_{002})/0.0086$。

碳材料的石墨化特征还可通过对其进行拉曼测试进一步分析研究。如图 4-16（b）所示，所有的样品在拉曼谱图中都显示出两个主要特征峰，D 峰（1359cm^{-1}）和 G 峰（1581cm^{-1}）。D 峰表示碳材料的结构缺陷和部分无序结构；G 峰与石墨烯中 C sp^2（E_{2g} 模型）的拉伸振动有关。GC-N、PGC-N 和 PGC-Cl 的拉曼谱图中，在 2699cm^{-1} 位置还出现一个明显的 2D 峰，表明石墨化碳结构的形成，使得碳结构中六边形对称性得到改善。G 峰和 D 峰的强度比 I_G/I_D 可以反映出碳材料的石墨化度。GC-N、PGC-N、PGC-S 和 PGC-Cl 的 I_G/I_D 值分别为 1.06、1.05、1.03 和 1.30。PGC-N 具有相对较高的石墨化度。这些结果与

XRD 的分析结果相吻合。

综上，采用 $Fe(NO_3)_3$ 和 KCl 组合的添加剂制备的 PGC-N 具有较高的比表面积 $1488.6m^2/g$ 和 I_G/I_D 值（1.05），与以往报道的碳材料的性能相当。Ma 等[26]以从柚子皮中提取的果胶生物高聚物作为碳前驱体来制备分级石墨化多孔碳材料（HPGC），得到的 $HPGC_{0.6\text{-}700}$ 具有大的比表面积和良好的导电性。该方法不仅使用了强腐蚀性的 KOH，还选用大量的 $C_4H_6O_4Mg \cdot 4H_2O$ 作为模板和催化剂，其中 $C_4H_6O_4Mg \cdot 4H_2O$ 与果胶生物高聚物的质量比高达 4.8 ：1。Yorgun 等[27]以 $ZnCl_2$ 和 $FeCl_3$ 分别作为活化剂和石墨化剂成功地制备了分级多孔氮掺杂碳纳米片（HPNC-NS），其中，$ZnCl_2$ 是一种有毒、腐蚀性强的试剂，能够破坏生物质的管状结构，制备过程中使用的 $FeCl_3$ 和碳前驱体的质量比高达 6.7 ：1，使得生产成本较高，并且对环境污染严重。相比较而言，本节所使用的方法中 $Fe(NO_3)_3$ 和碳前驱体的比例仅为 0.5 ：1，因此 PGC-N 在成本、对环境的影响以及碳材料的性能等方面与已报道的石墨化碳材料相比都具有明显的优势。

4.2.5　X 射线光电子能谱分析

图 4-17（a）和图 4-17（b）分别显示了 GC-N 和 PGC-N 的 C 1s XPS 谱图，通过拟合可以分为四个峰：C sp^2 峰（284.1eV）、C sp^3 峰（284.9eV）、C—O 峰（286.1eV，环氧基和烷氧基）和 C═O 峰（288.6eV，羰基）。其中 PGC-N 中的 C sp^2 含量为 47.23%，而 GC-N 中的 C sp^2 含量高达 65.01%，表明 GC-N 中存在更多的石墨化碳结构，这与 XRD 和拉曼谱图的分析结果相吻合。另外，与含氧基团（C—O 和 C═O）有关的两个峰所占面积的总的百分含量从 GC-N 的 17.50% 增加到 PGC-N 的 25.97%。这可能是由于 $Fe(NO_3)_3$ 和 KCl 的混合物在高温下对碳材料有活化作用，使得含氧官能团增加。相比于 GC-N，PGC-N 在 292.3eV 处有一个明显的峰，这是 K $2p_{3/2}$ 的特征峰，表明样品 PGC-N 中存在 K^+[28]。MnO_2/PGC-N 的 Mn 2p 谱图［图 4-17（c）］中存在两个峰 641.88eV 和 653.42eV，分别对应 Mn $2p_{3/2}$ 和 Mn $2p_{1/2}$，表明样品中锰元素主要以 Mn^{4+} 形式存在，并且 Mn $2p_{3/2}$ 和 Mn $2p_{1/2}$ 的峰间距为 11.5eV。

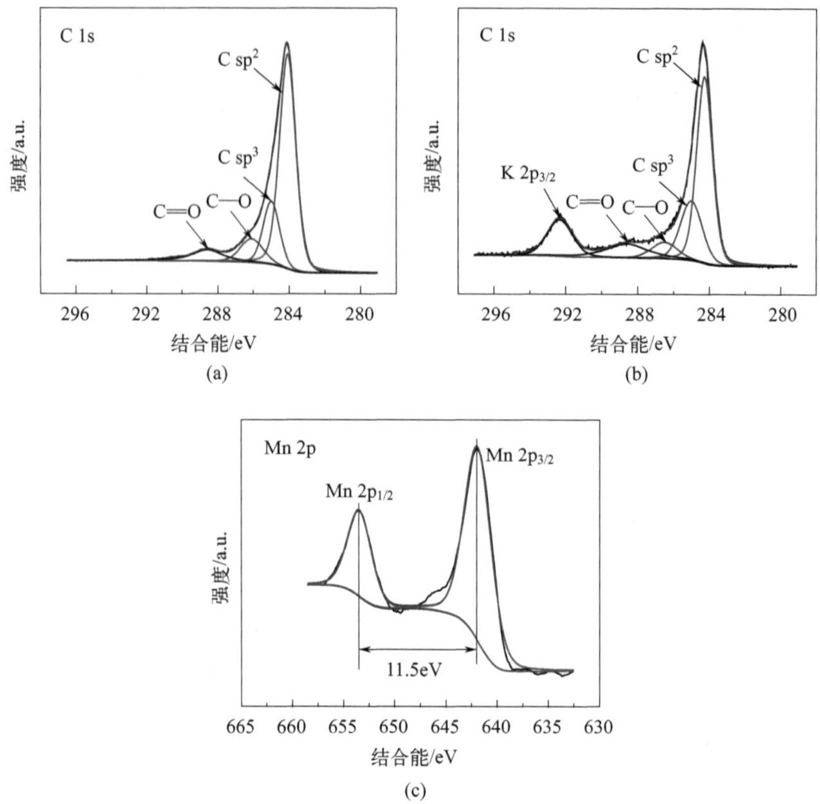

图4-17　GC-N的C 1s谱图（a）、PGC-N的C 1s谱图（b）和MnO_2/PGC-N的Mn 2p谱图（c）

4.2.6　PGC-N 形成机理分析

将未碳化前的样品 WC-N-K、WC-S-K 和 WC-Cl-K 进行 XRD 表征以研究不同的铁盐与 KCl 的混合物对碳材料结构的影响。如图 4-18 所示，WC-N-K 与其他两个样品的 XRD 谱图的主要区别在于，WC-N-K 中 KCl 的含量明显减少，大量的 K 以 KNO_3（JCPDS No. 05-0377）的形式存在。在碳化过程中 KNO_3 会与碳发生反应，从而产生一定的孔隙。而 WC-S-K 和 WC-Cl-K 中仍存在大量的 KCl，KCl 的热稳定性较好，沸点为 1420℃，高温条件下，对碳材料孔结构的发展无明显促进作用。

为了进一步研究 $Fe(NO_3)_3$ 和 KCl 的混合物在碳化过程中对碳前驱体的催化作用机理，将 WC-N-K 在不同温度下进行碳化并对碳化后的样品进行 XRD 表征。如图 4-19 所示，当碳化温度达到 300℃时，KNO_3 的衍射峰消失，这是由于KNO_3 和碳发生反应，而此时 Fe 以 Fe_2O_3（JCPDS No. 39-1346）的形式存在。当碳化温度升高到 600℃时，Fe_2O_3 被还原为 Fe（JCPDS No. 06-0696），随后在 800℃时，部分 Fe 单质转化为 Fe_3C（JCPDS No. 35-0772）[29]。当温度继续升高达到 900℃时，Fe_3C 的衍射峰强度降低，Fe 的衍射峰增强，这是因为 Fe_3C 中的活性碳原子从中溢出，形成层状的石墨化碳。

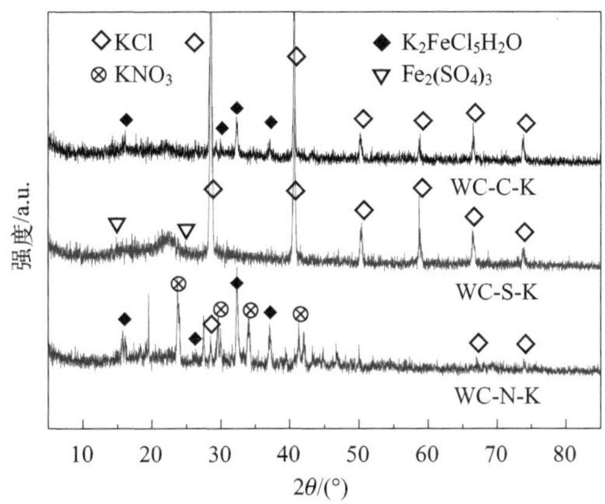

图 4-18　样品 WC-N-K、WC-S-K 和 WC-C-K 的 XRD 图

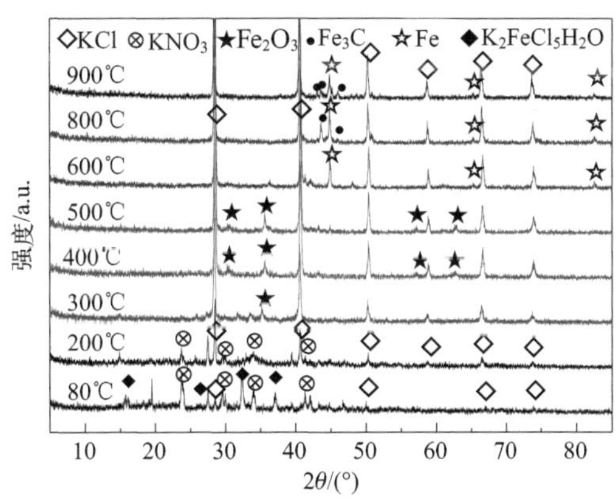

图 4-19　WC-N-K 在碳化过程中不同温度下得到的样品的 XRD 谱图

基于上述分析提出了 PGC-N 的形成机理，如图 4-20 所示（书后另见彩图）。在 $Fe(NO_3)_3$ 和 KCl 的混合溶液中，K^+ 和 NO_3^- 共存，当溶液蒸发后会有部

分 KNO_3 形成。KNO_3 会充当活化剂在碳化过程中与碳发生反应，促进碳材料中孔隙的形成。高温下，部分碳原子与 Fe 相结合形成 Fe_3C，而 Fe_3C 在石墨化结构的形成中起着关键作用。随着温度的进一步升高，活性碳原子从 Fe_3C 中逸出，形成二维的碳原子层。经过酸洗除去催化剂后，即得到了 PGC-N。目前，用于活性炭生产的 KOH 和 $ZnCl_2$ 的市场成本分别为 5800 元 / 吨和 8900 元 / 吨，而以 KCl 和 $Fe(NO_3)_3$ 为催化剂制备 PGC-N，总成本仅为 3580 元 / 吨，并且 PGC-N 的生产过程采用与活性炭相同的工艺和设备。因此，可以预测，与传统活性炭相比 PGC-N 具有更低的生产成本。

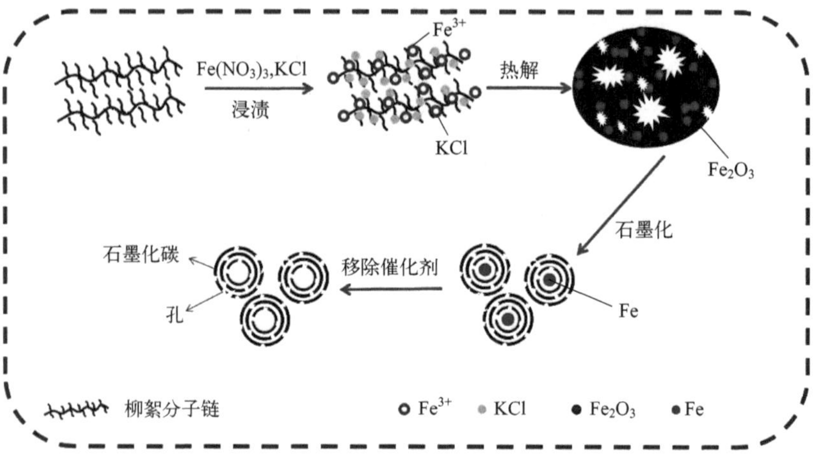

图 4-20　PGC-N 碳材料的形成机理图

4.2.7　超级电容器电化学性能分析

从图 4-21 的循环伏安曲线中可以看出，MnO_2/PGC-N 和 MnO_2/GC-N 的电化学性能差异显著。MnO_2/PGC-N 的循环伏安曲线面积明显大于 MnO_2/GC-N。其他电极的循环伏安曲线面积从大到小依次为 MnO_2/PGC-N ＞ MnO_2/PGC-S ＞ MnO_2/PGC-Cl，说明 MnO_2/PGC-N 具有较大的电容量。结合前面的分析可知，这是由于 PGC-N 基底具有大的比表面积，不仅为 MnO_2 的沉积提供了充足的空间，同时也为离子和电荷的积累提供了丰富的活性位点。

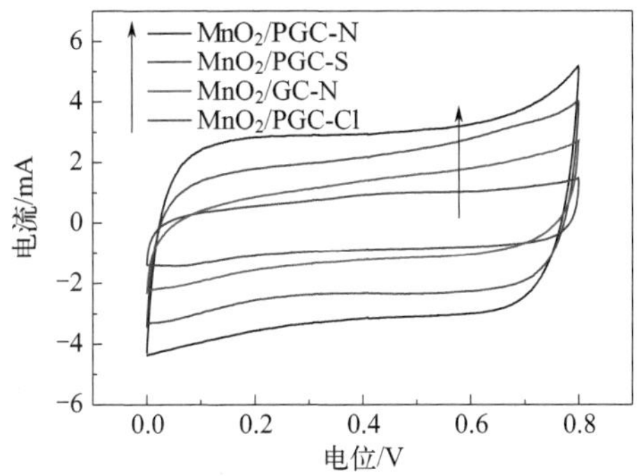

图 4-21 电极 MnO_2/PGC-N、MnO_2/PGC-S、MnO_2/PGC-Cl 和 MnO_2/GC-N 在 10mV/s 下的循环伏安曲线

图 4-22（a）显示了 MnO_2/PGC-N 在不同扫描速率下的循环伏安曲线。可以看出，即使在 100mV/s 的高扫描速率下，循环伏安曲线依然保持较好的矩形形状，说明电极材料发生了快速、可逆、连续的氧化还原反应，是一种理想的赝电容行为 [30]。MnO_2/PGC-N 在不同电流密度下的放电曲线与相应的充电曲线几乎是对称的，形成类等腰三角形结构 [图 4-22（b）]，说明电极具有良好的库仑效率，并且 Na^+ 和 MnO_2 之间是可逆的法拉第反应。此外，当电流密度达到 20A/g 时没有发现明显的电压降，说明电极具有极低的内阻。

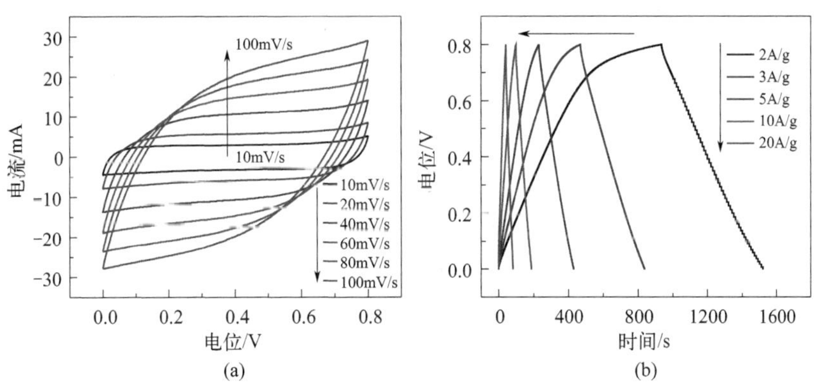

图 4-22 MnO_2/PGC-N 在不同扫描速率下的循环伏安曲线（a）和 MnO_2/PGC-N 在不同电流密度下的计时电位曲线（b）

倍率性能是评估电极材料应用于超级电容器的重要指标。图 4-23 为各电极

在不同电流密度下的比电容。MnO_2/PGC-N 在电流密度为 2A/g 时，比电容达到 571.1F/g，明显高于 MnO_2/GC-N（271.9F/g）、MnO_2/PGC-S（467.3F/g）、MnO_2/PGC-Cl（263.2F/g）；当电流密度增加到 25 倍，即 50A/g 时，MnO_2/PGC-N 的比电容仍保持在 382.1F/g。MnO_2/PGC-N 优异的电化学性能主要归因于：

① PGC-N 基底具有微管状结构和良好的导电性，为离子和电子的转移提供了良好的通道；

② PGC-N 的多孔结构有利于 MnO_2 均匀分散，有效促进电解液与 MnO_2 的良好接触，为能量储存提供了丰富的活性位点。

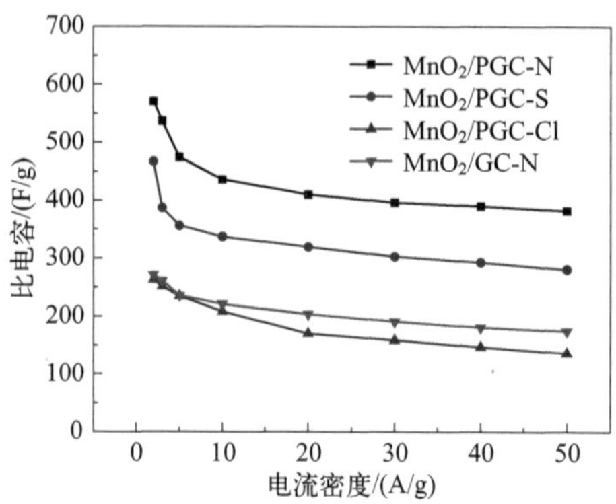

图 4-23　各电极在不同电流密度下的比电容

图 4-24 为 MnO_2/PGC-N 在 10A/g 电流密度下充放电循环 3000 次的循环寿命曲线。从曲线的趋势可以看出，在前 1800 次循环过程中比电容有所下降，而在 1800 ～ 2200 次循环中比电容有轻微的上升，当循环达到 3000 次后比电容保持在 85.2% 左右。在初始充放电过程中，表面活性物质未达到稳定状态，氧化还原反应不可逆，因此使得比电容降低。经过 1800 次充放电循环后，内部的活性物质被活化，MnO_2 的氧化还原反应增加，比电容增大。但经过 2200 次循环后，比电容又有所下降，这可能是由于：

① 要经过长期的充放电循环，Na^+ 插入到 MnO_2 结构中，造成 MnO_2/PGC-N 结构膨胀；

② MnO_2 发生降解，生成可溶性的 Mn^{2+}[31]，其他学者也报道了类似的现象[32, 33]。

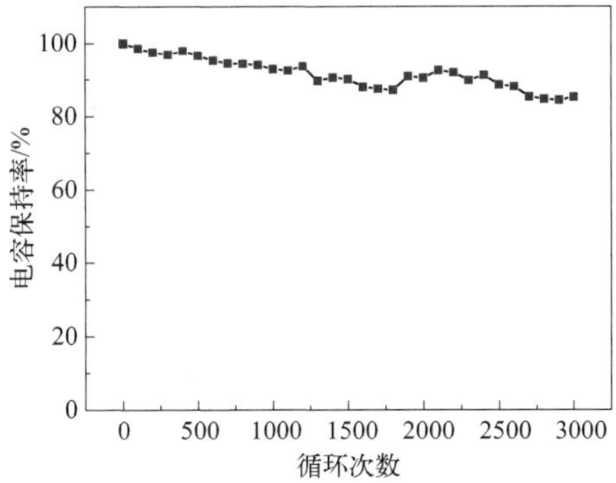

图 4-24　MnO_2/PGC-N 的循环性能曲线

MnO_2/PGC-N 的循环性能与其他已报道的负载 MnO_2 的复合电极性能相当，如 MnO_2/ 石墨烯（循环 1000 次后电容保持 96%）[34]、MnO_2NS/ 石墨烯（循环 1000 次后电容保持 89%）[35] 和 MnO_2/GR-CNT（循环 1000 次后电容保持 90%）[36]。

综上，本节以柳絮作为碳前驱体，选用不同铁盐和 KCl 的混合物作催化剂来制备多孔石墨化碳，研究了 KCl 的存在对碳材料结构性能的影响，同时也研究对比了不同铁盐与 KCl 的混合物对碳材料结构性能的影响。并且将具有不同石墨化度和比表面积的碳材料作为 MnO_2 的基底，研究其对电化学性能的影响。具体结果如下：

① 以 $Fe(NO_3)_3$ 或 $Fe(NO_3)_3$ 和 KCl 组成的混合物作催化剂制备得到的碳材料 GC-N 和 PGC-N 的微观形貌没有明显差别，仍保留了柳絮的天然结构。作为沉积 MnO_2 的基底时，PGC-N 表面的 MnO_2 疏松多孔，而 GC-N、PGC-Cl 和 PGC-S 表面的 MnO_2 紧密地附着在碳材料表面。

② 氮气吸附 / 脱附测试结果表明，PGC-N 的比表面积达到 1488.60m^2/g，孔体积为 1.24cm^3/g，明显高于仅以 $Fe(NO_3)_3$ 作催化剂得到的 GC-N（比表面积为 449.27m^2/g，孔体积为 0.58cm^3/g）；此外，PGC-N 的比表面积和孔体积也远远高于 PGC-Cl 和 PGC-S，说明 $Fe(NO_3)_3$ 和 KCl 的混合物对碳材料起到同时活化和石墨化效果。XRD 和拉曼谱图结果表明，使用催化剂得到的碳材料的石墨化度都有明显的提高，其中以 $Fe(NO_3)_3$ 和 KCl 的混合物作催化剂得到的 PGC-N 的石墨化度为 0.92，I_G/I_D 值为 1.05。

③ PGC-N良好的导电性和高比表面积，使得MnO_2/PGC-N的电化学性能得到明显的提高。在电流密度为2A/g时，比电容达到571.1F/g；当电流密度增加到25倍，即50A/g时，比电容为382.1F/g；在电流密度为10A/g，经过3000次充放电循环后，电容仍保持在85.2%左右。

参考文献

[1] Gui Z, Zhu H, Gillette E, et al. Natural cellulose fiber as substrate for supercapacitor[J]. ACS Nano, 2013, 7 (7): 6037-6046.

[2] Wang L, Zheng Y, Chen S, et al. Three-dimensional kenaf stem-derived porous carbon/MnO_2 for high-performance supercapacitors[J]. Electrochimica Acta, 2014, 135: 380-387.

[3] Zhang L, Liu Z, Cui G, et al. Biomass-derived materials for electrochemical energy storages[J]. Progress in Polymer Science, 2015, 43: 136-164.

[4] Ma Y, Zhao J, Zhang L, et al. The production of carbon microtubes by the carbonization of catkins and their use in the oxygen reduction reaction[J]. Carbon, 2011, 49 (15): 5292-5297.

[5] Xie L, Sun G, Su F, et al. Hierarchical porous carbon microtubes derived from willow catkins for supercapacitor applications[J]. Journal of Materials Chemistry A, 2016, 4 (5): 1637-1646.

[6] Wang D, Liu S, Fang G, et al. From trash to treasure: Direct transformation of onion husks into three-dimensional interconnected porous carbon frameworks for high-performance supercapacitors in organic electrolyte[J]. Electrochimica Acta, 2016, 216: 405-411.

[7] Wang L, Tian C, Wang H, et al. Mass production of graphene via an in situ self-generating template route and its promoted activity as electrocatalytic support for methanol electroxidization[J]. The Journal of Physical Chemistry C, 2010, 114 (19): 8727-8733.

[8] Liu T, Liu E, Ding R, et al. Preparation and supercapacitive performance of clew-like porous nanocarbons derived from sucrose by catalytic graphitization[J]. Electrochimica Acta, 2015, 173: 50-58.

[9] Wang L, Mu G, Tian C, et al. Porous graphitic carbon nanosheets derived from cornstalk biomass for advanced supercapacitors[J]. ChemSusChem, 2013, 6 (5): 880-889.

[10] Shi J, Wang Y, Du W, et al. Synthesis of graphene encapsulated Fe_3C in carbon nanotubes from biomass and its catalysis application[J]. Carbon, 2016, 99: 330-337.

[11] Ma F, Wan J, Wu G, et al. Highly porous carbon microflakes derived from catkins for high-performance supercapacitors[J]. RSC Advances, 2015, 5 (55): 44416-44422.

[12] Qu J, Shi L, He C, et al. Highly efficient synthesis of graphene/MnO_2 hybrids and their application for ultrafast oxidative decomposition of methylene blue[J]. Carbon, 2014, 66: 485-492.

[13] Chen L, Ji T, Brisbin L, et al. Hierarchical porous and high surface area tubular carbon as dye adsorbent and capacitor electrode[J]. ACS Applied Materials & Interfaces, 2015, 7 (22): 12230-12237.

[14] Toupin M, Brousse T, Bélanger D. Charge storage mechanism of MnO_2 electrode used in aqueous electrochemical capacitor[J]. Chemistry of Materials, 2004, 16 (16): 3184-3190.

[15] Kunrath J I, Müller C S, Frank E. Thermal decomposition of potassium hexacyanoferrate (Ⅱ) trihydrate[J]. Journal of Thermal Analysis and Calorimetry, 1978, 14 (3): 253-264.

[16] Schnepp Z, Thomas M, Glatzel S, et al. One pot route to sponge-like Fe_3N nanostructures[J]. Journal of Materials Chemistry, 2011, 21 (44): 17760-17764.

[17] Alam M, DebRoy T. Structural effects in the reaction between carbon dioxide and coke doped with various potassium bearing catalytic precursors[J]. Metallurgical Transactions B, 1986, 17 (3): 565-574.

[18] Chen L F, Huang Z H, Liang H W, et al. Bacterial-cellulose-derived carbon nanofiber@MnO_2 and nitrogen-doped carbon nanofiber electrode materials: An asymmetric supercapacitor with high energy and power density[J]. Advanced Materials, 2013, 25 (34): 4746-4752.

[19] Glatzel S, Schnepp Z, Giordano C. From paper to structured carbon electrodes by inkjet printing[J]. Angewandte Chemie International Edition, 2013, 52 (8): 2355-2358.

[20] Xie X, He X, Zhang H, et al. Interconnected sheet-like porous carbons from coal tar by a confined soft-template strategy for supercapacitors[J]. Chemical Engineering Journal, 2018, 350: 49-56.

[21] Shin H C, Dong J, Liu M. Nanoporous structures prepared by an electrochemical deposition process[J]. Advanced Materials, 2003, 15 (19): 1610-1614.

[22] Yuan C, Zhang X, Su L, et al. Facile synthesis and self-assembly of hierarchical porous NiO nano/micro spherical superstructures for high performance supercapacitors[J]. Journal of Materials Chemistry, 2009, 19 (32): 5772-5777.

[23] Chang J, Sun J, Xu C, et al. Template-free approach to synthesize hierarchical porous nickel cobalt oxides for supercapacitors[J]. Nanoscale, 2012, 4 (21): 6786-6791.

[24] Li J, Ren Z, Wang S, et al. MnO_2 nanosheets grown on internal surface of macroporous carbon with enhanced electrochemical performance for supercapacitors[J]. ACS Sustainable Chemistry & Engineering, 2016, 4 (7): 3641-3648.

[25] Hu L，Pasta M，La Mantia F，et al. Stretchable，porous，and conductive energy textiles[J]. Nano letters，2010，10（2）：708-714.

[26] Ma F，Ma D，Wu G，et al. Construction of 3D nanostructure hierarchical porous graphitic carbons by charge-induced self-assembly and nanocrystal-assisted catalytic graphitization for supercapacitors[J]. Chemical Communications，2016，52（40）：6673-6676.

[27] Yorgun S，Vural N，Demiral H. Preparation of high-surface area activated carbons from paulownia wood by $ZnCl_2$ activation[J]. Microporous and Mesoporous Materials，2009，122（1-3）：189-194.

[28] Lei Z，Zhang J，Zhao X S. Ultrathin MnO_2 nanofibers grown on graphitic carbon spheres as high-performance asymmetric supercapacitor electrodes[J]. Journal of Materials Chemistry，2012，22（1）：153-160.

[29] He X，Zhao N，Qiu J，et al. Synthesis of hierarchical porous carbons for supercapacitors from coal tar pitch with nano-Fe_2O_3 as template and activation agent coupled with KOH activation[J]. Journal of Materials Chemistry A，2013，1（33）：9440-9448.

[30] Kundu M，Liu L. Direct growth of mesoporous MnO_2 nanosheet arrays on nickel foam current collectors for high-performance pseudocapacitors[J]. Journal of Power Sources，2013，243：676-681.

[31] Wang G，Zhang L，Zhang J. A review of electrode materials for electrochemical supercapacitors[J]. Chemical Society Reviews，2012，41（2）：797-828.

[32] Antiohos D，Pingmuang K，Romano M S，et al. Manganosite-microwave exfoliated graphene oxide composites for asymmetric supercapacitor device applications[J]. Electrochimica Acta，2013，101：99-108.

[33] Wang H，Hao Q，Yang X，et al. A nanostructured graphene/polyaniline hybrid material for supercapacitors[J]. Nanoscale，2010，2（10）：2164-2170.

[34] Liu J，Zhang Y，Li Y，et al. In situ chemical synthesis of sandwich-structured MnO_2/graphene nanoflowers and their supercapacitive behavior[J]. Electrochimica Acta，2015，173：148-155.

[35] Zhang J，Jiang J，Zhao X S. Synthesis and capacitive properties of manganese oxide nanosheets dispersed on functionalized graphene sheets[J]. The Journal of Physical Chemistry C，2011，115（14）：6448-6454.

[36] Xiong C，Li T，Dang A，et al. Two-step approach of fabrication of three-dimensional MnO_2-graphene-carbon nanotube hybrid as a binder-free supercapacitor electrode[J]. Journal of Power Sources，2016，306：602-610.

第 5 章

二维多孔石墨化碳纳米片的制备及性能分析

二维碳纳米片（CNS），如石墨烯，能够提供较短的离子扩散路径和高电导率。然而，石墨烯由于 π—π 键相互作用，片层之间发生严重堆积和团聚，会显著降低有效表面积，并阻碍内部活性位点的利用率。人们尝试将无定形碳与石墨烯复合，以防止石墨烯重新堆叠，同时提高碳基材料的比表面积和导电性。然而，石墨烯对气体物质和金属离子是不可渗透的[1, 2]。这意味着电解质离子在垂直方向扩散时必须通过石墨烯平面的边缘或接触位置，从而延长了离子传输路径并阻碍了离子传输动力学。为了提高活性位点的可接触性，研究人员也通过额外的孔工程来合成三维多孔石墨烯基碳材料以制造结构缺陷，例如3D 石墨烯层、3D 打印石墨烯复合气凝胶、活性石墨烯基碳材料和多孔石墨烯框架。在这些石墨烯结构中，具有分级互联孔的交联纳米片可以明显缓解其团聚现象，同时优化了离子传输通道，并为电荷存储提供了额外的离子可接触面积。由于所使用的原材料是石墨烯，这些多孔碳纳米片的制备方法相对比较昂贵、烦琐、耗时且难以规模化。因此，寻找一种高效、简单且成本较低的方法来设计和优化碳纳米片结构，使其同时具有多孔碳的高比表面积和石墨烯的良好导电性，面临着巨大挑战。

5.1　葡萄糖衍生多孔石墨化碳纳米片的制备及性能分析

葡萄糖是生物质衍生物，具有天然生物质的优势，如低成本、环保、可持续性和资源丰富。在发泡剂的辅助下，葡萄糖衍生聚合物可以形成类石墨烯的纳米片。例如，Wang 等[3]通过基于糖衍生聚合物和发泡剂 NH_4Cl 的发泡技术制备了三维自支撑石墨烯。所获得的石墨烯由连续的石墨膜组成，具有良好的导电性和高表面积。但该制备过程采用了较高的碳化温度（1350℃），且微孔对比表面积的贡献较小，几乎为零。而许多实验表明，微孔对于形成双电层是非常重要的。三聚氰胺海绵是一种聚合物泡沫，其主要成分是甲醛 - 三聚氰胺树脂，表现出互连的纤维网络结构，具有多孔、轻质和高硬度的特性，可以被视为多孔碳材料的理想支撑骨架。

本节通过简单的一步碳化法设计了一种以纤维网络为支撑的三维多孔石墨化碳纳米片。该方法采用葡萄糖为碳前驱体，三聚氰胺泡沫作为碳源和支撑骨架。$K_3[Fe(C_2O_4)_3]$ 作为活化剂和石墨化催化剂，主要基于其分解产物 $K_2C_2O_4$（活化剂）和 Fe 化合物（石墨化催化剂）可以在碳前驱体热解过程中对其同时实现活化和石墨化。基于三聚氰胺海绵的三维纤维网络和 $K_3[Fe(C_2O_4)_3]$ 的活化 - 石墨化效应，具有多孔和石墨化结构的葡萄糖衍生碳纳米片均匀连接并支撑在三聚氰胺海绵的纤维骨架上。与传统的通过额外造孔制备多孔石墨化碳纳米片的方法相比，该方法能够在一步碳化过程中完成孔形成和石墨化，使得该方法更加高效、简单。此外，所用原料价格便宜，实验方法简单、安全环保，且不使用任何腐蚀性或有毒化学品。更重要的是，获得的三维多孔石墨化碳材料同时具有多孔石墨化碳纳米片和相互连接的大孔碳纤维骨架，这将为电荷存储提供足够的位点，并提供良好的导电网络，以确保快速的电子传输。

5.1.1　样品制备

将 2.5g 葡萄糖和 1.5g $K_3[Fe(C_2O_4)_3]\cdot H_2O$ 溶解在 25mL 去离子水中。将一定量的三聚氰胺泡沫切割成小立方体形状并在上述溶液中浸泡 4h。将混合物冷冻干燥 24h，随后在氮气氛围下以 5℃ /min 的加热速率在 750℃下碳化 2h。自然冷却至室温后，得到的样品用 3mol/L HCl 洗涤 6h，以去除铁物质和其他无机杂质，然后用去离子水反复洗涤，直到滤液的 pH 值接近 7。然后，将最终固体产物在 80℃下干燥 6h，并且将所获得的样品标记为 CNS/CF$_x$（其中 x 表示三聚氰胺泡沫的质量，x=0.10g，0.15g，0.18g）。CNS/CF$_x$ 的制备流程如图 5-1 所示（书后另见彩图）。为了比较，在相同的条件下，不使用三聚氰胺泡沫作为模板剂，制备得到多孔碳（PC）。

5.1.2　多孔石墨化碳纳米片的形成机理

三聚氰胺海绵具有良好的吸水性，能很好地吸附葡萄糖和 $K_3[Fe(C_2O_4)_3]$ 的混合溶液。通过冷冻干燥，使葡萄糖和 $K_3[Fe(C_2O_4)_3]$ 均匀地吸附在海绵上。在碳化过程中，熔融的葡萄糖逐渐聚合并附着在三聚氰胺泡沫的纤维骨架上。在高温碳化过程中，均匀分散的 $K_3[Fe(C_2O_4)_3]$ 分解成 K_2CO_3、FeO、CO_2、

CO 和 H_2O。释放的气体，如 CO_2、CO 和 H_2O，会吹鼓聚合物形成空腔，并且 K_2CO_3 与碳反应以产生更多的孔。随着气体的吹入和 K_2CO_3 的活化作用，碳材料逐渐变薄，形成多孔片状结构。在此过程中，FeO 被进一步还原成金属 Fe，并将无定形碳转化成石墨化碳[4,5]。最终形成了具有纤维网络结构的多孔石墨化碳纳米片，如图 5-1 所示。这种独特的结构具有明显的结构优势：由大孔碳纤维支撑的碳纳米片没有明显的团聚现象，可以提供丰富的比表面积和连续的导电网络；同时，由三聚氰胺泡沫衍生的碳纳米纤维作为桥梁，可以提供更好的导电性，有助于提升碳材料的整体电子转移效率。

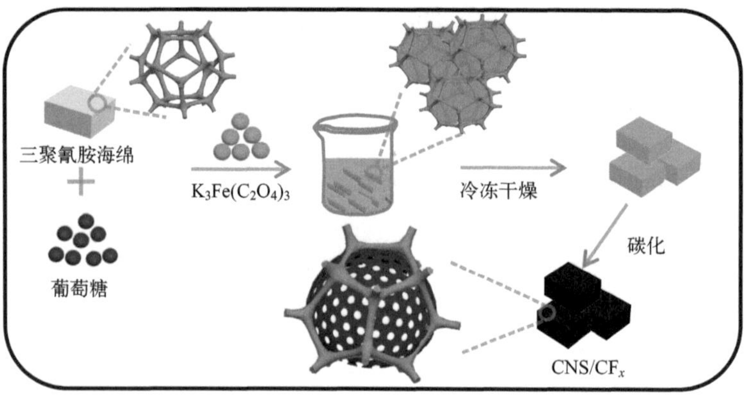

图 5-1　CNS/CF_x 的制备流程图

5.1.3　形貌与结构分析

采用扫描电镜观察三聚氰胺海绵和碳纳米片的形貌结构。图 5-2（a）显示三聚氰胺海绵具有三维互连多孔纤维网络结构，使其对葡萄糖溶液具有良好的吸附性和保持性[6]。图 5-2（b）～（h）显示了由碳纤维骨架支撑的葡萄糖衍生的超薄碳纳米片。在葡萄糖含量相同的情况下，三聚氰胺海绵的添加量会影响碳纳米片的结构。当三聚氰胺海绵的质量为 0.10g 时，得到的碳纳米片 $CNS/CF_{0.10}$［图 5-2（b）和图 5-2（c）］没有明显缺陷，其完美地支撑在三聚氰胺海绵的支架上。随着三聚氰胺海绵量的增加，$CNS/CF_{0.15}$ 中的碳纳米片变得更加透明［图 5-2（d）和图 5-2（e）］，这表示碳纳米片的厚度更薄了，有助于提

供更短的离子 / 电子传输距离[7]。更重要的是，碳纳米片表面有许多随机分布的裂缝和孔隙［图 5-2（f）］。这些孔道为离子从外部向电极内部的输运和扩散提供了快速通道，保证了电解质离子能够充分进入整个碳材料内部并参与电荷存储，这是传统多孔碳纳米片难以实现的[8, 9]。然而，当三聚氰胺海绵的添加量达到 0.18g 时，$CNS/CF_{0.18}$ 中的碳纳米片严重开裂，没有很好地连接［图 5-2（g）和图 5-2（h）］。此外，在没有三聚氰胺海绵模板支撑的情况下，样品 PC 表面上虽然有大量的大孔结构［图 5-2（i）］，但并不能明显地观察到片状结构，这证实了三聚氰胺海绵在碳纳米片形成中的关键作用。

图 5-2　各样品的扫描电镜图

（a）三聚氰胺海绵；（b）、（c）$CNS/CF_{0.10}$；（d）～（f）$CNS/CF_{0.15}$；（g）、（h）$CNS/CF_{0.18}$；（i）PC

通过原子力显微镜（AFM）进一步研究了碳纳米片的厚度。图 5-3（a）展示了 $CNS/CF_{0.15}$ 的 AFM 图像，图中清晰显示了超薄的二维纳米片结构，单个碳纳米片的厚度约为4.16nm。图5-3（b）中的TEM图像显示了互联的碳纳米片和纤维骨架结构。图5-3（c）中红色圆圈标记的随机分布的蠕虫状纳米孔表明CNS/$CF_{0.15}$碳纳米片上存在密集的微孔结构[10, 11]。这些丰富的微孔能够有效防止碳纳米片的堆叠，并为纳米片提供了较短的纵向离子运输通道。

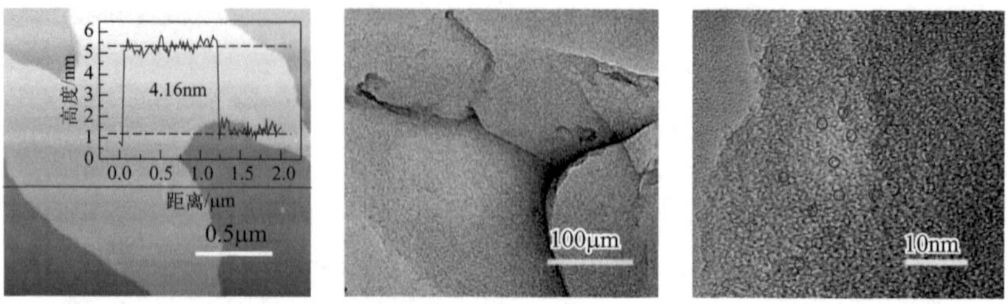

(a) AFM图　(b) 低倍数下TEM图　(c) 高倍数下TEM图

图5-3　CNS/$CF_{0.15}$中碳纳米片的AFM图和不同放大倍数下的TEM图（书后另见彩图）

5.1.4　比表面积和孔径分析

如图5-4（a）所示，所有样品的N_2吸附/脱附等温线均表现为典型的Ⅰ型等温线特征。在较低相对压力（$P/P_0 < 0.05$）下，氮吸附量迅速上升，表明样品中存在丰富的微孔结构。此外，图5-4（b）的孔径分布曲线进一步证实了样品的微孔特性，其孔径分布较为集中，主要分布在0.45～1.0nm的范围内。随着三聚氰胺海绵含量的增加，微孔孔径先增大后减小。当三聚氰胺海绵质量为0.10g时，CNS/$CF_{0.10}$的孔径分布曲线出现的峰在约0.59nm处，表明大多数微孔孔径主要在0.59nm左右。对于CNS/$CF_{0.15}$，孔径主要集中在约0.67nm。而对于氮吸附量最高的CNS/$CF_{0.18}$，孔径主要集中在约0.45nm。CNS/CF_x中的微孔主要由葡萄糖的热解和$K_3[Fe(C_2O_4)_3]$的活化作用共同形成，同时也受碳纳米片厚度的影响。如图5-2所示，CNS/$CF_{0.10}$中的碳纳米片较厚且无明显缺陷，这意味着热解过程中释放的气体不易从孔内逸出。当三聚氰胺海绵的质量增加至0.15g时，CNS/$CF_{0.15}$中的碳纳米片变薄，使得碳化过程中分解的气体能够快速逸出，从而增大了微孔孔径。然而，对于CNS/$CF_{0.18}$，过量的三聚氰胺海绵导致碳片未能有效连接，碳纳米片倾向于相互堆积，阻碍了

气体的逸出，最终导致孔径减小。众所周知，微孔在双电层形成过程中起着至关重要的作用，能够显著提升比电容。0.67nm 的微孔尺寸与文献中报道的工作离子直径高度吻合（例如，约 0.69nm[12]、约 0.70nm[13] 和约 0.68nm[14]），进一步验证了其有效性。尽管 $CNS/CF_{0.15}$ 在所有样品中不具有最高的比表面积（$1068.0m^2/g$），如表 5-1 所列，但高比例的微孔比表面积（71.8%）与适宜的孔径（0.67nm）相结合，不仅确保了充足的活性位点以支持离子存储，还提供了高效的离子传输通道，从而优化了离子的快速迁移性能。

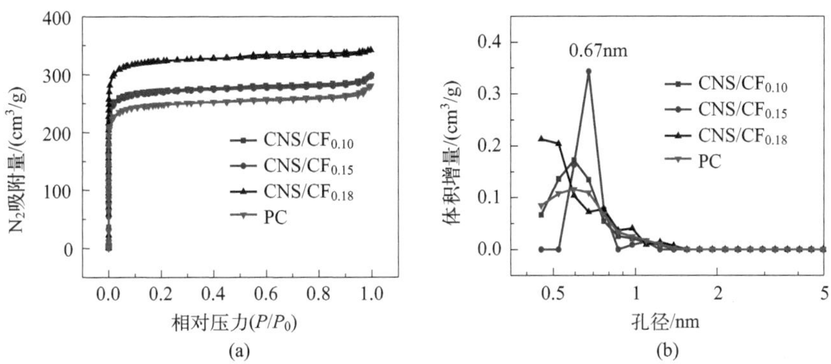

图 5-4　各样品的氮气吸附 / 脱附曲线（a）和孔径分布曲线（b）

表 5-1　CNS/CF_x 和 PC 的孔结构参数

样品	S_{BET} /（m^2/g）	S_{mic} /（m^2/g）	V_{mic} /（cm^3/g）	V_{total} /（cm^3/g）
$CNS/CF_{0.10}$	1083.0	772.8	0.42	0.46
$CNS/CF_{0.15}$	1068.0	766.8	0.42	0.46
$CNS/CF_{0.18}$	1281.0	922.1	0.51	0.53
PC	978.3	703.5	0.39	0.43

5.1.5　X 射线衍射和拉曼光谱分析

采用 XRD 和拉曼光谱分析碳材料的微观形貌和结构。如图 5-5（a）所示，所有样品的 XRD 图均显示有两处衍射峰，位于 26.4° 处和 43° 处，分别对应石墨碳的（002）晶面和（100）晶面。碳材料的（002）峰强度较高，表明石墨化程度高，并且在 $2\theta<10°$ 范围内的衍射峰峰强度大幅增加，表明所得碳材料中微孔含量较高。这些结果表明了 $K_3[Fe(C_2O_4)_3]$ 的同步石墨化和活化作用。在图 5-5（b）的拉曼光谱中，可以观察到典型的 D 带（约 $1375cm^{-1}$ 处）和 G 带（约 $1620cm^{-1}$ 处），其分别对应碳的 sp^3 无序结构和 sp^2 杂化石墨碳结构。G 带和 D 带的强度比（I_G/I_D）可以反映碳结构的有序性。$CNS/CF_{0.10}$、$CNS/CF_{0.15}$、$CNS/CF_{0.18}$ 和 PC 的 I_G/I_D 值分别为 1.01、1.05、1.05 和 1.02，表明所获得的碳材料具有部分石墨化特征，结构中含有一定的无序和缺陷。碳材料中有序石墨化碳和无序无定形碳的共存有利于提高电子 / 离子的快速传输，增强材料的润湿性，并提供丰富的离子储存活性位点。

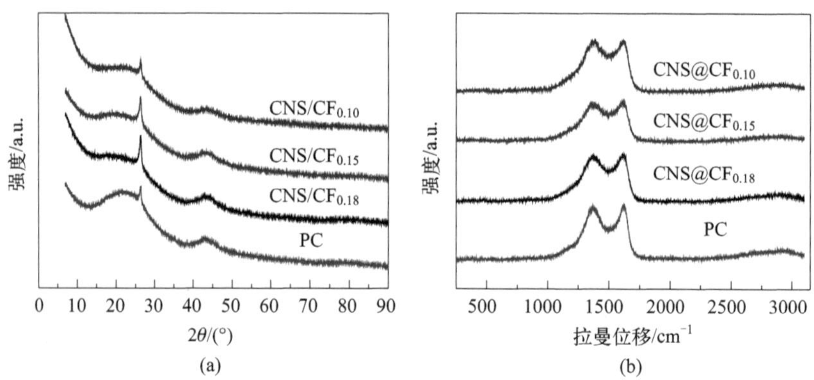

图 5-5 各样品的 XRD 曲线（a）和拉曼曲线（b）

5.1.6 X 射线光电子能谱分析

图 5-6（a）中 XPS 光谱显示，$CNS/CF_{0.15}$ 主要由 C 元素［88.83%（原子百分数）］和 O 元素［8.22%（原子百分数）］组成，其中 N［2.95%（原子百分数）］来自三聚氰胺海绵。图 5-6（b）中 C 1s 光谱可以拟合成 C sp^2（284.5eV）、C sp^3（285.0eV）、C—O（286.1eV）和 C═O（289.2eV）四个峰。其中 C sp^2 与 C sp^3 的含量比为 1.03 ∶ 1。在图 5-6（c）中，O 1s 的高分辨率光谱主要拟合为四个峰，其峰值分别在 531.6eV、532.7eV、533.6eV 和 534.0eV，这 4 个峰对应 4 种不同类型的含氧官能团，分别为 C═O、C—OH、C—O—C

和 O═C—OH。含氧官能团的存在可以显著改善样品的润湿性。如图 5-7 所示，$CNS/CF_{0.10}$、$CNS/CF_{0.15}$ 和 $CNS/CF_{0.18}$ 的水接触角分别为 92.9°、89.8° 和 86.8°，小于活性炭的接触角（139°）。良好的润湿性能有效促进电解液离子渗透并充分接触电极内部活性表面，从而显著提升电极的电容性能。

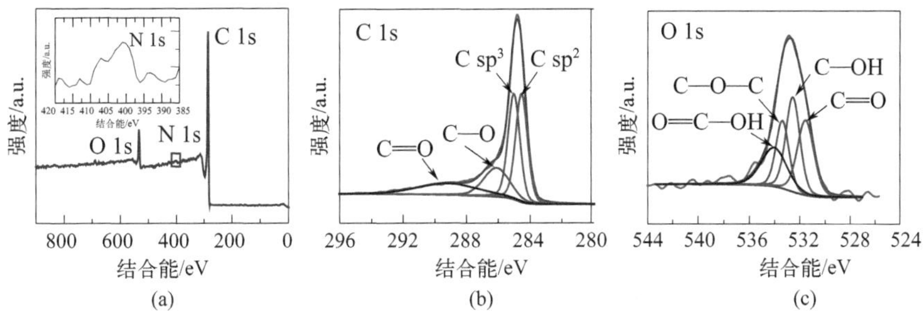

图 5-6　$CNS/CF_{0.15}$ 的 XPS 谱图（a）、C 1s XPS 谱图（b）和 O 1s XPS 谱图（c）

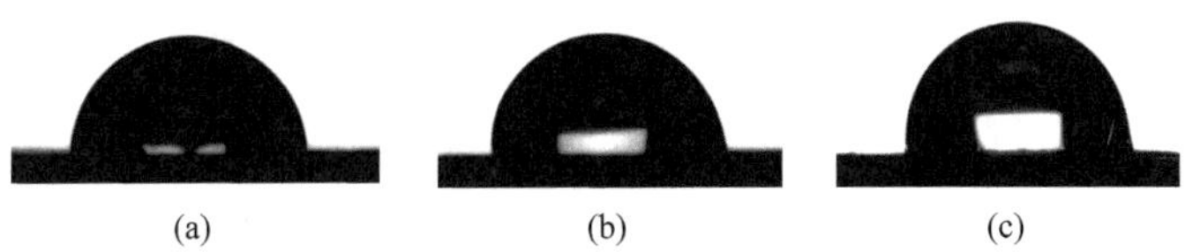

图 5-7　各样品的水接触角

（a）$CNS/CF_{0.10}$；（b）$CNS/CF_{0.15}$；（c）$CNS/CF_{0.18}$

5.1.7　超级电容器电化学性能分析

采用三电极测试系统研究 CNS/CF_x 电极在 6mol/L KOH 电解液中的电化学性能。图 5-8（a）显示了 CNS/CF_x 和 PC 电极在 10mV/s 扫描速率下的 CV 曲线。所有的 CV 曲线都呈现矩形形状，且具有弱峰，表明双电层电容和赝电容共存。赝电容的产生可能是由于含氧官能团发生的反应，如式（5-1）～式（5-3）[15, 16] 所示：

$$—C—OH \rightleftharpoons —C═O+H^{+}+e^{-} \tag{5-1}$$

$$—C═O+e^{-} \rightleftharpoons —C—O^{-} \tag{5-2}$$

$$—COOH \rightleftharpoons —COO^{-}+H^{+}+e^{-} \tag{5-3}$$

此外，$CNS/CF_{0.15}$ 显示出最大的 CV 曲线面积，即在所有电极中具有最高的比电容，尽管它的 S_{BET} 并不是最高的。$CNS/CF_{0.15}$ 的高比电容表明，在某些情况下，适当的微孔尺寸比 S_{BET} 更有利于形成双电层。曾有实验表明，在水系电解液中，电极材料中约 0.7nm 的孔径对于双电层的形成更为有效。$CNS/CF_{0.15}$ 的孔径约为 0.67nm，该值约为 KOH 电解液中离子尺寸的 2 倍（溶剂化 K^+：0.33nm，溶剂化 OH^-：0.30nm）[17]。也就是说，每个孔中可容纳多个离子，并且离子可以被吸附在相邻的孔壁上[18]。相比之下，$CNS/CF_{0.18}$ 虽然拥有最高的比表面积，但由于其孔径（约 0.45nm）小于溶剂化离子直径的 2 倍，导致并非所有孔隙都能被离子占据，从而降低了可用于双电层形成的有效表面积。因此，由于微孔尺寸较小，$CNS/CF_{0.18}$ 的超高比表面积未能得到充分利用，使得孔内的电荷储存效率低。

图 5-8（b）为不同扫描速率下 $CNS/CF_{0.15}$ 的 CV 曲线，在 100mV/s 的较高扫描速率下，CV 曲线仍保持良好的矩形特征，其形状仅发生轻微变化，充分证实了该材料具有优异的电容特性，这主要得益于其快速的离子 / 电子转移动力学。图 5-8（c）显示了在电流密度为 1A/g 时，所有样品的 GCD 曲线都表现出理想的三角形形状。在所有电极中，PC 的放电时间最短，表明其存储电荷的能力差。CNS/CF_x 相较于 PC 展现出明显增加的比电容，这主要得益于其独特的多孔纳米片结构特征。相同电流密度下，$CNS/CF_{0.15}$ 具有最长的放电时间，同时在不同电流密度下，其 GCD 曲线呈现出良好的线性和对称性特征［图 5-8（d）］，表明该材料具有优良的倍率性能。此外，在高电流密度下仅观察到微小的电压降，这主要归因于在材料内部网络中离子的快速迁移能力和质量传输的低阻力特性。

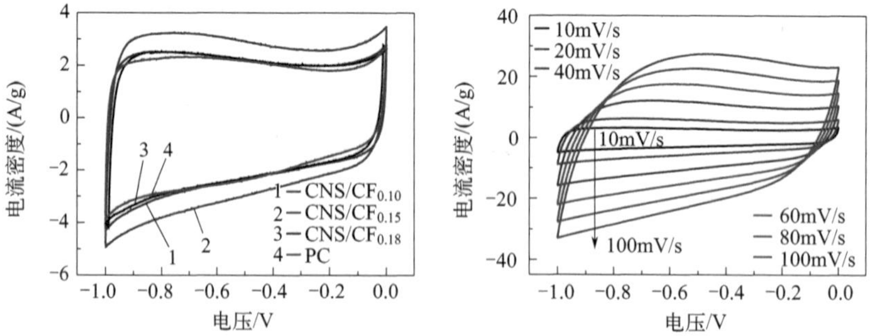

(a)　(b)

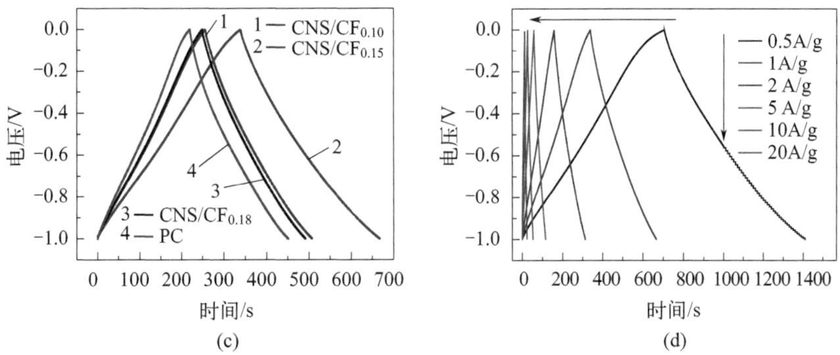

图 5-8　三电极系统下不同电极在 6mol/L KOH 电解液中的电化学性能

（a）各电极在 10mV/s 下的循环伏安曲线；（b）$CNS/CF_{0.15}$ 在不同扫描速率下的循环伏安曲线；（c）各电极在 1A/g 下的计时电位曲线；（d）$CNS/CF_{0.15}$ 在不同电流密度下的计时电位曲线

图 5-9（a）是各电极在不同电流密度下的比电容。其中，$CNS/CF_{0.15}$ 电极在 0.5A/g 的比电容达到 354.7F/g，优于 $CNS/CF_{0.10}$（270.1F/g）、$CNS/CF_{0.18}$（259.2F/g）和 PC（258.6F/g）。此外，在 30A/g 的高电流密度下，$CNS/CF_{0.15}$ 的电容仍保持 253.3F/g，几乎是 0.5A/g 时比电容的 71.4%。$CNS/CF_{0.15}$ 优异的倍率性能得益于其三维多孔石墨烯碳纳米片，具有快速的离子 / 电子传输和高效的电荷储存特性。图 5-9（b）展示了 $CNS/CF_{0.15}$ 在 3A/g 电流密度下循环 10000 圈后电容保持率为 96.8%，同时库仑效率高达 99.6%。$CNS/CF_{0.15}$ 优异的循环稳定性和库仑效率主要源于其独特的结构特征，即多孔石墨烯碳纳米片均匀分布在纤维网络框架上。这种结构具有以下优势：

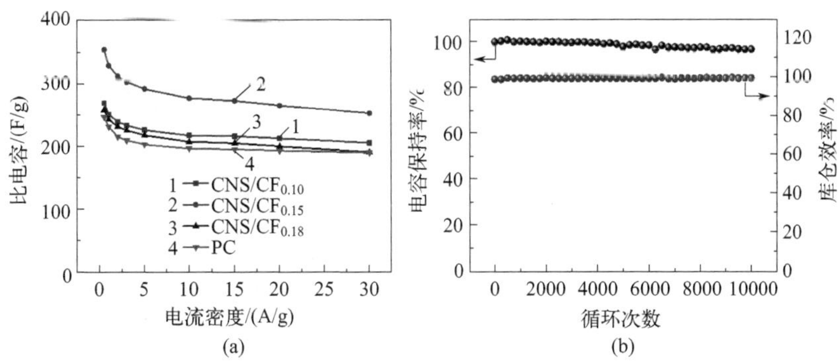

图 5-9　三电极系统下各电极在 6mol/L KOH 电解液中不同电流密度下的比电容（a）及 $CNS/CF_{0.15}$ 在电流密度为 3A/g 时循环 10000 次的循环曲线和库仑效率曲线（b）

① 纤维骨架与纳米片之间的空隙可有效缓冲材料在充放电过程中的体积变化；

② 连续的导电网络确保了电子 / 离子的稳定传输；

③ 分级多孔结构提供了丰富的离子传输通道。

$CNS/CF_{0.15}$ 表现出较高的比电容和优异的循环稳定性，这些性能与已报道的葡萄糖衍生碳材料如氮掺杂多孔石墨烯碳、多孔碳、氮掺杂活性炭纳米片以及其他采用不同的催化剂或模板生物质衍生的片状碳材料性能相当，甚至更优。与传统的平行堆叠的二维碳纳米片相比，$CNS/CF_{0.15}$ 的三维多孔石墨烯碳纳米片为电化学储能提供额外的结构优势（图 5-10）。首先，其多孔纳米片结构有效抑制了材料的堆叠和聚集现象，不仅显著增加了与电解液接触的有效比表面积，还提供了丰富的电化学活性位点，从而提升了电荷存储能力。其次，纳米片表面均匀分布的孔隙结构为离子传输提供了垂直方向的快速通道，显著缩短了离子扩散路径，避免了传统材料中离子需要绕行至边缘或接点处的情况。再次，材料内部的三维开放结构不仅为离子提供了充足的缓冲空间，还能有效适应充放电过程中的体积变化，确保结构稳定性。最后，碳化碳纤维作为导电桥梁，将离散的纳米片相互连接，构建了连续的导电网络，显著提升了电子传输效率。

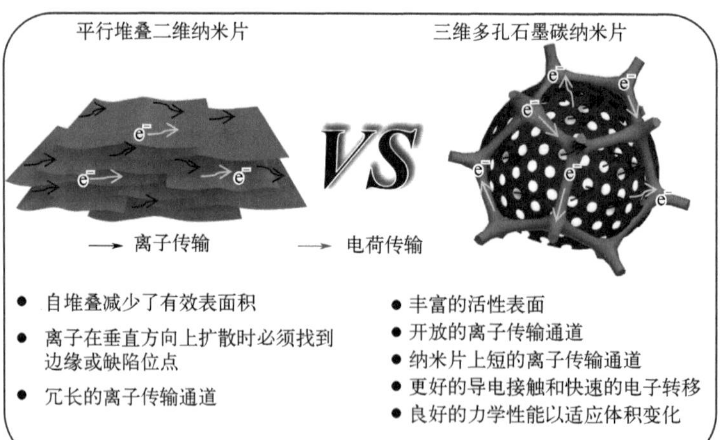

图 5-10　三维支撑的多孔石墨化碳纳米片相对于传统碳纳米片的结构优势

综上所述，本节开发了一种简单有效的方法来合成具有由 3D 纤维网络紧密连接和支撑的多孔石墨碳纳米片的 3D 网络碳材料。这种独特的碳结构是在活化石墨化剂 $K_3[Fe(C_2O_4)_3]$ 的辅助下，通过葡萄糖和支撑骨架三聚氰胺海绵的一步碳化实现的。所制备的 $CNS/CF_{0.15}$ 不仅避免了纳米片的重新堆叠和聚集，而且具有纤维桥连接每片自由的纳米片，确保了整个结构的更好的导电接触。更重要的是，碳纳米片中有大量的微孔，为离子传输提供了捷径，并为能量存储提供了丰富的活性位点。这种独特结构使得 $CNS/CF_{0.15}$ 在电化学性能方面表现出色，在 0.5A/g 下具有 354.7F/g 的高比电容，在 30A/g 下具有 71.4% 的电容保持率的优异倍率性能，并且在 10000 次循环后具有 96.8% 的出色循环稳定性。该研究为开发高性能自支撑多孔石墨碳纳米片提供了一个全新的思路。同时，也强调了碳纳米片的微孔以及片层结构间导电连通的重要性。

5.2　葡萄糖 / 纤维素衍生多孔石墨化碳纳米片的制备及性能分析

纤维素具有一维结构，是由可再生生物质如木材、棉花等制成的 [19]，因此具有广泛性、可降解性和环境友好性。天然纤维可以吸收水、无机盐和营养物质，因此，纤维素中的孔隙有利于充放电过程中的离子传输 [20]。同许多其他生物质衍生碳类似，纤维素的比表面积小、电导率差，是直接用于储能材料的主要瓶颈 [21]。多年来，人们一直致力于优化纤维素衍生碳材料的性能。例如，Hu 等 [22] 和 Luo 等 [23] 将纤维素通过在 H_2 和 Ar 的混合气体或 NH_3 气氛下碳化来增加碳材料的孔结构和比表面积，但是纤维素光滑的表面仍不利于电荷的积累。葡萄糖是一种生物质衍生物，广泛地应用于日常生活中。有文献报道，葡萄糖在发泡剂的作用下通过碳化反应能转化为碳纳米片 [24]。

基于上述考虑，本节设计了一种新颖的“蘑菇 - 树干”状多孔碳，以纤维素和葡萄糖为碳前驱体，$K_3[Fe(C_2O_4)_3]$ 为催化剂。由于 $K_3[Fe(C_2O_4)_3]$ 在高温下会分解产生 $K_2C_2O_4$ 和含铁化合物，可以分别充当活化剂和石墨化剂，从而实现同步活化和石墨化。选用滤纸作为纤维素的来源，这是由于滤纸具有强吸水能力，可以使葡萄糖和 $K_3[Fe(C_2O_4)_3]$ 的混合溶液均匀地吸附并扩散到纤维素骨架中。通过碳化，葡萄糖衍生的片状碳材料均匀地生长在纤维素上，并且碳骨架内产生大量孔隙，得到的 CS@CF-KFe 具有高的比表面积 1515.6m^2/g、大量的微孔以及良好的导电性。此外，CS@CF-KFe 还兼具碳纤维快速导电的特征以及互连多孔碳片开放的离子扩散通道，这些优点使得 CS@CF-KFe 具有良好的电化学储能特性和循环稳定性。

5.2.1 样品制备

滤纸剪成碎片后置于 3mol/L 的 H_2SO_4 溶液中，并放在 80℃水浴中搅拌 2h，直至滤纸变成糊状，纸浆过滤并将滤渣用蒸馏水洗涤至中性，干燥，得到较短的纤维素。将纤维素与葡萄糖一起放入 30mL 的 $K_3[Fe(C_2O_4)_3]$ 溶液中。其中，纤维素、葡萄糖、$K_3[Fe(C_2O_4)_3]\cdot H_2O$ 的质量比为 1∶1∶1。搅拌状态下，在 60℃水浴条件下蒸发掉混合物中的水分，随后在 80℃的烘箱中干燥。将干燥后的固体放在管式定碳炉中，在氮气气氛下，以 5℃ /min 的升温速率在 750℃条件下碳化 2h。自然冷却至室温后，将得到的黑色固体用 2mol/L 的 HCl 溶液洗涤，再用去离子水冲洗至滤液的 pH 达到中性，随后在 80℃的烘箱中干燥。得到的最终产物命名为 CF@CS-KFe。图 5-11 描述了样品 CS@CF-KFe 的制备流程。纤维素和葡萄糖分子中含有大量的羟基，因此，由于分子间氢键的作用，葡萄糖溶液可以均匀地附着在纤维素表面。$K_3[Fe(C_2O_4)_3]$ 溶液也很容易渗透到纤维素的内部孔隙中。在碳化过程中，纤维素和葡萄糖会与 $K_3[Fe(C_2O_4)_3]$ 发生反应，生成一种多孔石墨化的“蘑菇 - 树干”状碳材料。

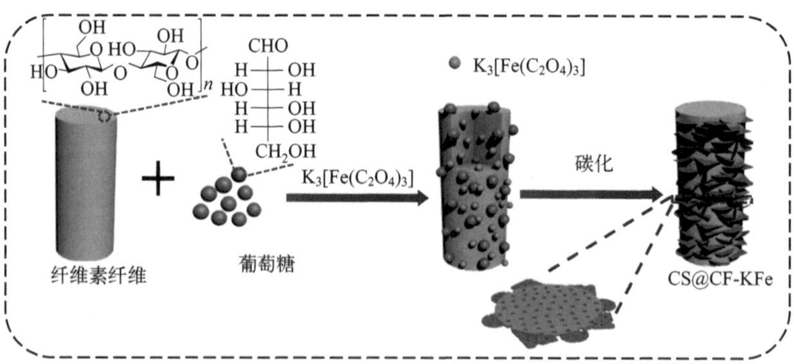

图 5-11 CS@CF-KFe 的制备流程图

为了进行对比，将纤维素和葡萄糖单独浸渍于 $K_3[Fe(C_2O_4)_3]$ 溶液中，在相同的条件下干燥、碳化、洗涤，得到的样品分别命名为 CF-KFe 和 CS-KFe。同时，为了研究 $K_3[Fe(C_2O_4)_3]\cdot H_2O$ 催化剂对碳材料结构的影响，将 $K_2C_2O_4$ 代替 $K_3[Fe(C_2O_4)_3]\cdot H_2O$ 制备得到的样品命名为 CF@CS-K。

5.2.2　形貌和结构分析

纤维素是滤纸的主要组成部分。图 5-12（a）显示了滤纸中纤维素的微观结构，可以看出滤纸是由直径介于 7 ～ 49μm 的表面光滑的相互交错的纤维素组成的。图 5-12（b）为纤维素与 $K_3[Fe(C_2O_4)_3]$ 共碳化后得到的样品 CF-KFe，可以看出，纤维素的表面变得粗糙，这是由于在碳化过程中与 $K_3[Fe(C_2O_4)_3]$ 发生反应。

从 CS@CF-KFe 的 SEM 图［图 5-12（c）］中可以观察到，大量的碳片沿着纤维素均匀而连续地排列着，开放的大孔结构提供了丰富的比表面积，纤维素相当于碳片之间的连接桥梁，接通了碳片之间的导电网络。图 5-12（d）为高倍率放大条件下 CS@CF-KFe 的 SEM 图，可以看出相邻的薄片之间存在缝隙，使得碳片具有足够的表面积可以接触电解液离子。这种薄片结构也有利于缩短离子的运输距离[25]。当没有纤维素作支撑时，如图 5-12（e）所示，CS-KFe 由堆叠的碳片组成，只有在边缘部位可以看到少量的薄碳片。因此纤维素可以有效地避免碳片的堆叠。图 5-12（f）显示了以 $K_2C_2O_4$ 为催化剂得到的 CS@CF-K 的形貌，不同于 CS@CF-KFe 中相互交联的碳片，CS@CF-K 中的碳层更像是包裹在纤维素表面，没有明显的大孔结构。

CS@CF-KFe 的微观结构通过 TEM 进一步观察。图 5-13（a）显示了相互堆叠的少量层数的碳纳米片，并且在其表面随机分布着介孔结构。高倍率下的放大图［图 5-13（b）］显示了样品中含有大量的相互连接的微孔结构[26]，能为电荷储存提供丰富的比表面积。在图 5-13（c）的条纹区，晶格间距大约为 0.34nm，与石墨的（002）平面相吻合，表明样品中含有石墨化结构，有利于电子的传输。TEM 结果表明，CS@CF-KFe 上的碳纳米片具有多孔石墨化结构。

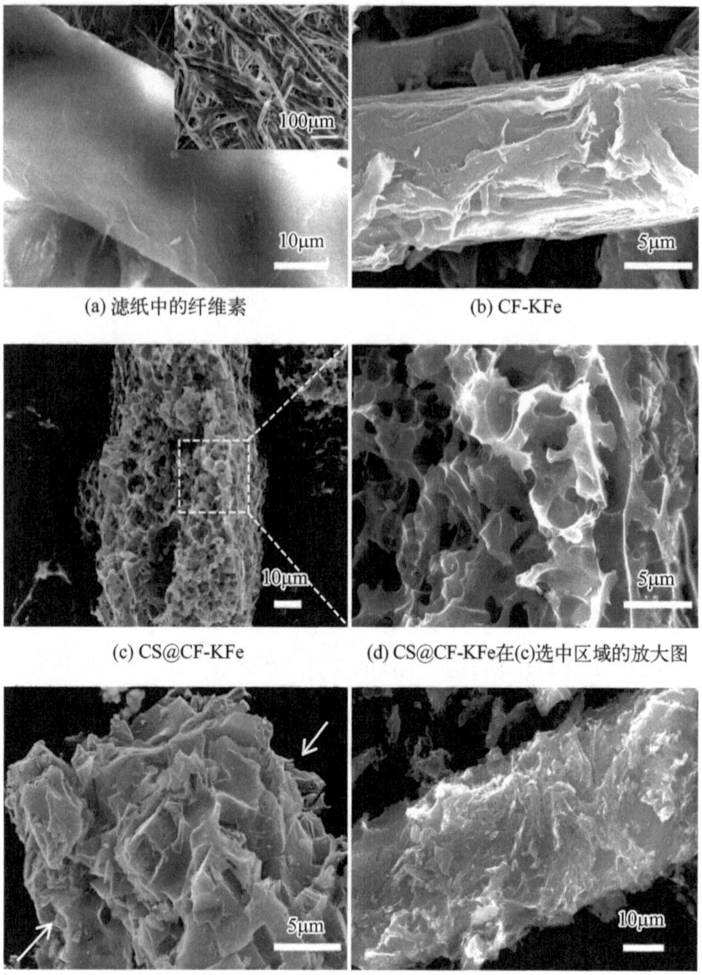

(a) 滤纸中的纤维素　(b) CF-KFe　(c) CS@CF-KFe　(d) CS@CF-KFe在(c)选中区域的放大图　(e) CS-KFe　(f) CS@CF-K

图 5-12　不同样品的 SEM 图

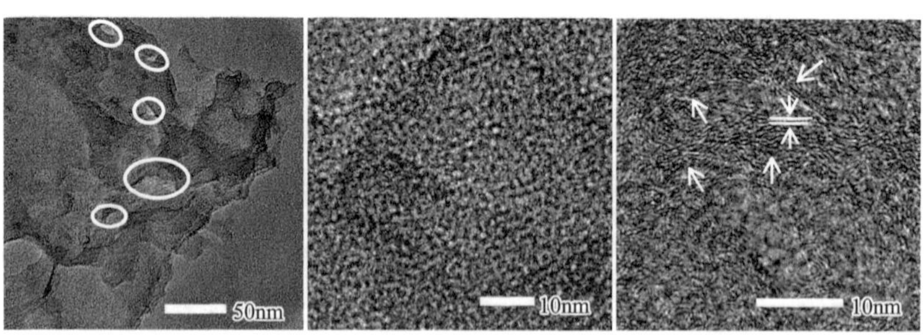

(a)　(b)　(c)

图 5-13　CS@CF-KFe 在不同放大倍率下的 TEM 图

5.2.3　比表面积和孔结构分析

样品的比表面积和孔径分布通过氮气吸附 / 脱附等温线测试得到。如图 5-14（a）所示，CS@CF-KFe 和 CF-KFe 表现出Ⅳ型等温吸附 / 脱附曲线，并且在相对压力 P/P_0=0.45 ～ 0.80 的区域内出现了滞后环，说明样品中同时存在微孔和介孔。CS-KFe 和 CS@CF-K 的吸附、脱附曲线几乎完全重合，说明这两个样品的等温线呈现Ⅰ型的微孔结构。不同于 CS@CF-K，CS@CF-KFe 的等温线在相对高压区（P/P_0=0.90 ～ 1.0）略有上升趋势，表明样品中存在大孔结构。在碳化过程中，$K_3[Fe(C_2O_4)_3]$ 会发生分解反应产生 $K_2C_2O_4$，而 $K_2C_2O_4$ 可以作为活化剂促进孔结构的生成。样品的孔径分布图［图 5-14（b）］表明，在四种样品中主要分布的孔为微孔，而微孔是储存电荷的主要孔隙[27]。CS@CF-KFe 的孔径主要集中在 0.68nm 左右，与文献报道的最佳离子可达亚纳米孔的大小一致，例如 0.68nm[28]、0.70nm[12] 和 0.69nm[29]。

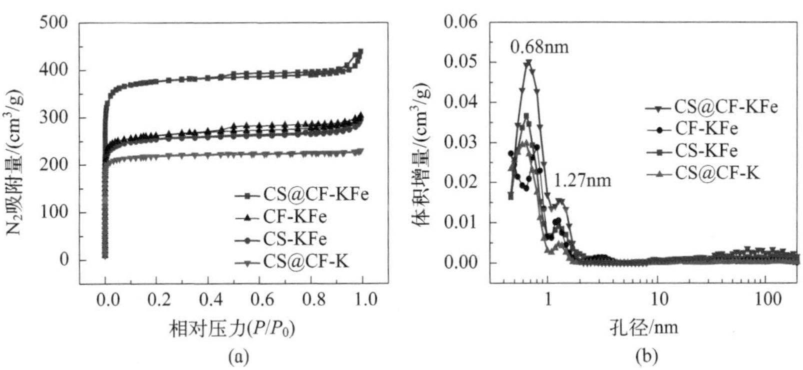

图 5-14　各样品的氮气吸附 / 脱附曲线（a）和孔径分布曲线（b）

各碳材料详细的孔性结构参数列于表 5-2。CS@CF-KFe 具有最大的比表面积（S_{BET}=1515.6m^2/g）和孔体积（V_{total}=0.56cm^3/g），这明显高于 CS@CF-K（S_{BET}=890.8m^2/g，V_{total}=0.29cm^3/g）。CS@CF-KFe 相对较大的 S_{BET} 和 V_{total} 可能归因于 Fe 的模板作用和活化作用。从表 5-2 可以看出，CS@CF-KFe 中微孔的比表面积（S_{mic}=1388.5m^2/g）占总比表面积的 91.6%。大的比表面积以及高密度的微孔为电解液离子提供了丰富的吸附活性位点，使得 CS@CF-KFe 成为应用于超级电容器的理想电极材料。

表 5-2　不同碳材料的孔性特征参数

样品	S_{BET} /(m^2/g)	S_{mic} /(m^2/g)	V_{mic} /(cm^3/g)	V_{total} /(cm^3/g)	D_{ap} /nm
CS@CF-KFe	1515.6	1388.5	0.53	0.56	1.79
CF-KFe	1053.0	937.0	0.35	0.36	1.78
CS-KFe	1012.4	910.9	0.35	0.37	1.81
CS@CF-K	890.8	829.4	0.31	0.36	1.60

5.2.4　X 射线衍射和拉曼光谱分析

用 XRD 对样品的晶形结构进行表征分析。从图 5-15（a）可以看出样品均呈现较宽的非晶态碳骨架衍射峰（$2\theta \approx 20° \sim 30°$）。与 CS@CF-K 不同的是，CS@CF-KFe 在 2θ=26.39° 处出现了一个尖峰，这是石墨碳（JCPDS No. 41-1487）（002）晶面的衍射峰，证实了 CS@CF-KFe 石墨化程度的提高，表明 $K_3[Fe(C_2O_4)_3]$ 能促进石墨化结构的形成。此外，在 CS@CF-KFe 的低角衍射区峰强度偏高，表明样品中含有高密度的微孔。

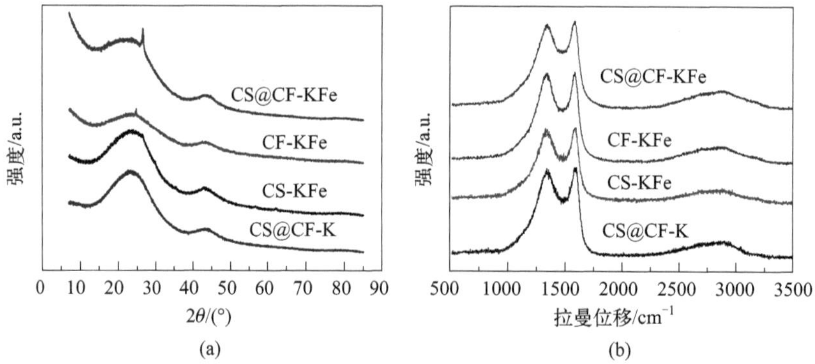

图 5-15　CS@CF-KFe、CF-KFe、CS-KFe 和 CS@CF-K 的 XRD 曲线（a）和拉曼曲线（b）

图 5-15（b）为样品的拉曼光谱图，所有的样品在 $1335cm^{-1}$ 和 $1585cm^{-1}$ 处都有两个峰，分别对应无定型碳的 D 峰和石墨化碳的 G 峰。G 峰和 D 峰的

强度比 I_G/I_D 可以反映出碳材料的石墨化度。样品 CS@CF-KFe、CF-KFe、CS-KFe 和 CS@CF-K 的 I_G/I_D 值分别为 1.04、1.01、1.02 和 0.99。CS@CF-KFe 的 I_G/I_D 值比 CS@CF-K 的稍大一点，表明其部分石墨化特征。结构的缺陷能够增加碳材料的活性位点和比表面积，有利于提高 CS@CF-KFe 的电化学性能[30]。结合氮气吸附 / 脱附、XRD、拉曼光谱的分析结果，可以发现使用 $K_3[Fe(C_2O_4)_3]$ 作为催化剂能够通过一步碳化反应实现同步活化和石墨化效果，简化了制备多孔石墨化碳材料的制备工艺流程。

5.2.5 X 射线光电子能谱分析

XPS 用来分析样品的元素组成和表面官能团。从图 5-16（a）样品的 XPS 全谱图中可以看出，CS@CF-KFe 中 C 1s 为主要元素，位于 285.1eV 处，在结合能为 533.1eV 处有一个小峰为 O 1s 峰，此外没有其他杂原子的吸收峰。CS@CF-KFe 中氧原子的含量为 8.29%，主要来源于碳前驱体中丰富的氧元素。含氧官能团的存在能够增加电极材料的表面润湿性，有利于双电层的形成。C 1s 的高分辨 XPS 谱图［图 5-16（b）］通过去卷积分峰处理可以分为四个峰，分别位于 284.5eV（C sp^2）、285.0eV（C sp^3）、286.1eV（C—O）和 288.6eV（C═O）。C sp^2 峰和 C sp^3 峰所占面积的比例为 0.95 ∶ 1，表明接近 1/2 的碳原子以六方晶格的形式存在。图 5-16（c）中 O 1s 的 XPS 谱图可以分为四个峰，分别为 C═O（531.5eV）、C—OH（532.4eV）、C—O—C（533.4eV）和 O═C—OH（534.0eV）。

5.2.6 超级电容器电化学性能分析

采用三电极体系对样品在 6mol/L 的 KOH 电解液中进行电化学性能测试。图 5-17（a）显示了在扫描速率为 10mV/s 时，CS@CF-KFe、CF-KFe、CS-KFe 和 CS@CF-K 的循环伏安曲线。CS@CF-KFe 显示出最大的循环伏安曲线面积，说明其具有最高的电容量。可以看出循环伏安曲线有稍微偏离矩形形状，是由于一些不规则的孔以及孔隙很窄的微孔限制了离子的迁移和吸附[31]。类似的现象也可以在许多碳材料中观察到[32, 33]。图 5-17（b）给出了 CS@CF-KFe 在扫描速率为 10 ～ 100mV/s 时的循环伏安曲线。在较高的扫描速率下曲线仍然接近矩形形状，表明了离子和电荷具有快速转移和传播的能力。在 KOH 电解液中，溶剂化的阳离子（K^+）和阴离子（OH^-）的离子大小分别为 0.33nm 和 0.30nm[34]。因此，电极材料中孔径为 0.68nm 的微孔是可以作为电解液离子扩散的通道，并且在储存电荷过程中不会因为孔径太大而“浪费空间”[35]。电极材料的孔径或接近溶剂化离子的大小或接近溶剂化离子尺寸的 2 倍，有利于双电层的形成。

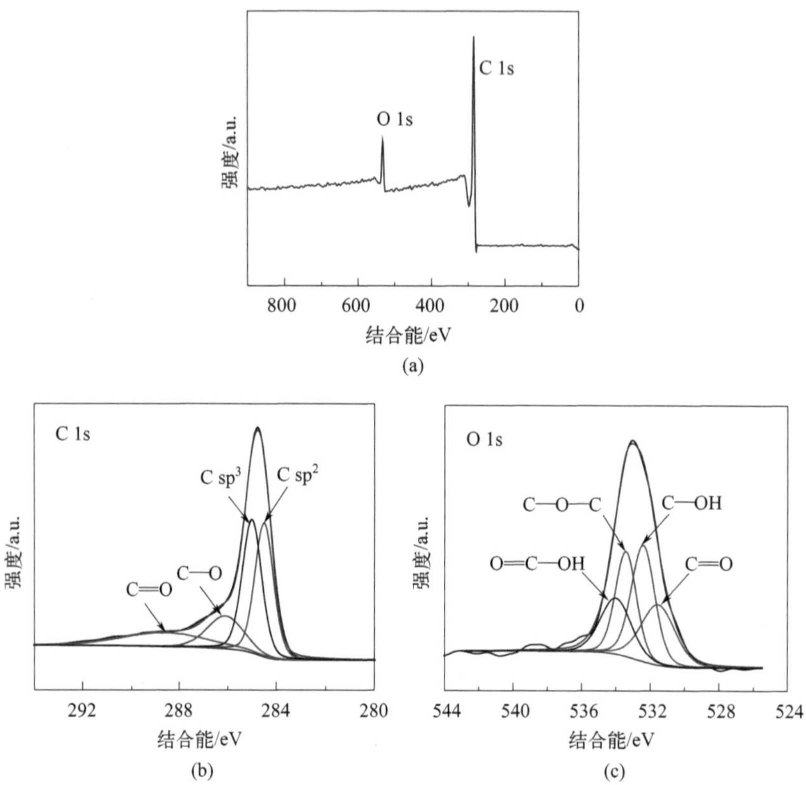

图 5-16　CS@CF-KFe 的 XPS 谱图（a）、C 1s XPS 谱图（b）和 O 1s XPS 谱图（c）

为了进一步比较不同样品的电化学性能，对样品进行恒电流充放电测试。如图 5-17（c）所示，在相同电流密度下，CS@CF-KFe 的放电时间明显长于其他样品，进一步证明了 CS@CF-KFe 具有较好的电容行为，这与循环伏安测试结果相一致。CS@CF-KFe 的计时电位曲线［图 5-17（d）］在不同电流密度下都呈现线性和对称的三角形形状，证实了其典型的双电层储能机理。此外，在放电开始时没有观察到明显的电压降，说明电极具有极低的内阻和优良的充放电性能。

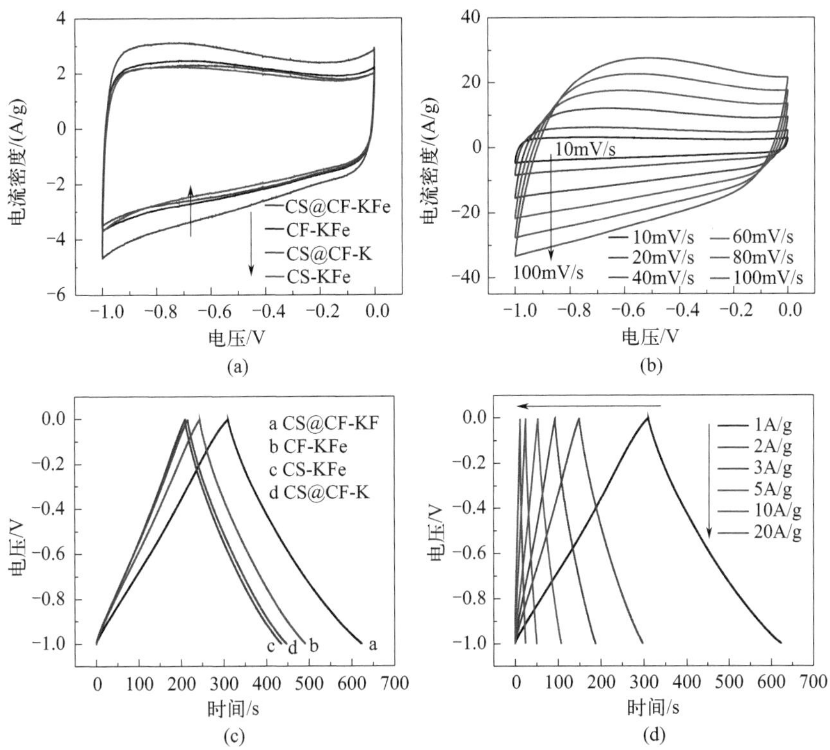

图 5-17　三电极系统下不同电极在 6mol/L KOH 电解液中的电化学性能

（a）各电极在 10mV/s 下的循环伏安曲线；（b）CS@CF-KFe 在不同扫描速率下的循环伏安曲线；（c）各电极在 1A/g 下的计时电位曲线；（d）CS@CF-KFe 在不同电流密度下的计时电位曲线

图 5-18（a）给出了不同电流密度下电极的比电容。可以看出，CS@CF-KFe 在各电流密度下都表现出最高的电容，尤其在电流密度为 1A/g 时，比电容达到 313.0F/g，远高于 CF-KFe（247.9F/g）、CS-KFe（225.6F/g）和 CS@CF-K（231.7F/g）的比电容。此外，从图 5-18（a）还可以看出各电极的比电容随着电流密度的增加呈现下降趋势，这是由于在较高电流密度下离子扩散所需的时间不足，电解液离子只能进入到部分孔隙。当电流密度高达 30A/g 时，CS@CF-KFe 的比电容达到 240.5F/g，相当于当电流密度从 1A/g 增加到 30A/g 时，有 76.8% 的电容保持率，因此 CS@CF-KFe 具有较高的电容和良好的倍率性能。这归因于其独特的结构：一维的纤维结构和部分石墨化碳加速了电子传输；相

互连接的多孔碳片提供了丰富的活性位点和离子通道。此外，电极材料的孔径分布对电荷储存也起着重要的作用。CS@CF-KFe 在 0.5 ～ 1nm 范围内具有最大的孔隙密度。这些微孔孔径大于 KOH 电解液中的溶剂化离子尺寸，能够提供丰富的有效活性位点。

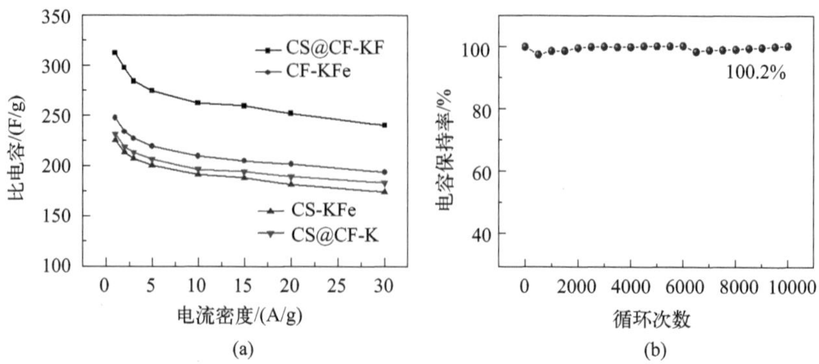

图 5-18　各电极在不同电流密度下的比电容（a）和 CS@CF-KFe 在 100mV/s 循环 10000 次的循环寿命曲线（b）

CS@CF-KFe 电极的循环稳定性通过在 100mV/s 的扫描速率下循环 10000 次测得，如图 5-18（b）所示。从图中可以看出，在最初的 500 次循环中，电容略有下降，下降约 2.4%。随后在连续循环 10000 次后，电容保持在初始电容的 100.2%，说明其良好的循环稳定性。CS@CF-KFe 电极循环 500 次后比电容增加，可能是由于电解液离子持续扩散到微孔中提高了孔的润湿性，并且对内部电极材料进行了原位活化作用[36, 37]，增加了其有效利用面积。CS@CF-KFe 良好的循环稳定性可以归因于 CS@CF-KFe 独特的结构，从而保证了离子和电子在电极表面稳定而持续的传输。

三电极电化学测试结果表明，在四种电极材料中，CS@CF-KFe 具有最佳的电化学性能，因此我们组装了 CS@CF-KFe//CS@CF-KFe 对称超级电容器，进一步研究其在两电极体系中的应用。图 5-19（a）和图 5-19（b）为 CS@CF-KFe//CS@CF-KFe 在 6mol/L 的 KOH 电解液中，不同扫描速率下的循环伏安曲线。当扫描速率从 10mV/s 增加到 200mV/s 时，循环伏安曲线所围成的矩形形状仅有微小的偏离，这表明 CS@CF-KFe 在高扫描速率下具有快速的电子和离子传输能力。图 5-19（c）显示了计时电位曲线具有良好的线性和对称性形状。在 10A/g 的高电流密度下，电压降仅为 0.11V，说明其内阻较低。单电极的比电容依据式（3-5）计算得到，当电流密度为 0.5A/g 时，CS@CF-KFe//CS@CF-KFe 的比电容为 249.0F/g；当电流密度高达 20A/g 时，比电容仍保持在 189.9F/g。

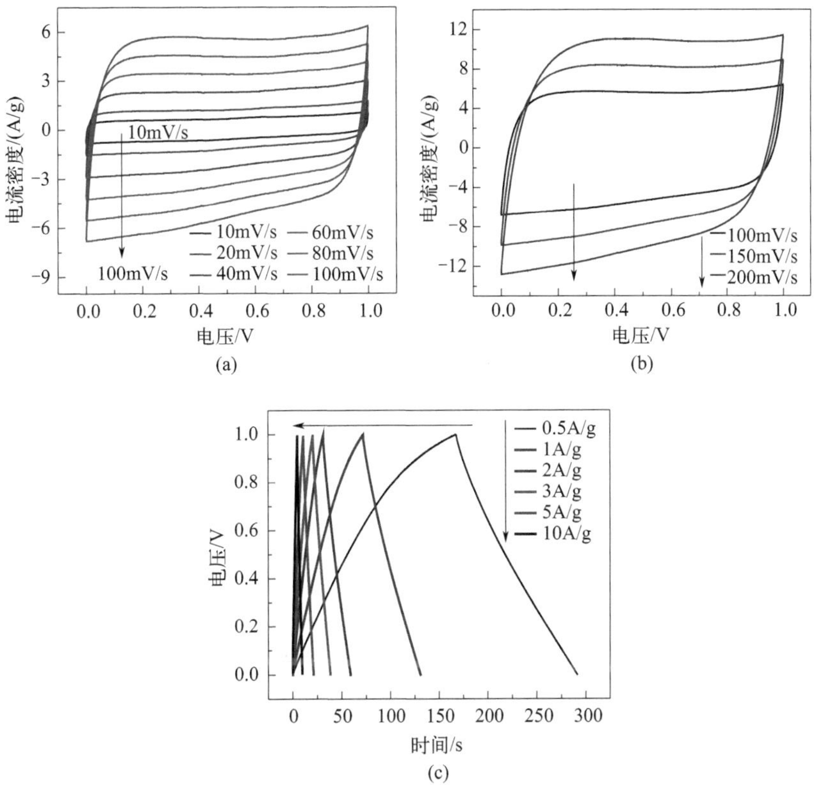

图 5-19　对称超级电容器 CS@CF-KFe//CS@CF-KFe 在 6mol/L KOH 电解液中的电化学性能

（a）（b）在不同电流密度下的循环伏安曲线；（c）不同电流密度下的计时电位曲线

CS@CF-KFe//CS@CF-KFe 对称超级电容器的性能进一步在 1mol/L Na_2SO_4 电解液中测试。由于中性电解液具有低浓度的 H^+ 和 OH^-，因此相比于 KOH 电解液，Na_2SO_4 电解液可以提供更宽的工作电压。图 5-20（a）是在扫描速率为 40mV/s 时，CS@CF-KFe//CS@CF-KFe 在不同电压窗口下的循环伏安曲线。当电压窗口为 0～2V 时，阳极电流明显增加，这是由于水发生分解引起的；但是当电压窗口为 0 ～ 1.8V 时，循环伏安曲线呈现较好的矩形形状，因此对称超级电容器的电压窗口可选 0 ～ 1.8V。图 5-20（b）显示，CS@CF-KFe//CS@CF-KFe 在不同的扫描速率下，循环伏安曲线都表现出较好的矩形形状，并且在不同的电流密度下，充放电曲线都近似于等腰三角形［图 5-20（c）］，进一步说明了 CS@CF-KFe 电极材料具有快速的离子扩散和电子转移能力。这是由于均匀分散的孔隙促进了离子的扩散，并且相互连接的碳纳米片为电子提供了一个高速通道。在 1mol/L 的 Na_2SO_4 电解液中，当电流密度为 0.5A/g 时，CS@CF-KFe//CS@CF-KFe 中单电极的比电容为 190.9F/g，这低于电容器在 KOH 电解液中的比电容（0.5A/g 时比电容为 249.0F/g），这种差异与 Na_2SO_4 电解液中较低的离子导电性有关。

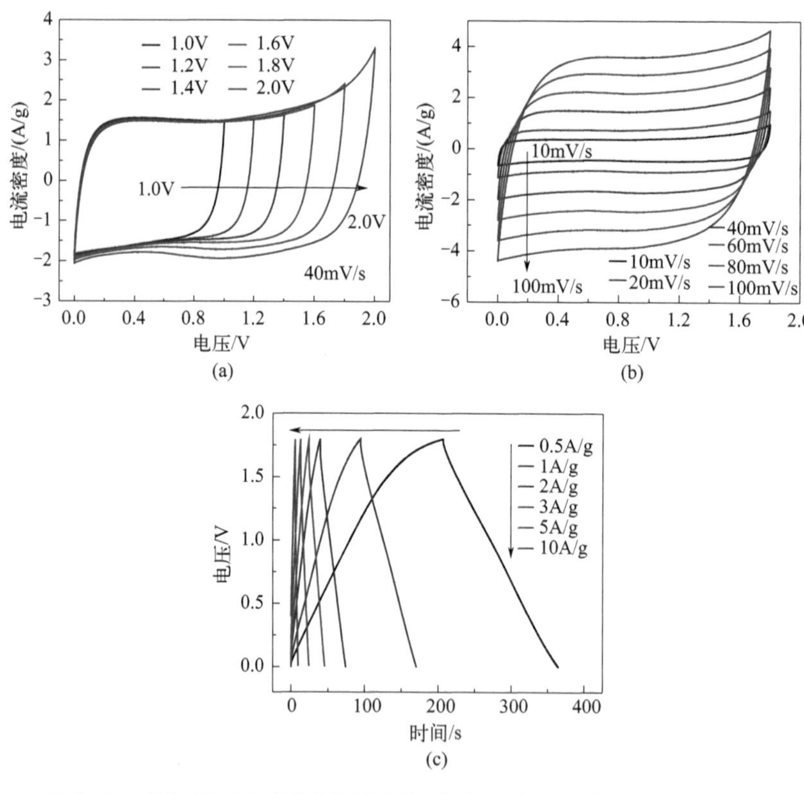

图 5-20 对称超级电容器 CS@CF-KFe//CS@CF-KFe 在 1mol/L Na_2SO_4 电解液中的电化学性能

（a）在不同电压窗口下扫描速率为 40mV/s 时的循环伏安曲线；（b）在电压窗口为 0 ～ 1.8V 时不同扫描速率下的循环伏安曲线；（c）不同电流密度下的计时电位曲线

通过电化学阻抗测试，我们进一步研究了 CS@CF-KFe 对称超级电容器的离子或电子动力学以及其他的电容行为。图 5-21（a）显示了 CS@CF-KFe//CS@CF-KFe 在 6mol/L KOH 和 1mol/L Na_2SO_4 电解液中的交流阻抗图。在高频区，实轴截距表示等效串联电阻（R_s），包括电极内阻、电解液电阻、活性材料与集流体界面的接触电阻。在 KOH 电解液中，电容器的 R_s 值只有 0.65Ω，而在 Na_2SO_4 电解液中 R_s 值为 2.35Ω，这是由于不同电解液的导电性不同：Na_2SO_4（aq.）< KOH（aq.），正如上述所提到的电极在 Na_2SO_4 电解液中的比电容低于在 KOH 电解液中的比电容。CS@CF-KFe//CS@CF-KFe 在 KOH 电解液中测得的交流阻抗曲线的半圆的直径小于在 Na_2SO_4 电解液中测得的，这与离子迁移率有关：$OH^- > SO_4^{2-} > K^+ > Na^+$[38]。低频区，CS@CF-KFe//CS@CF-KFe 的曲线近似垂直，说明电容器具有良好的双电层电容器特性。

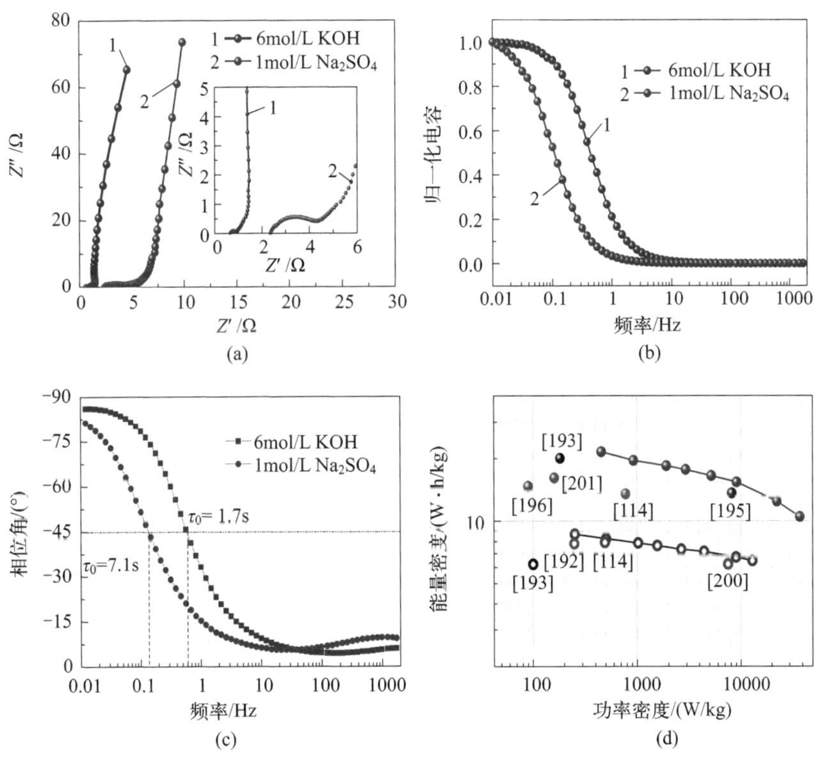

图 5-21 CS@CF-KFe//CS@CF-KFe 在不同电解液中测得的交流阻抗图（a）、归一化电容的频率响应曲线（b）、Bode 相位角图（c）和能量密度与功率密度的关系图及与文献报道的碳材料性能的对比（d）

依据交流阻抗图，可以计算出电容随频率变化的趋势，如式（5-4）：

$$C_{EIS}=\frac{2\times|Z''|}{2\pi mf\cdot(Z''^2+Z'^2)} \tag{5-4}$$

式中，m 为单个电极的质量，g；f 为工作频率，Hz；Z'' 和 Z' 分别为虚部和实部，Ω。CS@CF-KFe 对称超级电容器归一化电容（$C_{EIS}/C_{EIS,\ 10mHz}$）的频率响应如图 5-21（b）所示，其揭示了多孔结构对离子传输速率的影响。随着频率的增加，电容逐渐减小，这是因为频率较低时，有较多的电解液离子可以进入到电极材料的内孔和外孔，而在较高的频率下，部分离子不能进入到较深的孔隙，从而导致高频区的电容急剧下降[39]。图 5-21（c）显示了频率响应的 Bode 图。当频率为 0.01Hz 时，电容器在 KOH 电解液中和 Na_2SO_4 电解液中的相位角分别为 -86.0° 和 -82.3°，接近理想电容器的 -90°。当相位角为 -45° 时，在不同电解液中的频率为 0.58Hz（KOH）和 0.14Hz（Na_2SO_4），对应的时间常数 τ_0 分别为 1.7s 和 7.1s，这明显低于商业活性炭的时间常数 τ_0（10 ～ 100s）[40]，快速的频率响应进一步证明了 CS@CF-KFe 快速的充放电能力。

功率 / 能量密度是评价超级电容器电极材料性能的关键参数。以 6mol/L KOH 和 1mol/L Na_2SO_4 为电解液的 CS@CF-KFe 对称超级电容器的能量密度与功率密度关系图如图 5-21（d）所示。在 1mol/L Na_2SO_4 电解液中，当功率密度为 456.5W/kg 时，CS@CF-KFe//CS@CF-KFe 的最大能量密度为 21.5W·h/kg；当功率密度升高到 9069.1W/kg 时，能量密度仍能达到 15.4W·h/kg。在 6mol/L KOH 电解液中，当功率密度为 253.1W/kg 时，电容器的能量密度为 8.6W·h/kg。无论是在 KOH 电解液中或在 Na_2SO_4 电解液中，电容器的能量密度与先前报道的超级电容器的能量密度具有很高的可比性，甚至优于以往报道的超级电容器的性能，如 $HPGC_{0.6}$-700（7.9W·h/kg，KOH）[32]、BDHSC-1（6.2W·h/kg，KOH）[41]、CNS-800（7.8W·h/kg，KOH）[42]、SMC-800-2（6.22W·h/kg，KOH）[43]、SAC-4（16.1W·h/kg，Na_2SO_4）[44]、N-PMNC（14.7W·h/kg，Na_2SO_4）[45] 和 NACS（13.6W·h/kg，Na_2SO_4）[46]。CS@CF-KFe 优异的电化学性能归因于多种协同效应：

① 高密度的离子可到达微孔，产生微孔效应，增加了电荷存储，提高了比电容；

② 二维片状碳结构在电极 / 电解液界面上提供了传质通道，缩短了扩散途径；

③ 部分石墨化碳结构在充放电过程中提高了电子转移效率。

综上所述，纤维素和葡萄糖分子中含有丰富的羟基，利用分子间氢键的作用，葡萄糖溶液可以均匀地附着在纤维素表面。同时 $K_3[Fe(C_2O_4)_3]$ 溶液也很容易渗透到纤维素的内部孔隙中。本节经过碳化反应，得到了一种多孔石墨化的“蘑菇 - 树干”状碳材料。添加剂 $K_3[Fe(C_2O_4)_3]$ 不仅发挥活化作用（$K_2C_2O_4$），还具有催化石墨化效果（含 Fe 元素），通过 SEM、TEM、氮气吸附 / 脱附、XRD、拉曼测试进一步证明了其活化石墨化效果。同时也研究了采用单一碳前驱体或以活化剂 $K_2C_2O_4$ 代替 $K_3[Fe(C_2O_4)_3]$ 对碳材料的结构和电化学性能的影响，具体结果如下：

① 通过对不同碳材料的外观形貌观察发现，CS@CF-KFe 中大量的碳片沿着碳纤维均匀而连续地排列着，开放的大孔提供了大量的比表面积，纤维素相当于碳片之间的连接桥梁，接通了碳片之间的导电网络。当没有纤维素作支撑时，CS-KFe 由堆叠的碳片组成，因此纤维素可以有效地避免碳片的堆叠。而以 $K_2C_2O_4$ 为催化剂得到的 CS@CF-K 中的碳层像是包裹在纤维素表面，并且没有明显的大孔结构。TEM 结果显示，CS@CF-KFe 中的碳片含有大量的相互连接的微孔和石墨化结构。

② CS@CF-KFe 具有最大的比表面积 $1515.6m^2/g$ 和孔体积 $0.56cm^3/g$，明显高于 CS-KFe、CF-KFe 和 CS@CF-K。CS@CF-KFe 中微孔的比表面积（$1388.5m^2/g$）占总比表面积的 91.6%，孔径主要位于 0.68nm 处。XRD 和拉曼光谱结果显示，与 CS@CF-K 相比，CS@CF-KFe 的石墨化度得到明显的提高。因此可以得出 $K_3[Fe(C_2O_4)_3]$ 不仅发挥活化作用，还具有催化石墨化效果。

③ 对不同碳材料进行电化学性能表征发现，CS@CF-KFe 具有最佳的电容性能，在电流密度为 1A/g 时，比电容达到 313.0F/g；当电流密度增加到 30A/g 时，比电容的保持率高达 76.8%。此外 CS@CF-KFe 电极在 100mV/s 下连续循环 10000 次后，电容保持在初始电容的 100.2%。在 6mol/L KOH 电解液中，对称超级电容器 CS@CF-KFe//CS@CF-KFe 在功率密度为 253.1W/kg 时，能量密度

为 8.6W·h/kg；在 1mol/L Na_2SO_4 电解液中，当功率密度为 456.5W/kg 时，能量密度达到 21.5W·h/kg。

5.3 PVP 衍生多孔石墨化碳纳米片的制备及性能分析

ZIHC 作为一种新兴的混合储能器件，结合了超级电容器和金属离子电池的优点，具有安全性高、可逆性好、循环寿命长、价格低廉等优点。此外，Zn 和 Zn^{2+} 之间的可逆剥离 / 电镀赋予其高能量密度（高理论比容量 823mA·h/g，Zn/Zn^{2+}）。然而，最近报道的 ZIHC 的能量密度（< 120W·h/kg）仍与预期相去甚远。这种现象归因于电容型碳正极和电池型锌负极之间存储容量和反应动力学的不平衡。ZIHC 的储存容量和反应动力学在很大程度上受到碳材料形貌、孔隙率和表面化学性质的制约。因此，设计和构建具有高容量和快速反应动力学的先进碳材料是非常重要的。

二维多孔碳纳米片（PCN）具有超薄的层状结构和高暴露的表面，能为离子储存提供充足的活性位点，并且分布在纳米片上的孔隙可以有效地缩短离子转移距离，促进离子转移动力学。然而，与 PCN 的电导率有关的电子转移动力学常常被忽视。过度追求碳空位和缺陷将会引起连续碳晶格结构的破坏，从而降低石墨化度，使碳材料的导电性能降低。因此，应同时优化碳材料的孔结构和导电性，以解决离子 / 电子动力学缓慢的问题，从而实现 ZIHC 的高能量密度。此外，碳骨架中的杂原子掺杂可以引入额外的 Zn^{2+} 化学吸附位点，并且能够增强正极材料的润湿性，提高电解液的渗透能力，从而增强离子传输动力学。

本节以尿素、聚乙烯吡咯烷酮（PVP）和 $K_3[Fe(C_2O_4)_3]\cdot 3H_2O$ 为原料，通过简单的发泡工艺制备了多孔石墨化碳纳米片（PGCN）。所制备的 PGCN 具有蜂窝状多孔碳纳米片结构，集合了独特的二维形貌、多孔结构、良好的导电性和丰富的杂原子等优点。这些优点可以从本质上优化离子 / 电子传输，并为 Zn^{2+} 存储提供足够的活性位点，从而进一步提高反应动力学和存储能力。基于 PGCN 的水系 ZIHC 表现出良好的放电比容量、倍率性能和循环稳定性。它在 400W/kg 的功率密度下实现了 145W·h/kg 的高能量密度。此外，组装的柔性固态 ZIHC 还具有良好的电化学性能和机械柔韧性。

5.3.1 样品制备

将 PVP（2g）和尿素（2g）在室温下溶解在 30mL 去离子水中。然后，向上述溶液中加入 1.5g $K_3[Fe(C_2O_4)_3] \cdot 3H_2O$，搅拌得到翠绿色透明溶液。将混合溶液置于 90℃的烘箱中 12h 进行预发泡和干燥。将得到的固体材料在 750℃下、N_2 气氛中热处理 2h。冷却后的黑色产物用 HCl 和去离子水洗涤，然后在 80℃下干燥，得到 PGCN 样品，制备流程如图 5-22 所示（书后另见彩图）。

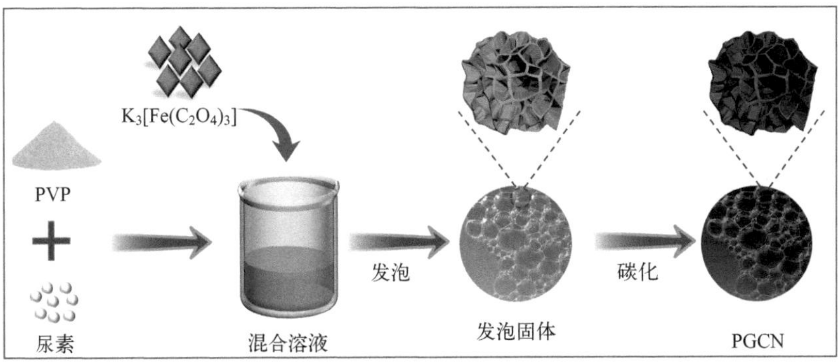

图 5-22 PGCN 的合成示意图

为了探究催化剂对碳材料结构的影响，以 $Fe(NO_3)_3 \cdot 9H_2O$ 和 $K_2C_2O_4 \cdot H_2O$ 取代 $K_3[Fe(C_2O_4)_3] \cdot 3H_2O$，采用类似方法分别合成了石墨碳纳米片（GCN）和多孔碳纳米片（PCN）。所获得样品的碳产率为 19% ～ 25%。

5.3.2 碳纳米片形成机理分析

PGCN 的合成过程如图 5-22 所示（书后另见彩图）。PVP、尿素和 $K_3[Fe(C_2O_4)_3]$ 的混合溶液在高温干燥过程中，随着水分逐渐蒸发，混合物发生凝胶化。同时，添加剂 $K_3[Fe(C_2O_4)_3] \cdot 3H_2O$ 发生部分分解，释放出 H_2O 和 CO_2 等气体。这些小分子气体会吹鼓黏稠的溶液，膨胀成黄绿色的泡沫，形成许多小而致密的气泡，如图 5-23（a）所示。而由 PVP、尿素和 $Fe(NO_3)_3 \cdot 9H_2O$［图 5-23（b）］或 PVP、尿素和 $K_2C_2O_4 \cdot H_2O$［图 5-23（c）］

溶液产生的气泡相对较小且松散，表明干燥过程中气体产生量很小，吹鼓作用不充分。随后，将上述黄绿色泡沫在750℃下碳化。在碳化热解过程中，尿素、$K_3[Fe(C_2O_4)_3]\cdot 3H_2O$ 和PVP释放的气体会吹鼓衍生的碳中间体，形成由纳米片组成的泡沫，其体积大幅增加。此外，均匀分布的 $K_3[Fe(C_2O_4)_3]\cdot 3H_2O$ 作为有效的活化剂（分解产物 $K_2C_2O_4$）和石墨化催化剂（Fe），促进碳纳米片形成多孔和石墨结构。显然，这种简单发泡法结合同步活化和石墨化法是一种高效且可控的大规模生产PGCN的方法。

(a)　(b)　(c)

图5-23　PVP、尿素和 $K_3[Fe(C_2O_4)_3]\cdot 3H_2O$ 的前驱体（a），PVP、尿素和 $Fe(NO_3)_3\cdot 9H_2O$ 的前驱体（b），以及PVP、尿素和 $K_2C_2O_4\cdot H_2O$ 的前驱体（c）的发泡图（书后另见彩图）

5.3.3　形貌和结构分析

图5-24（a）的SEM图像可以发现PGCN呈现出具有蜂窝状多孔骨架的超薄纳米片结构。由于 $K_3[Fe(C_2O_4)_3]\cdot 3H_2O$ 的吹鼓作用和活化作用，PGCN表面的碳片变薄并且存在许多孔隙［图5-24（b）］，这可以显著提高表面利用效率，缩短电解质离子转移距离，并提供充足的内部储存空间。相比之下，使用传统石墨化催化剂 $Fe(NO_3)_3$ 合成的GCN表现出明显的块状形貌［图5-24（c）］，表明其 Zn^{2+} 存储的孔结构有限。使用活化剂 $K_2C_2O_4$ 合成的PCN也表现出薄的层状结构［图5-24（d）］，但层状结构很光滑，没有明显的缺陷，阻碍了离子在充放电过程中在薄片上的有效穿越。图5-25（a）中的TEM图像进一步表明，超薄PGCN含有丰富的缺陷和空隙，可以降低 Zn^{2+} 输运阻力，促进离子扩散动力学，缓解内部微孔内的离子阻断问题。图5-25（b）中的高分

辨率 TEM 图像显示 PGCN 中存在局部有序的晶格条纹和无序的涡轮层结构，表明 PGCN 存在石墨微晶和无序碳结构，反映了部分石墨碳性质。

图 5-24 PGCN（a）（b）、GCN（c）和 PCN（d）的 SEM 图像

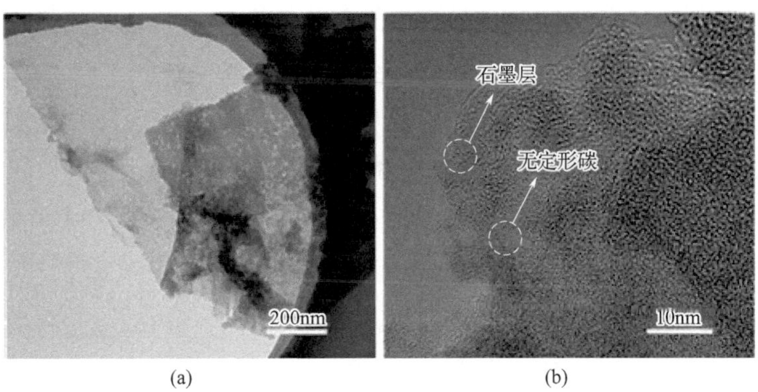

图 5-25 PGCN 的不同放大倍数下的 TEM 图像

5.3.4 比表面积及孔径结构分析

为了更全面地了解 PGCN、GCN 和 PCN 的孔隙结构，对其进行了氮气吸

附/脱附测试。在图5-26（a）中，PGCN和PCN显示Ⅰ/Ⅳ型等温线，即氮气吸附曲线在低压下（$P/P_0 < 0.01$）迅速增加，在P/P_0=0.45～0.95范围内具有滞后环，表明碳材料中微孔和介孔共存。GCN显示为Ⅳ型等温线，表明介孔多而微孔数量较少。图5-26（b）中的孔径分布曲线进一步验证了PGCN和PCN都具有丰富的微孔，这归因于小气体分子的吹鼓作用和$K_3[Fe(C_2O_4)_3]$或$K_2C_2O_4$的活化作用。

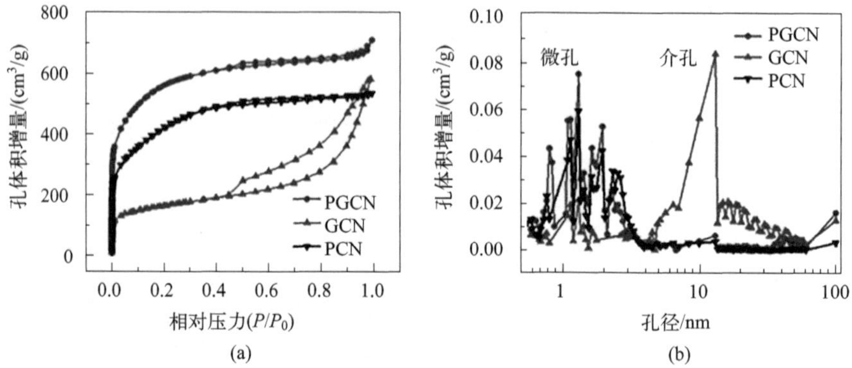

图5-26 PGCN、GCN和PCN的N_2吸附/脱附等温线（a）和孔径分布曲线（b）

PGCN、GCN和PCN具体的孔隙参数列于表5-3。与GCN和PCN相比，PGCN具有更高的比表面积（S_{BET}=1843m^2/g）和孔隙体积（V_{total}=1.1cm^3/g）。钾元素的含量对提高碳材料的S_{BET}起着关键作用。1.5g $K_3[Fe(C_2O_4)_3]\cdot 3H_2O$（0.0103mol）中钾的摩尔质量低于1.5g $K_2C_2O_4\cdot H_2O$（0.0163mol）的摩尔质量。然而，$K_3[Fe(C_2O_4)_3]\cdot 3H_2O$中释放的气体的吹鼓作用和Fe的模板作用的影响也有助于孔隙结构的发展，从而促进PGCN的孔隙发育。此外，PGCN还具有所有碳材料中最高的微孔表面积（S_{mic}=663m^2/g）和微孔体积（V_{mic}=0.3cm^3/g）。考虑到电荷载流子的尺寸，即裸露的Zn^{2+}（1.48Å）、SO_4^{2-}（4.6Å）和水合离子$[Zn(H_2O)_6]^{2+}$（0.86nm）、$[SO_4(H_2O)_n]^{2-}$（0.758nm），PGCN中的微孔集中在0.80～1.94nm范围内，不仅为容纳电解液离子提供了足够的活性位点，而且还为离子传输提供了有效的通道。此外，PGCN中高比例的介孔（S_{mes}/S_{BET}=64%）将促进电解液渗透并加速扩散，从而大大提高离子可及性并提高活性位点的利用率。

表 5-3　PGCN、GCN 和 PCN 的孔隙参数

样品	S_{BET} /(m^2/g)	S_{mic} /(m^2/g)	S_{mes} /(m^2/g)	V_{mic} /(cm^3/g)	V_{total} /(cm^3/g)
PGCN	1843	663	1180	0.3	1.1
GCN	543	192	351	0.1	0.9
PCN	1454	177	1277	0.1	0.8

5.3.5　X 射线衍射与拉曼光谱分析

通过 XRD 图谱 [图 5-27（a）] 和拉曼光谱 [图 5-27（b）] 进一步研究了样品的晶体结构特征。与 GCN 相比，PGCN 和 PCN 在低角度（$2\theta < 10°$）下均具有较高的强度，表明微孔数量较多。此外，PGCN 和 PCN 在 $2\theta \approx 23°$ 处均表现出显著的衍射峰，这与石墨碳的（002）晶面有关。PGCN 和 PCN 的（002）峰较宽且呈负偏移，表明碳材料中存在更多缺陷和更宽的晶体距离。PGCN、GCN 和 PCN 的拉曼光谱在约 $1352cm^{-1}$、$1592cm^{-1}$ 和 $2861cm^{-1}$ 处显示出 3 个不同的峰，分别对应于 D 带的晶格缺陷和无序性、G 带的 sp^2 杂化石墨碳结构以及 2D 带碳原子堆积模式产生的缺陷 [47, 48]。D 带与 G 带（I_D/I_G）的低强度比表明碳材料中的石墨化程度较高。样品的 I_D/I_G 值呈现出 PCN（1.05）＞ PGCN（1.01）＞ GCN（0.99）的变化趋势，证实了 PGCN 的部分石墨碳结构。采用四探针粉末电阻率测试仪测试样品的电导率，如图 5-28 所示。在压强为 25MPa 时，PGCN、GCN 和 PCN 的电导率分别为 0.018S/cm、0.046S/cm 和 0.005S/cm。

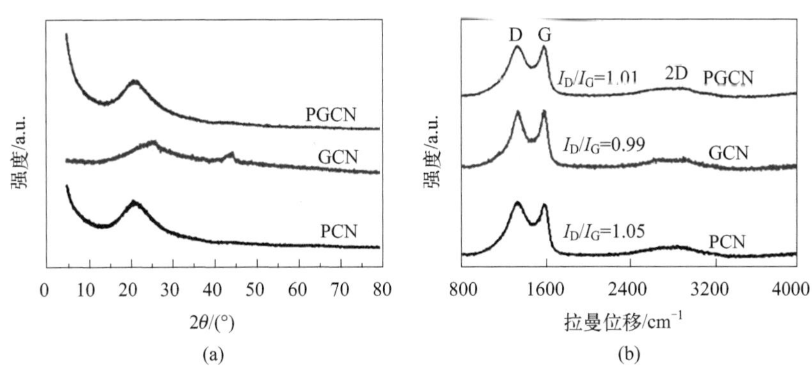

图 5-27　PGCN、GCN 和 PCN 的 XRD 谱图（a）和拉曼光谱图（b）

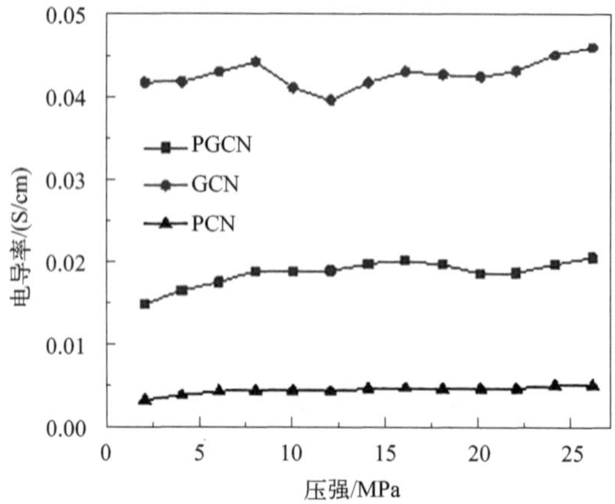

图 5-28　PGCN、GCN 和 PCN 在不同压力下的电导率

5.3.6　X 射线光电子能谱分析

图 5-29（a）中的 XPS 谱图显示，PGCN、GCN 和 PCN 由 C、N 和 O 三种元素组成，PGCN 的 N 和 O 元素含量分别可达 7.2%（原子百分数）和 6.1%（原子百分数）。高含量的 N/O 掺杂有利于提高碳电极的润湿性，降低界面接触电阻，增加额外的赝电容。PGCN［图 5-29（b）］的高分辨率 C 1s 谱图可分为五个峰：C sp^2（284.5eV）、C sp^3（285eV）、C—O/C—N（286.2eV）和 C═O（289.2eV）。PGCN 的 N 1s 谱图被分解为三个峰［图 5-29（c）］，包括吡啶 N（398.5eV）、吡咯 N（400.2eV）和石墨 N（401.6eV）。吡啶氮和吡咯氮在总氮中占主导地位（表 5-4），提供了额外的 Zn^{2+} 化学吸附位点，降低了 Zn^{2+} 吸收的能垒，促进了离子传输[49]。样品的 O 1s 谱图［图 5-29（d）］可分为四个含氧官能团，包括 C═O（531.5eV）、C—OH（532.4eV）、O—C—O（533.4eV）和 O═C—OH（534.3eV）。PGCN 中较高比例的 O═C—OH 基团（表 5-4）有利于通过形成 O═C—O—Zn 键来增强 Zn^{2+} 化学吸附，这有助于改善电极材料的润湿性，加快电解液离子的传输速率，从而提高了其倍率容量和循环性能[50]。

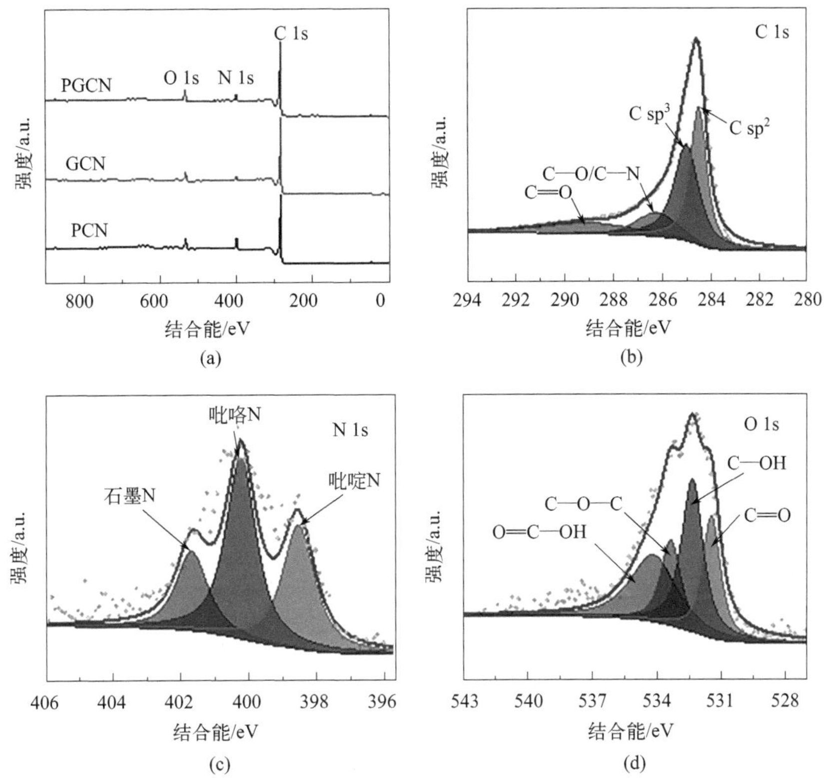

图5-29 PGCN、GCN和PCN电极材料的XPS光谱的全谱图(a)、PGCN的C 1s谱图(b)、PGCN的N 1s谱图(c)和PGCN的O 1s谱图(d)

表5-4 PGCN、GCN和PCN中氮/氧官能团的比例

样品	石墨N	吡咯N	吡啶N	O═C—OH	C—O—C	C—OH	C═O
PGCN	21.9	47.7	30.4	28.5	17.6	33.2	20.7
GCN	17.9	52.8	29.3	21.4	20.1	33.5	25.0
PCN	16.6	54.9	28.5	22.2	20.2	36.3	21.3

5.3.7 水系锌离子混合电容器电化学性能分析

为了探究PGCN、GCN和PCN结构对Zn^{2+}的存储能力，分别以PGCN、GCN或PCN为正极材料，锌箔为负极材料，2mol/L $ZnSO_4$为电解液，组装成水系ZIHC器件[图5-30(a)]。图5-30(b)显示了在0.2～1.8V电压范围内，基于 PGCN、GCN 和 PCN 的 ZIHC 器件在 10mV/s 下的 CV 曲线。所有 CV 曲线均呈矩形，具有不明显的氧化还原峰，表明双电层电容行为和 N/O 诱导的赝电容行为并存。

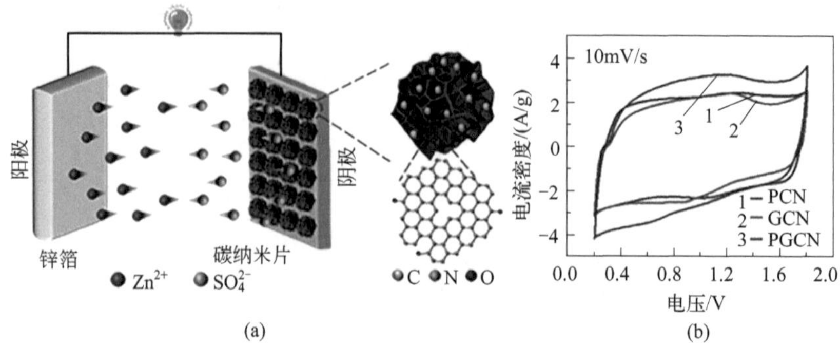

图 5-30　基于 PGCN 的水系锌离子混合电容器示意图（a）及 PGCN、GCN 和 PCN 在 10mV/s 下的 CV 曲线

图 5-31（a）显示了 PGCN、GCN 和 PCN 在 0.5A/g 电流密度下的 GCD 曲线，所有曲线均呈现对称形状，表明主要是双电层电容特性。PGCN 的充放电时间最长，对应的比容量为 181mA · h/g，远大于 PCN（110mA · h/g）和 GCN（98mA · h/g）。当电流密度从 0.5A/g 上升到 15A/g 时［图 5-31（b）］，PGCN 仍保持 104mA · h/g 的高度可逆容量，相当于 57% 的容量保持率，高于 PCN（52.9%）和 GCN（46.0%）。结果表明，PGCN 对大电流具有较强的耐受性和优异的结构稳定性。高电流密度下容量的降低可归因于有限的反应动力学。在不同电流密度下进行 35 次充放电循环后，当电流密度从 15A/g 回到 0.5A/g 时，比容量从 104mA · h/g 恢复到 179mA · h/g，表明，PGCN 对 Zn^{2+} 储存表现出良好的倍率性能和可逆性。PGCN//Zn 在 400W/kg 的功率密度下的能量密度为 145W · h/kg，超过了 GCN（78W · h/kg）和 PCN（88W · h/kg）（图 5-32）。

通过 CV 曲线研究 PGCN 在 ZIHC 中的 Zn^{2+} 存储动力学和电荷存储贡献［图 5-33（a）］。CV 曲线在不同的扫描速率下保持近乎矩形的形状，即使在 100mV/s 的高扫描速率下也显示较好的对称结构，表明其双电层电容行为和良好的倍率性能。可以通过方程 $\lg i=b\lg v+\lg a$ 来量化电容和扩散贡献，其中 i 和

v 分别表示峰值电流和扫描速率。常数 a 和 b（$0.5 < b < 1$）是变量。b 值接近 1 表示电容行为占主导地位，而接近 0.5 表示扩散行为。根据上述公式计算的 b 值为 0.84，表明电容行为和扩散行为共存［图 5-33（b）］。离子扩散和电容的贡献通过方程 $i=k_1v+k_2v^{1/2}$ 进一步评估，其中，k_1 和 k_2 是通过绘制 $i/v^{1/2}$ 和 $v^{1/2}$ 之间的关系曲线得到的常数。图 5-33（c）展示了在 10mV/s 下的电容贡献和扩散贡献。很明显，扩散控制反应在低电位和高电位下都存在，表明电荷存储机制是一种赝电容响应。在 10mV/s 的低扫描速率下，PGCN 中电容贡献占 44%。随着扫描速率的增加，电容贡献逐渐增加，在 100mV/s 时达到 84%［图 5-33（d）］。

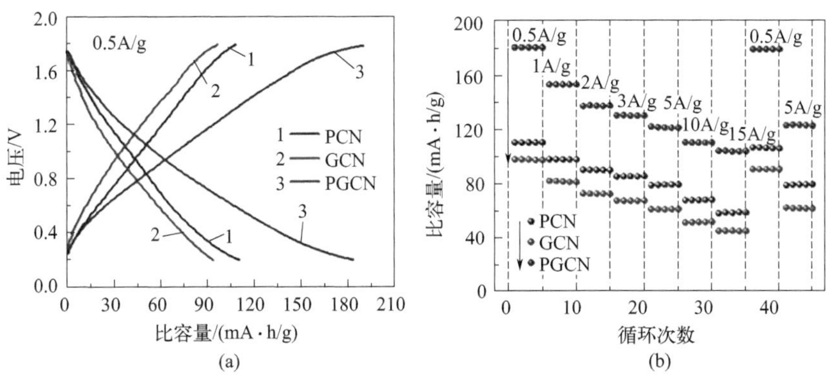

图 5-31　PGCN、GCN 和 PCN 在 0.5A/g 下的 GCD 曲线（a）及不同电流密度下所有电极的比容量（b）

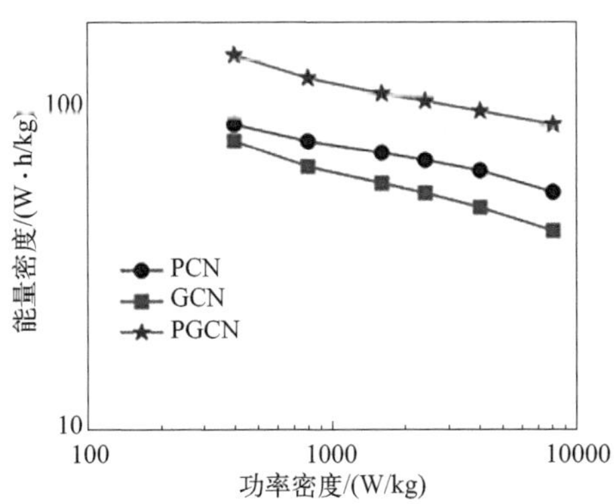

图 5-32　PGCN、GCN 和 PCN 的能量密度和功率密度关系图

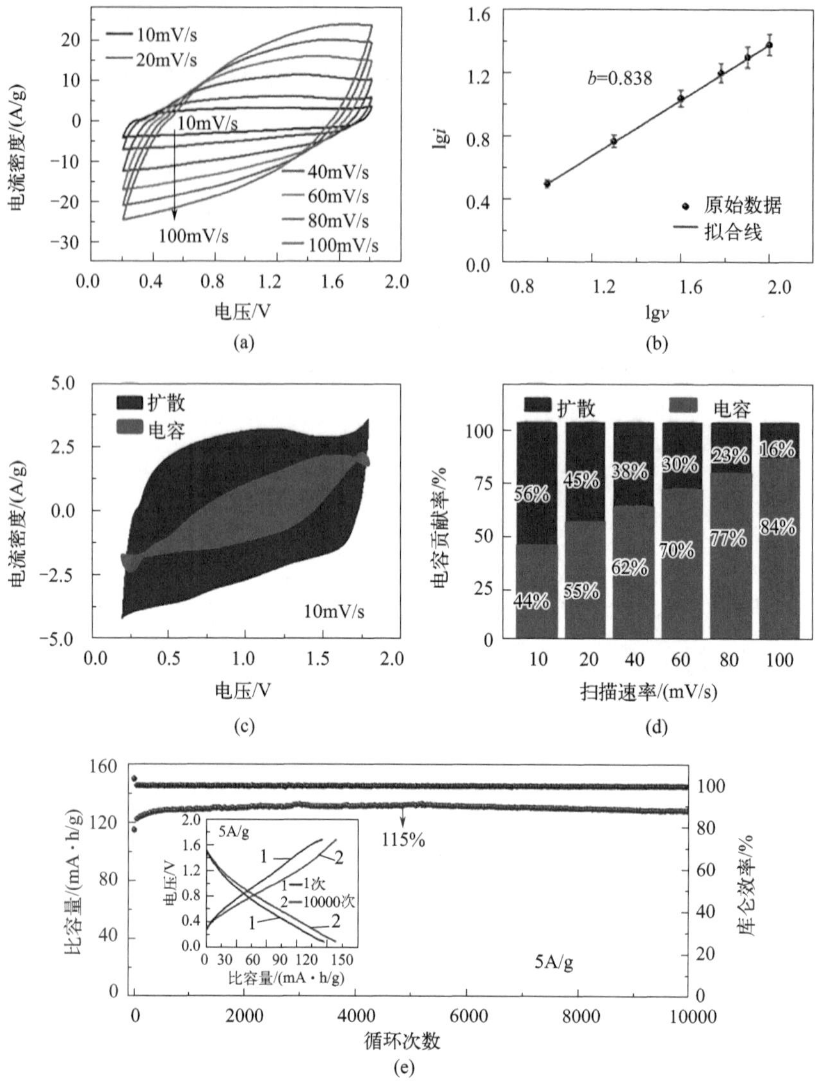

图 5-33 PGCN 在不同扫描速率下的 CV 曲线（a）、峰值电流密度与扫描速率的线性拟合图（b）、10mV/s 下 PGCN 的扩散和电容贡献分析（c）、不同扫描速率下的电容贡献占比（d）及 PGCN 在 5A/g 下 10000 次循环的稳定性和库仑效率（e）

图 5-33（e）显示了 PGCN//Zn 在电流密度为 5A/g 下 10000 次循环的循环稳定性和库仑效率。在循环开始时，比容量逐渐增加，这可能归因于电解液逐渐扩散到碳电极内部孔隙的活化过程。10000 次循环后比容量没有下降，库仑效率接近 100%。这种良好的循环稳定性归因于 PGCN 的稳定结构，其提供了

短离子扩散途径，增强了电荷转移动力学。在 10000 次循环前后的 Nyquist 曲线（图 5-34）显示，经过长期循环后，电荷转移电阻（R_{ct}）有所增加。这种现象可能归因于 2 个因素：a. Zn^{2+} 在正极表面的积累和析出，形成不可逆且不导电的 $Zn_4SO_4(OH)_6 \cdot 5H_2O$，中断了碳导电网络［图 5-35（a）］[51, 52]；b. Zn/Zn^{2+} 的重复剥离 / 电镀导致绝缘氧化锌、氢氧化锌和锌枝晶的形成［图 5-35（b）］，从而增加了 Zn 负极的电阻[53]。尽管在充放电循环过程中正极表面会形成 $Zn_4SO_4(OH)_6 \cdot 5H_2O$，但 PGCN 内部丰富的多孔结构在一定程度上阻碍了 $Zn_4SO_4(OH)_6 \cdot 5H_2O$ 的聚集。这一特征有利于降低电荷转移电阻和提高长期循环性能。此外，PGCN 具有更高的氧含量（6.1%），含氧官能团的存在有效地形成了亲水表面，提高了电极的润湿性并降低了界面电阻，从而增强了循环稳定性。

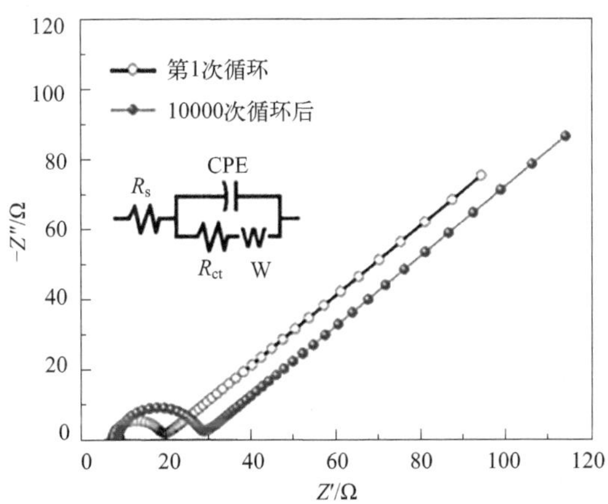

图 5-34　PGCN//Zn 循环前后的 Nyquist 图

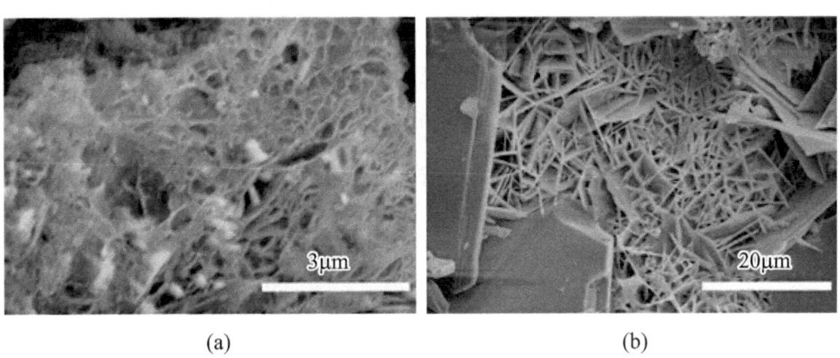

图 5-35　碳正极长期循环后的 SEM 图像（a）和锌负极长期循环后的 SEM 图像（b）

PGCN//Zn 在比容量和循环稳定性方面具有明显的优势，可归因于以下优点：

① 纳米片具有适宜尺寸（0.80 ～ 1.94nm）的丰富孔隙，不仅为 Zn^{2+} 的积累提供了足够的活性位点，而且大大缩短了离子传输距离，从而实现了快速的离子传输动力学；

② 局部石墨化结构可以增强电导率，实现快速电子转移动力学；

③ 氮 / 氧官能团的存在可以产生额外的缺陷位点，提供额外的赝电容，并改善碳材料的亲水性，以实现快速电解质渗透；

④ 碳纳米片之间的空隙可以有效缓解长时间充放电循环过程中的体积变化。

5.3.8　全固态柔性锌离子混合电容器电化学性能分析

通过组装以凝胶为电解质的柔性固态 ZIHC，进一步评估 PGCN 的实际应用潜力。图 5-36（a）显示了柔性 ZIHC 在 0.1A/g、0.2A/g、0.5A/g、1A/g 和 2A/g 电流密度下分别具有 181mA · h/g、160mA · h/g、132mA · h/g、104mA · h/g 和 76mA · h/g 的比容量。经过 25 次不同电流密度充放电循环后，当电流密度恢复到 0.1A/g 时，比容量几乎完全恢复到初始水平，表明其良好的可逆性。并且在 80W/kg 的功率密度下实现了 145W · h/kg 的高能量密度。图 5-36（b）显示了柔性 ZIHC 的 CV 曲线，其形状类似于水系 ZIHC，并且在 0° ～ 90° 的不同角度弯曲时 CV 曲线基本上重叠，表明其具有良好的机械柔韧性。此外，在 1A/g 电流密度下循环 1000 次后，它表现出良好的循环性能，容量保持率为 92%，库仑效率为 100%[图 5-36（c）]。组装好的柔性 ZIHC 可以成功点亮发光二极管[图 5-36（d）]，证明了其实际适用性。

综上所述，本节以 PVP 和尿素为前驱体，在 $K_3[Fe(C_2O_4)_3]$ 的辅助下，通过简单的发泡策略，成功合成了多孔石墨化碳纳米片。所得 PGCN 对 Zn^{2+} 储存表现出良好的特性。分布在纳米片上的最佳尺寸范围（0.80 ～ 1.94nm）的孔径可以显著缩短离子转移距离，并提高活性位点的利用率，从而增强比容量。具有优异导电性的石墨结构可以改善多孔碳结构中的电子传输动力学问题。因此，基于 PGCN 的水系 ZIHC 在 0.5A/g 时表现出 181mA · h/g 的高比容量，

145W·h/kg 的超高能量密度和稳定的循环性能。此外，柔性固态 ZIHC 具有良好的机械柔韧性和电化学性能，显示出了巨大的实际应用潜力。

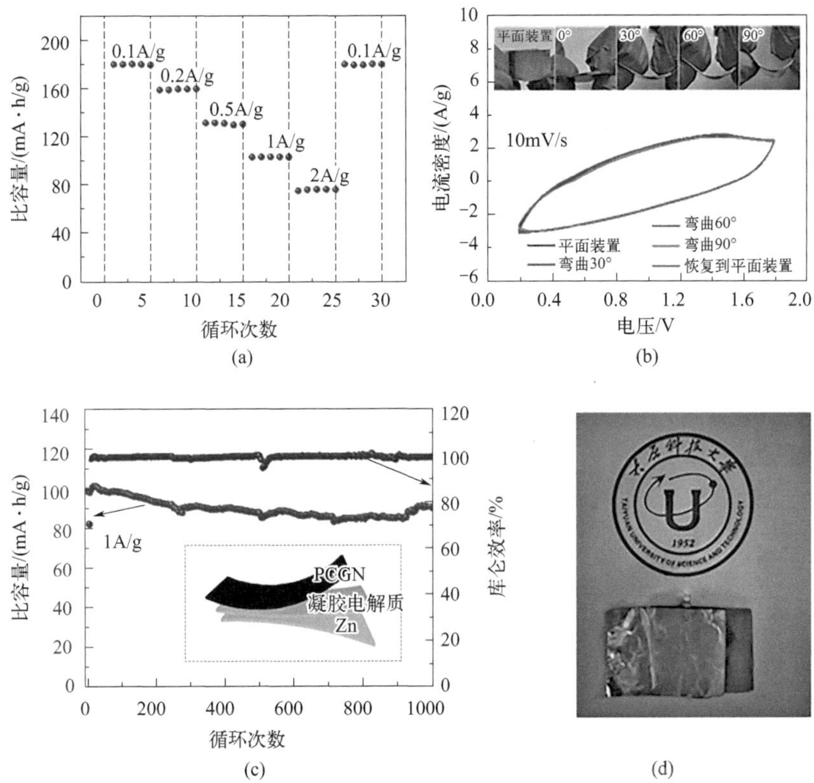

图 5-36　不同电流密度下的比容量（a）、器件在不同弯曲角度下的 CV 曲线（b）、在 5A/g 下 1000 次循环的稳定性和库仑效率（c）及发光二极管供电装置的照片（d）（书后另见彩图）

5.4　琼脂衍生多孔石墨化碳纳米片的制备及性能分析

近年来，硬碳因其无序的微观结构作为钠离子电池负极材料受到广泛关注。这种结构提供了丰富的纳米空隙和较大的层间距，有利于 Na^+ 的存储及嵌入 / 脱嵌 [54, 55]。虽然硬碳具有优异的储钠容量，但研究者们却忽视了其差的电导率 [56, 57]。许多研究表明，提高碳化温度可以增加硬碳中伪石墨域的有序性。然而，即使在 3000℃以上的高温下石墨化结构的形成仍然困难。此外，在高温下，碳层间距可能变窄，许多微孔/介孔可能会塌陷或闭合，导致 Na^+ 的扩散通道和存储位点无法访问。因此，开发一种有效的策略来构建具有合适孔隙结构和优异导电性的硬碳材料以提高 Na^+ 存储性能，成为亟待解决的问题。

近期研究表明，石墨烯可以作为晶体模板来促进石墨化，从而制备具有有序石墨结构的硬碳。例如，Zhao 等[58]通过将蛋壳膜前驱体夹在石墨块之间，成功制备了含有石墨晶体的硬碳。然而，高温碳化（1300℃，持续 6h）会消耗大量能量。Zhang 等[59]通过将少量氧化石墨烯（GO）引入酚醛树脂中来增强石墨化。但所获得硬碳的比表面积（S_{BET}）仅为 $1.82m^2/g$，无法有效提高表面吸附能力。还有一些研究致力于通过结合硬碳和软碳来调控碳材料的石墨结构，例如将沥青和树脂混合[60]。由于硬碳和软碳前驱体表面化学性质的差异，因此，想要获得具有均匀分布的石墨结构和孔隙的碳材料非常困难。过渡金属元素，如铁、钴、镍，被认为是有效的催化剂，能够将无序碳转化为石墨碳[61]。然而，单纯将金属催化剂与碳前驱体混合，往往会导致金属粒子在分子结构中的分散性较差，这不利于石墨结构的形成。而通过过渡金属离子与有机配体的络合效应有助于金属催化剂均匀分散到碳前驱体中。

本节提出了一种双重石墨化方法，将 Fe 催化石墨化与氧化石墨烯（GO）诱导石墨化相结合，在较低的碳化温度下制备石墨化碳气凝胶。该方法采用琼脂作为碳前驱体，$Fe(NO)_3$ 作为催化剂，GO 作为引发剂。在制备过程中，琼脂中的羟基可以与 Fe^{3+} 络合形成 Fe-琼脂复合物，从而确保 Fe 催化剂的均匀分布并增强石墨化。此外，琼脂与 GO 之间的氢键相互作用在碳化过程中促进了石墨化。另外，加入了尿素以引入氮掺杂并增加碳层间距。所得碳气凝胶由自组装的纳米片组成，具有较大的层间距、较短的石墨结构和适当的比表面积（$174.4m^2/g$），适用于 Na^+ 存储。在作为钠离子电池负极材料时，它显示出的优异的首次库仑效率（ICE）为 87.1%，并提供了 341.9mA·h/g 的较大可逆容量。

5.4.1 样品制备

首先将 2g 琼脂粉末、1.5g 九水硝酸铁和 3g 尿素溶解于 100mL 去离子水中。接着，将一定量的氧化石墨烯（GO）（0.1g、0.2g、0.3g）加入上述溶液中，并在 90℃下加热搅拌 0.5h。自然冷却至室温后，将得到的水凝胶在 -18℃下冷冻 24h，然后进行 3d 的冷冻干燥以得到气凝胶。将气凝胶在 N_2 气氛、800℃下碳化 2h，得到碳气凝胶，随后将碳材料用 2mol/L HCl 和水反复洗涤以去除杂质。最终的样品命名为 CA-*x*（其中，*x* 表示 GO 的质量，*x*=0g、0.1g、0.2g、0.3g）。CA-*x* 的制备流程如图 5-37 所示。

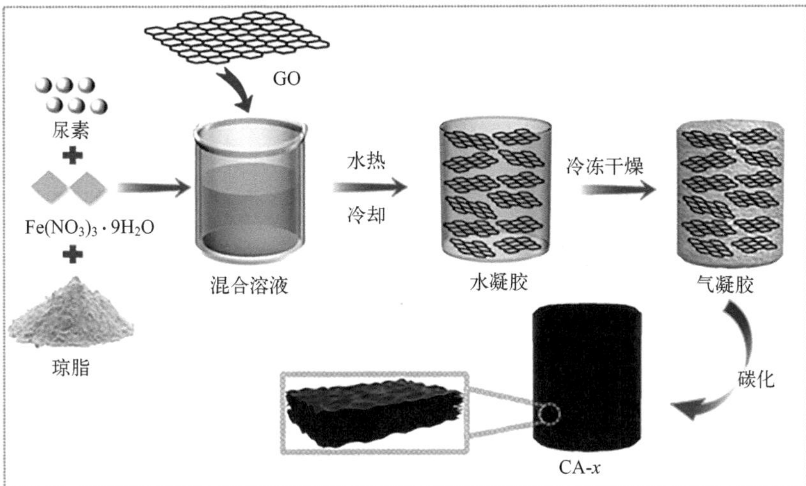

图 5-37　CA-*x* 的制备示意图

5.4.2　钠离子电池碳负极电化学性能测试方法

将活性物质 80%（质量分数）、乙炔黑 10%（质量分数），以及黏合剂 PVDF 10%（质量分数）混合，制得浆料。首先用涂布机在铜箔上涂覆一层浆料，然后在 60℃的烘箱中干燥一晚上。将干燥后的电极切成直径 12mm 的圆形电极片。电解液由碳酸二乙酯（DEC）和碳酸乙烯酯（EC）1 ∶ 1 体积比混合组成并添加了 5% 的氟代亚乙基碳酸（FEC），且溶解于 1mol/L 的 $NaClO_4$ 中。在手套箱中，按照电极片、玻璃纤维隔膜和钠片的顺序组装 CR2032 纽扣电池，组装时向电池内加入电解液。手套箱需要高纯氩气保护，并确保 $H_2O < 1 \times 10^{-8}$ 且 $O_2 < 1 \times 10^{-8}$。

CV 和 GCD 的测试电压范围设定为 0.01 ～ 2.5V。CV 和交流阻抗在上海辰华电化学工作站（CHI760e）上测试，GCD 在蓝电（CT2001A）工作站上测试。

5.4.3 红外光谱分析

在碳化前对混合物进行红外光谱测试，以研究原材料［包括琼脂、尿素和 $Fe(NO_3)_3$］之间的相互作用（图 5-38）。所有含有琼脂和尿素的混合物在波数在 3300 ～ 3500cm^{-1} 范围内均显示出明显的吸收峰，这些峰归因于琼脂和尿素中的—OH 和—NH_2 基团的振动[62]。随着 GO 的加入，“琼脂＋尿素＋$Fe(NO_3)_3$+GO”样品在约 3430cm^{-1} 处的吸收峰变得更强，这是由于 GO 中含有大量含氧官能团。此外，琼脂与 GO 之间的氢键相互作用进一步增强了—OH 伸缩振动峰的强度。

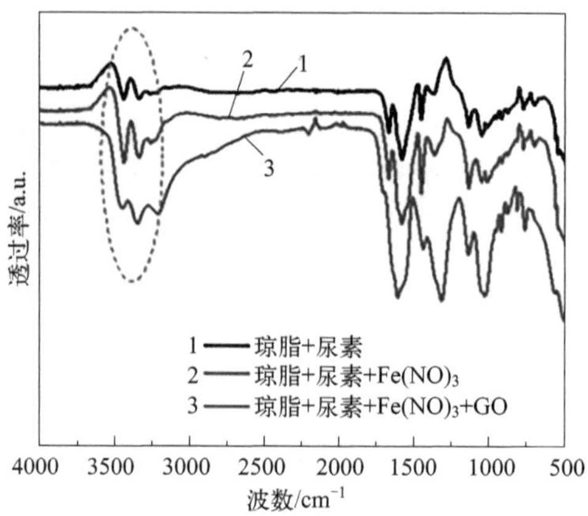

图 5-38　碳化前原材料混合物的 FTIR 光谱

5.4.4 形貌与结构表征分析

通过 SEM 观察 CA-*x* 的微观形貌。如图 5-39 所示，CA-0［图 5-39（a）］表现为大块状结构，而 CA-0.1［图 5-39（b）］、CA-0.2［图 5-39（c）］和 CA-0.3［图 5-39（d）］则呈现由褶皱碳纳米片组成的层状结构，这有助于电解液在 CA-*x* 材料中的扩散。此外，碳纳米片的聚集程度受到 GO 初始添加量的影响。这主要归因于气凝胶对 GO 的化学还原作用，加强了碳纳米片之间的 π-π 堆叠相互作用，同时减少了静电排斥，导致其发生聚集现象[63]。因此，GO 的添加量增加会导致更严重的聚集，可能降低 CA-x 的比表面积。优化 GO 的添加量对提升 CA-x 的 Na^+ 存储性能具有重要意义。

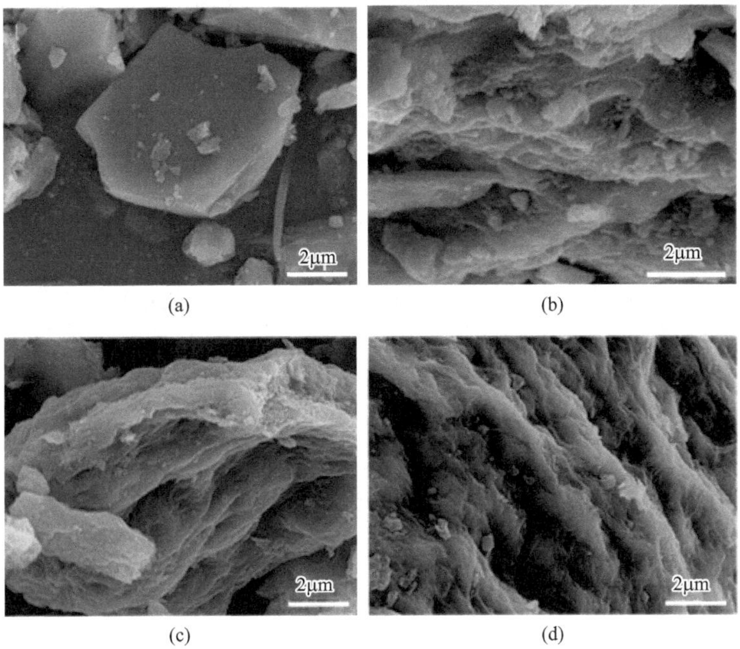

图 5-39　CA-0 的 SEM 图像（a）、CA-0.1 的 SEM 图像（b）、CA-0.2 的 SEM 图像（c）和 CA-0.3 的 SEM 图像（d）

采用 TEM 进一步表征 CA-0.2 的微观结构。如图 5-40（a）所示，CA-0.2 呈现出薄片状结构，有助于增强电解质的浸润性并缩短离子扩散路径。此外，可以观察到少量石墨烯片局部堆叠。高分辨率 TEM 图像［图 5-40（b）］清晰地显示，CA-0.2 由短程有序的碳层和无序的涡轮层结构组成。这种局部石墨结构归因于 Fe 物种的有效催化石墨化作用和 GO 诱导的石墨化效果。CA-0.2 中有序的晶格条纹［图 5-40（c）］显示其层间距扩展至 0.382nm，较于石墨（0.335nm）更大。根据以往研究，0.37 ～ 0.38nm 的层间距有利于 Na^+ 在低电压下的传输和嵌入[64]。在这种情况下，局部石墨结构和大量缺陷能够促进快速电子传输，为 Na^+ 存储提供丰富的活性位点，并提升 Na^+ 的扩散动力学。元素分布图［图 5-40（d）］表明，C、N 和 O 元素在 CA-0.2 中均匀分布，证实了 N 和 O 的共掺杂。

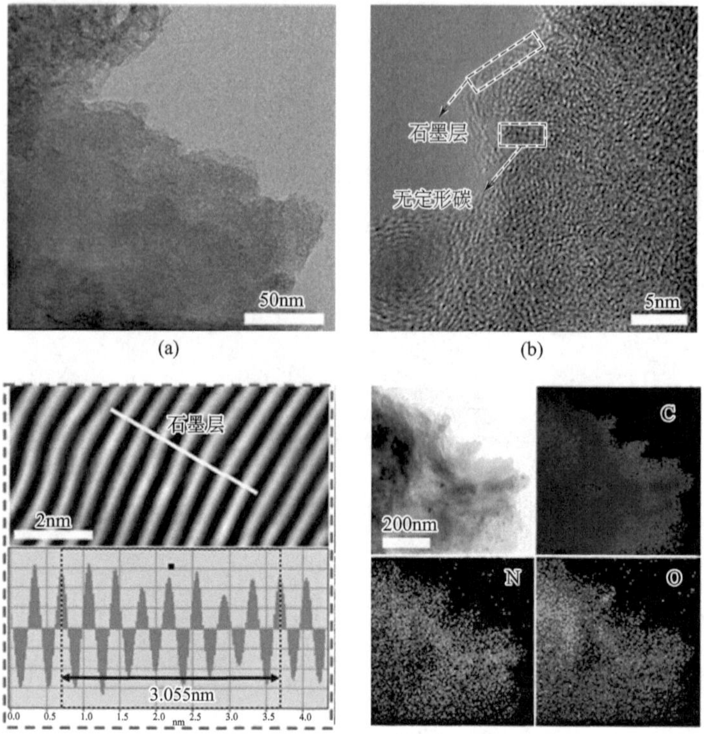

(a)　(b)　(c)　(d)

图 5-40　CA-0.2 的 TEM 图像（a）、CA-0.2 的高分辨率 TEM 图像（b）（c）及 CA-0.2 中 C、N 和 O 元素的元素分布图（d）（书后另见彩图）

［其中（c）中的插图为沿白线绘制的强度分布，显示晶格间距］

5.4.5　X 射线光电子能谱分析

根据图 5-41（a）的 XPS 光谱，所有 CA-*x* 样品均由 C、N 和 O 元素组成，其中 CA-0.2 的 N 和 O 含量分别达到 6.1%（原子百分数）和 7.3%（原子百分数）。值得注意的是，高含量的 N/O 掺杂有助于改善碳负极的润湿性，降低界面电阻，并提供额外的赝电容。CA-0.2［图 5-41（b）］的 C 1s 高分辨 XPS 光谱可分为 4 个峰，分别为 C sp^2（284.1eV）、C sp^3（285.3eV）、C═O（291.5eV）和 C—N/C—O（287.8eV）。高含量比例的 sp^2 C 与 sp^3 C、C═O 及 C—N/C—O 有利于 Na^+ 的可逆存储。CA-0.2 样品的 N 1s 光谱可分解为三个典型峰：吡啶 N（398.5eV）、吡咯 N（400.3eV）和石墨 N（401.6eV）［图 5-41（c）］。其中，吡啶 N、吡咯 N 和石墨 N 含量分别为 40.2%、40.5% 和 19.3%。吡啶 N（sp^2 杂

化）和吡咯 N（sp^3 杂化）与两个碳原子连接，能够引入更多缺陷和活性位点用于 Na^+ 的化学吸附 [65]，降低 Na^+ 吸附能垒，并促进离子传输 [66, 67]。此外，石墨型 N 可以增强电负性并提高电子迁移率 [68]。因此，硬碳中的 N 掺杂主要通过产生缺陷和提高导电性来改善其电化学性能。CA-0.2 样品的 O 1s 光谱［图 5-41（d）］显示了 C═O（530.9eV）、C—OH（531.6eV）、C—O—C（533.1eV）和 O═C—OH（535.2eV）四种功能基团。丰富的含氧官能团能够增强化学吸附，改善电极材料的润湿性，并促进电解质离子传输，从而提高倍率性能和循环性能。

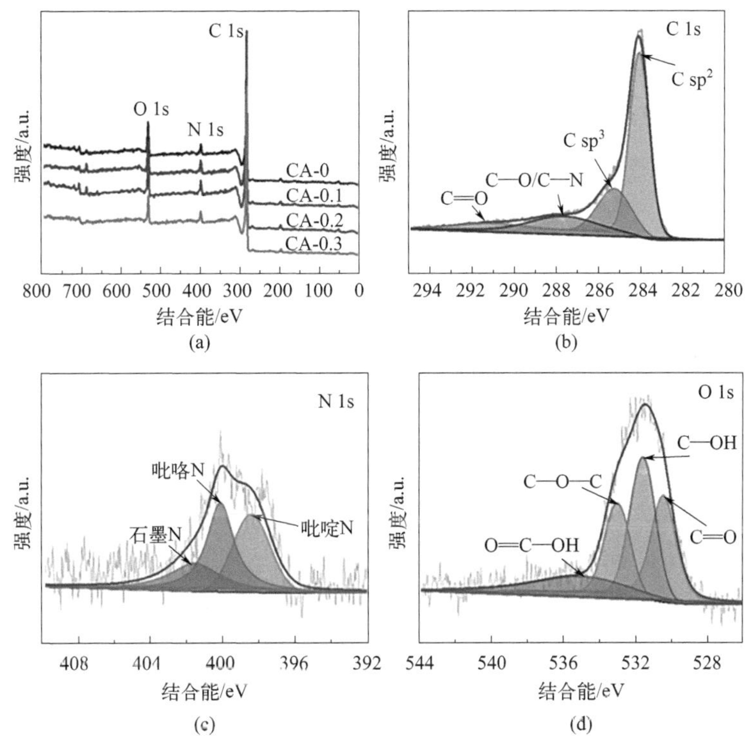

图 5-41　CA-0、CA-0.1、CA-0.2 和 CA-0.3 的 XPS 全谱（a），CA-0.2 的 C 1s 高分辨 XPS 光谱（b），N 1s 高分辨 XPS 光谱（c）以及 O 1s 高分辨 XPS 光谱（d）

5.4.6　比表面积和孔结构分析

为了全面了解 CA-0、CA-0.1、CA-0.2 和 CA-0.3 的孔结构，进行了氮气吸附 / 脱附测试。如图 5-42（a）所示，等温线具有类Ⅱ / Ⅳ型特征，在低压力下

（P/P_0 < 0.01）显示氮气吸附增加，随后在 P/P_0=0.45 ~ 0.9 区间出现滞后环，表明同时存在介孔和微孔。与其他 CA-x 样品相比，CA-0.2 在低压力下的吸附急剧增加，这与增强的微孔填充以及较大的 S_{BET} 和更多的空位有关。图 5-42（b）中的孔径分布曲线进一步确认了 CA-0.2 中丰富的微孔，展示了其分级孔结构特性。CA-x 的孔隙特性列于表 5-5。可以看出，相较于 CA-0（112.8m²/g，0.070cm³/g），CA-0.1（91.0m²/g，0.087cm³/g）和 CA-0.3（38.8m²/g，0.042cm³/g），CA-0.2 的 S_{BET}（174.4m²/g）和总孔容积（V_{total}=0.121cm³/g）均为最大。CA-0.3 的 S_{BET} 和 V_{total} 显著下降，可归因于纳米片的聚集。CA-0.2 还具有所有碳材料中最高的微孔表面积（S_{mic}=101.3m²/g）和微孔容积（V_{mic}=0.041cm³/g）。根据之前的研究，微孔有助于低电压下的平稳充电容量[69]。介孔能显著改善质量传输，减少离子扩散距离，并增加有效的离子可接触表面积。因此，CA-0.2 有望实现优越的钠离子存储比容量和倍率性能。

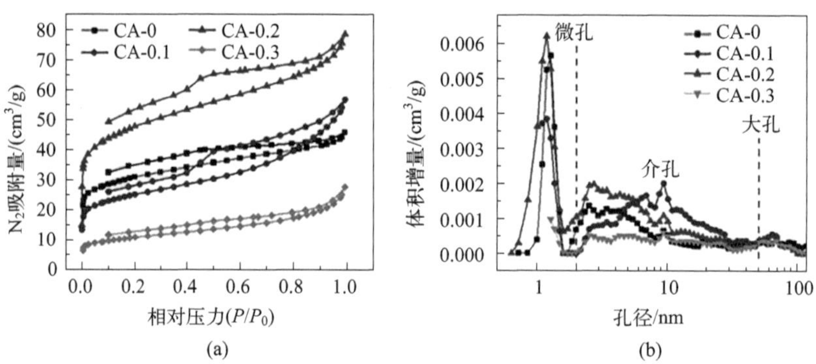

图 5-42　CA-x 的氮气吸附 / 脱附等温线（a）和相应的孔径分布（b）

表 5-5　CA-x 的孔隙特性

样品	S_{BET} /(m²/g)	S_{mic} /(m²/g)	S_{mec} /(m²/g)	V_{total} /(cm³/g)	V_{mic} /(cm³/g)	V_{mec} /(cm³/g)	D_{ap} /nm
CA-0	112.8	70.6	42.2	0.070	0.029	0.041	2.51
CA-0.1	91.0	49.2	41.8	0.087	0.020	0.067	3.85
CA-0.2	174.4	101.3	73.1	0.121	0.041	0.080	2.78
CA-0.3	38.8	14.9	23.9	0.042	0.006	0.036	4.4

5.4.7　X 射线衍射与拉曼光谱分析

如图 5-43（a）所示，CA-x 的 XRD 曲线在 23.6° 和 43.2° 处出现了 2 个衍射峰，分别对应石墨的（002）和（100）晶面。对于（100）衍射峰，利用布拉格定律（$2d\sin\theta=n\lambda$）计算出样品的层间距（d）分别为 0.396nm（CA-0）、0.385nm（CA-0.1）、0.382nm（CA-0.2）和 0.378nm（CA-0.3），符合钠离子嵌入 / 脱嵌所需的石墨烯层间距范围，有助于提升电化学动力学性能。此外，宽的（002）衍射峰表明样品具有无定形和无序特性。在碳材料中，无序的结构意味着丰富的活性位点，有利于钠离子存储。

CA-x 的拉曼光谱如图 5-43（b）所示，在 1345cm^{-1}（D 带）和 1578cm^{-1}（G 带）处的峰分别对应于碳材料中的 sp^{3}C 和 sp^{2}C 结构。G 带与 D 带强度比（I_G/I_D）用于衡量碳材料的石墨化程度。I_G/I_D 的值与石墨化程度成正比，与缺陷程度成反比。随着 GO 含量的增加，I_G/I_D 值从 CA-0.1 的 1.00 增加到 CA-0.2 的 1.02 和 CA-0.3 的 1.03。

根据上述分析，样品 CA-0.2 在所有样品中具有最高的 S_{BET}，并伴有更多的空隙和缺陷，同时还增加了石墨化纳米域。需要指出的是，CA-x 的结构特性主要受 GO 和 $Fe(NO_3)_3$ 含量的影响。GO 与琼脂之间的氢键作用促进了碳化过程中石墨化纳米域的形成。此外，均匀分布的铁催化剂不仅有效地促进了石墨化过程，还通过其活化作用促进了空隙和缺陷的形成。然而，过量的 GO 会导致纳米片聚集，从而导致 S_{BET} 的降低。

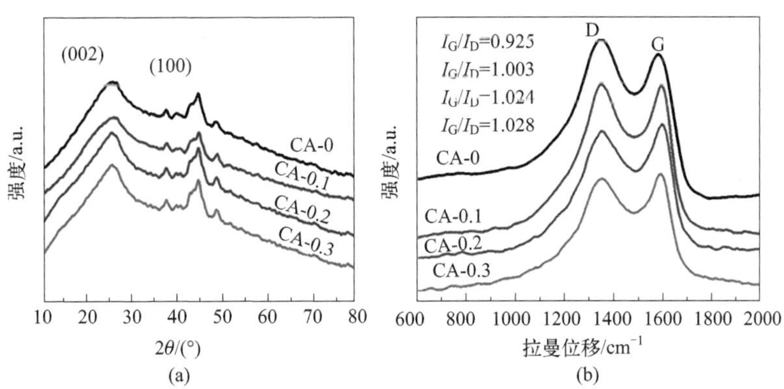

图 5-43　CA-x 的 XRD 图谱（a）和 CA-x 的拉曼光谱（b）

5.4.8 钠离子电池电化学性能分析

CA-x 样品在 0 ～ 2.5V（vs. Na^+/Na）的电位范围内，以 0.05A/g 的电流密度测试的首次 GCD 曲线如图 5-44（a）所示。在高电位区，GCD 曲线的显著上升和下降是由法拉第反应以及在纳米片边缘位点和表面上的吸附 / 解吸引起的[70]，而在低电位区的倾斜区域是由 Na^+ 插入和纳米片中的微孔填充引起的[71]。显然，CA-0.2 显示出最宽的电位平台和最大的放电容量，其比容量和首次库仑效率（ICE）分别为 341.9mA · h/g 和 87.1%，优于 CA-0（176.3mA · h/g，85.4%），CA-0.1（201.1mA · h/g，85.8%）和 CA-0.3（253.2mA · h/g，81.9%）。这一结果可以归因于 CA-0.2 中较高的比表面积（S_{BET}）、丰富的空位和缺陷以及石墨化纳米域，加速了 Na^+ 的嵌入 / 脱嵌并缩短了离子扩散距离，提高了储存容量。图 5-44（b）比较了 CA-x 在 0.05 ～ 2A/g 电流密度范围内的倍率性能。值得注意的是，CA-0.2 在 0.05A/g 下表现出 341.9mA · h/g 的高比容量，约为 CA-0 的 1.9 倍。随着电流密度分别提高至 0.1A/g、0.2A/g、0.5A/g 和 1A/g，CA-0.2 仍展现出优异的倍率性能，其比容量分别为 307.3mA · h/g、284.2mA · h/g、242.8mA · h/g 和 201.6mA · h/g。更重要的是，即使在 2A/g 的高电流密度下，CA-0.2 仍能保持 149.6mA · h/g 的容量，相当于电流密度增加 40 倍时仍具有 43.8% 的容量保持率。这种出色的倍率性能可归因于 Fe 催化剂和氧化石墨烯（GO）诱导的石墨化结构增加，以及发达的多孔结构和丰富的边缘与缺陷。通常情况下，石墨化程度的提高会降低材料的表面吸附能力，从而限制比容量的提升。然而，CA-0.2 在石墨化结构增加的同时，仍表现出优异的比容量和倍率性能，这主要得益于其均衡的结构特性，包括石墨化纳米结构和分级多孔结构的协同作用。具体来说：a. CA-0.2 中的石墨化结构显著提高了材料的电导率，从而实现了快速的电子传输，促进了充放电过程的动力学性能，并显著增强了倍率性能；b. CA-0.2 的层间距（0.382nm）有利于 Na^+ 的嵌入和脱嵌，从而平衡了由于石墨化结构的增加而引起的表面吸附能力的下降；c. CA-0.2 的分级多孔结构（包括介孔和微孔）确保了 Na^+ 的快速传输和高效存储。当电流密度从 2A/g 降低至 0.05A/g 时，CA-0.2 的容量恢复至 342.2mA · h/g，表明其具有优异的可逆性和循环稳定性。相比之下，在高电流密度（1 ～ 2A/g）下，CA-0 的比容量下降更为显著，这主要归因于平台容量的严重衰减。这表明，CA-x 中增大的层间距和微孔结构使其纳米片在快速 Na^+ 传输方面比 CA-0 中的无序结构和闭合纳米孔隙更具优势。

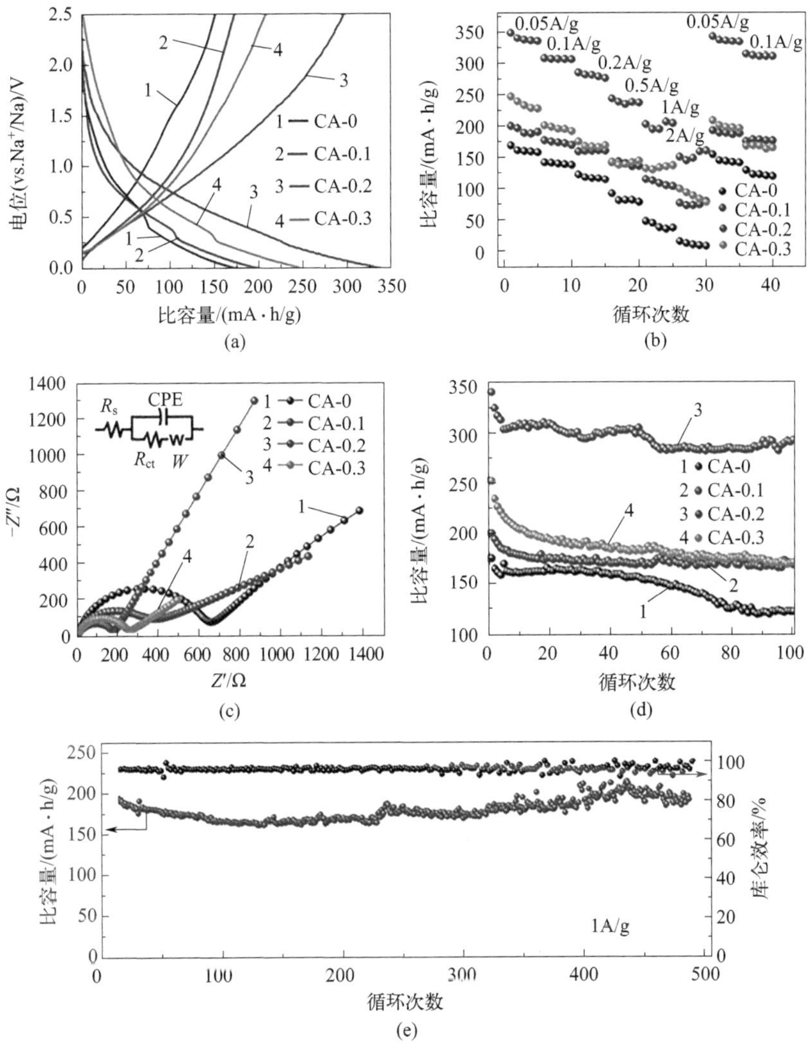

图 5-44　CA-x 在 0.05A/g 下的初始 GCD 循环（a）、CA-x 在 0.05 ~ 2A/g 范围内的倍率性能（b）、CA-x 的 Nyquist 图（c）、CA-x 在 0.05A/g 下 100 次循环的性能（d）和 CA-0.2 在 1A/g 下 100 次循环性能（e）（书后另见彩图）

CA-x 的 Nyquist 曲线显示出一个高频半圆和一个低频斜线，如图 5-44（c）所示。采用等效电路模型对曲线进行拟合，其中 R_s 表示电极与电解质之间的内阻；R_{ct} 表示电荷转移电阻；CPE 表示恒相位元件，W（Warburg 阻抗）对应 Na^+ 的扩散。CA-0、CA-0.1、CA-0.2 和 CA-0.3 的 R_{ct} 分别为 646.1Ω、371.3Ω、175.4Ω 和 252.6Ω。显然，随着 GO 含量从 0 增加到 0.2g，CA-x 的 R_{ct} 逐渐降低。CA-0.2 表现出最低的 R_{ct}，这归因于其诱导的石墨化碳结构增强了电导率。此外，CA-0.2 的较大 S_{BET} 和 V_{total} 可能提供了更多的电极 - 电解质界面面积，用于存储 Na^+ 并促进快速的电荷转移反应。当 GO 含量进一步增加到 0.3g 时，CA-0.3 的 R_{ct} 增加至 252.6Ω。这种增加可能是由于 GO 的团聚限制了电化学活性，从而导致 CA-0.3 的动力学性能不理想。

如图 5-44（d）所示，在 0.05A/g 下评估了 CA-x 的循环性能。在最初的几个循环中，所有样品都表现出明显的不可逆容量损失，这主要源于电解质分解、含氧官能团与 Na^+ 的不可逆反应以及固体电解质界面层（SEI）的形成。在随后的循环中，CA-0.1、CA-0.2 和 CA-0.3 保持相对稳定，而 CA-0 表现出显著的容量衰减，这表明添加 GO 能增强 CA-x 的循环稳定性。值得注意的是，CA-0.2 在所有 CA-x 电极中表现出最佳的循环性能，在 100 次循环后保持了 293.7mA·h/g 的放电容量。此外，图 5-44（e）显示了 CA-0.2 在 1A/g 高电流密度下的出色长期循环稳定性。在循环过程中，CA-0.2 的容量先是略有下降，然后逐渐增加，最终在 500 次循环后达到 197.6mA·h/g。这表明在 500 次循环后形成了更稳定的 SEI 层，减少了 CA-0.2 与电解质之间的副反应，同时可能暴露出更多的活性位点与 Na^+ 反应，从而提高了放电容量。良好的循环性能表明 CA-0.2 在反复 Na^+ 嵌入和脱嵌过程中具有优异的结构稳定性。

CA-0.2 优异的 Na^+ 储存能力归因于其适宜的孔结构、大的层间距、良好的导电性以及含 N/O 官能团的协同作用。具体而言：

① 合适的孔径以及合理的微孔 - 介孔比例能够有效提供 Na^+ 的活性位点，同时缩短离子传输距离，保证 Na^+ 的快速传输并加速扩散动力学；

② 扩大的层间距为离子的嵌入和脱嵌提供了更多的位点，从而提高了 Na^+ 的存储能力；

③ 石墨化结构具有优异的导电性，可为电子传输提供低阻抗通道，从而克服硬碳材料中电子转移动力学缓慢的问题；

④ 含 N/O 官能团的存在增加了层间距，并通过氧化还原反应增加额外容

量，从而有利于 Na^+ 储存。

CA-x 电极在 0 ～ 2.5V（vs. Na^+/Na）电压范围内，扫描速率为 0.1mV/s 时的 CV 曲线，如图 5-45（a）所示。CV 表现出典型的电容行为，表明 CA-x 中存在明显的电容贡献。在阴极扫描曲线上，大约 0.4V 处的还原峰与 SEI 膜的形成以及钠化反应有关。此外，CA-x 的阳极扫描曲线在 0.2V 处显示出一个氧化峰，而阴极扫描曲线在接近 0.01V 处显示出一个还原峰，这些峰对应于 Na^+ 在纳米空隙中的嵌入 / 脱嵌过程[72]。CA-0.2 的 CV 曲线积分面积最大，这对应于其最大的 Na^+ 储存容量。

为了进一步探究 CA-0.2 的 Na^+ 储存机制，在扫描速率为 0.1 ～ 2mV/s 的条件下进行了 CV 测试［图 5-45（b）］。CV 曲线上的两个明显的氧化还原峰表明 Na^+ 在碳材料中的可逆嵌入 / 脱嵌过程。Na^+ 通常通过表面控制的电容过程（SCP）和扩散诱导的嵌入过程（DIP）储存在碳材料中。在 SCP 中，Na^+ 会吸附在纳米孔、表面缺陷和官能团上，促进赝电容效应和离子的快速传输；而在 DIP 中，碳层间距必须超过 0.37nm 才能允许 Na^+ 的嵌入和脱嵌[73]。通过分析在不同扫描速率下的 CV 曲线，利用公式 $i=av^b$ 来研究 SCP 和 DIP 的贡献，其中 i 是氧化还原峰电流，v 是扫描速率，a 和 b 是常数。当 b 值接近 0.5 时，容量主要受离子扩散控制；而当 b 值接近 1 时，则表明容量贡献主要来自表面赝电容（SCP）反应。通过计算 lg$i$ 和 lg$v$ 之间线性关系的斜率来确定 b 值[74]。如图 5-45（c）所示，CA-0.2 阴极过程的 b 值为 0.88，反映出 CA-0.2 表现出良好的 SCP，用于快速储存 Na^+。此外，利用公式 $i(v)=k_1v+k_2v^{1/2}$ 对 Na^+ 的总储存容量进行定量计算。在公式中，给定电位下的总电流表示为 $i(v)$。如前所述，电流变化取决于氧化还原反应是受扩散控制还是电容控制。在扩散控制的氧化还原反应中，电流与 $v^{1/2}$ 成正比，而在电容过程中电流与 v 成正比。因此，表面电容电荷和扩散控制电荷分别由 k_1v 和 $k_2v^{1/2}$ 表示。通过对 $i(v)/v^{1/2}$ 与 $v^{1/2}$ 的线性拟合，可以得到 k_1 和 k_2 的值[75, 76]。当扫描速率为 0.1mV/s 时，CA-0.2 的容量中 72% 由 DIP 提供，28% 由 SCP 提供［图 5-45（d）］。在高扫描速率 2mV/s 下，扩散贡献从 72% 降至 37%。扩散机制在低扫描速率下占主导地位，因为离子有足够的时间扩散到内部孔隙中。在高扫描速率下，由于离子扩散时间有限，电容过程占据容量贡献的主导地位[70]。

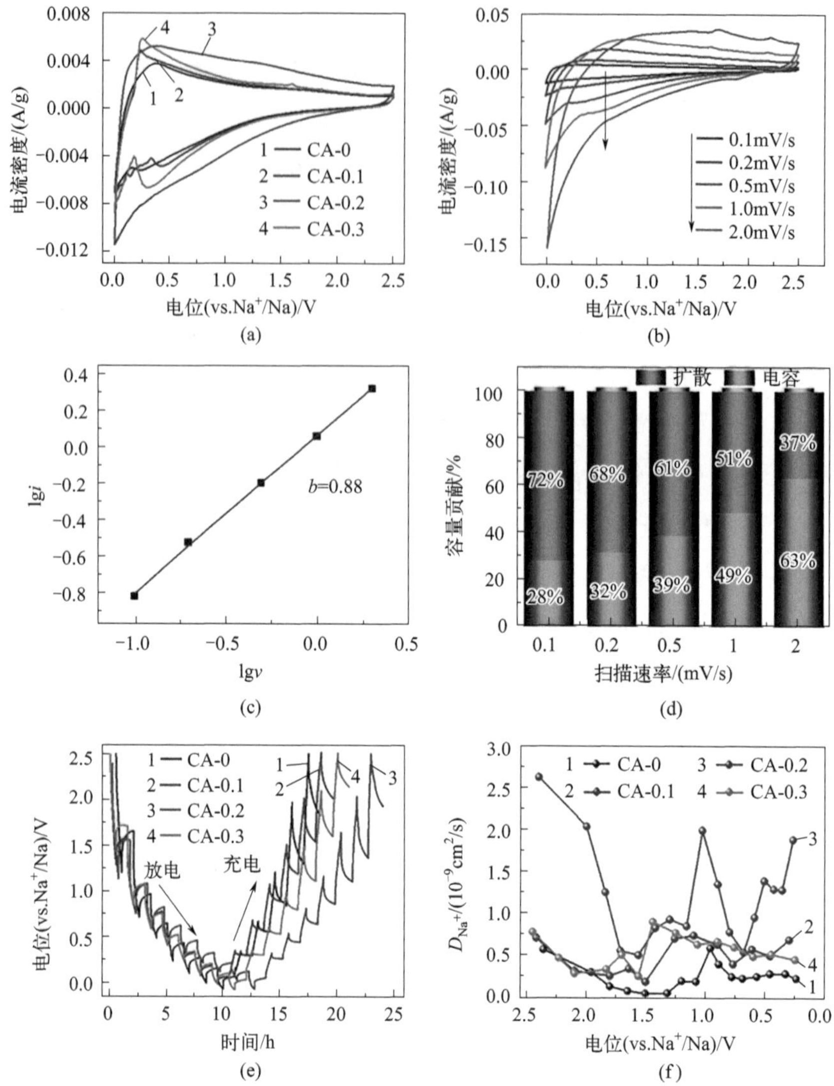

图 5-45　CA-*x* 在 0.1mV/s 下的 CV 曲线（a）、CA-0.2 在不同扫描速率下的 CV 曲线（b）、峰电流与扫描速率的关系（c）、CA-0.2 在 0.1 ~ 2mV/s 不同扫描速率下的电容贡献（d）、GITT 曲线（e）以及 CA-*x* 的 Na^+ 扩散系数（f）

此外，采用恒电流间歇滴定技术（GITT）研究 Na^+ 在 CA-*x* 电极中的扩散动力学。图 5-45（e）展示了 CA-*x* 电极在 0.05A/g 的脉冲下充放电 30min，然后静置 60min 的时间 - 电位曲线。CA-0.2 的充放电时间明显长于 CA-0、CA-0.1 和 CA-0.3，表明 CA-0.2 具有更大的容量。Na^+ 扩散系数（D_{Na^+}）按照以下公式计算[77]：

$$D_{\mathrm{Na}^+}=\frac{4}{\pi\tau}\left(\frac{m_{\mathrm{B}}V_{\mathrm{m}}}{M_{\mathrm{B}}S}\right)^2\left(\frac{\Delta E_{\mathrm{s}}}{\Delta E_{\tau}}\right)^2$$

式中 τ——弛豫时间；

m_{B}，V_{m}，M_{B}，S——材料的质量、摩尔体积、摩尔质量和表面积；

ΔE_{s}，ΔE_{τ}——从 GITT 曲线中计算得出的参数。

图 5-45（f）对比了 CA-x 的 Na^+ 扩散系数（D_{Na^+}）值。可以观察到，CA-x 的 D_{Na^+} 值可以达到 10^{-9}cm^2/s，其中 CA-0.2 的 D_{Na^+} 相对较高，快速的离子扩散系数有助于提高倍率性能和储钠能力。

综上，本节成功开发了一种简便的策略，用于制备具有丰富的短程石墨结构和适用于 Na^+ 储存的微孔的硬碳负极材料。该方法的主要机制是 GO 诱导的石墨化和 Fe 催化石墨化作用。在碳化过程中，琼脂与 GO 之间的氢键相互作用促进了石墨化，而 Fe^{3+} 与琼脂前驱体的络合作用则保证了 Fe^{3+} 在体系中的均匀分散，从而实现了高效的催化石墨化。CA 材料中短程石墨结构的层间距扩大至 0.382nm，并伴有适中的微孔，这确保了电子的快速传输和离子的高效扩散。得益于这些结构优势，经过优化的 CA-0.2 在 0.05A/g 时表现出 341.9mA·h/g 的极高容量，在 2A/g 时保持 149.6mA·h/g 的优异倍率性能，并在 1A/g 下经过 500 次循环后仍保持 197.6mA·h/g 的长循环稳定性。本研究开辟了设计高效能钠离子电池用 HC 负极材料的新路径。

参考文献

[1] Han X，Funk M R，Shen F，et al. Scalable holey graphene synthesis and dense electrode fabrication toward high-performance ultracapacitors[J]. ACS Nano，2014，8：8255-8265.

[2] Berry V. Impermeability of graphene and its applications[J]. Carbon，2013，62：1-10.

[3] Wang X，Zhang Y，Zhi C，et al. Three-dimensional strutted graphene grown by substrate-free sugar blowing for high-power-density supercapacitors[J]. Nature Communications，2013，4：2905.

[4] Wu D，Cheng J，Wang T，et al. A novel porous N- and S-self-doped carbon derived from Chinese

rice wine lees as high-performance electrode materials in a supercapacitor[J]. ACS Sustainable Chemistry & Engineering，2019，7：12138-12147.

[5] Gong Y，Li D，Luo C，et al. Highly porous graphitic biomass carbon as advanced electrode materials for supercapacitors[J]. Green Chemistry，2017，19：4132-4140.

[6] Shuang S，Hao Y，Chunping S，et al. Ultrasonic-microwave assisted synthesis of stable reduced graphene oxide modified melamine foam with superhydrophobicity and high oil adsorption[J]. Chemical Engineering Journal，2016，306：504-511.

[7] Guan L，Pan L，Peng T，et al. Synthesis of biomass-derived nitrogen-doped porous carbon nanosheets for high-performance supercapacitors[J]. ACS Sustainable Chemistry & Engineering，2019，7：8405-8412.

[8] Xu Y，Lin Z，Zhong X，et al. Holey graphene frameworks for highly efficient capacitive energy storage[J]. Nature Communications，2014，5：4554.

[9] Zhang L，Li W，Tang L，et al. Primary amine modulated synthesis of two-dimensional porous nanocarbons with tunable ultramicropores[J]. Journal of Materials Chemistry A，2018，6：24285-24290.

[10] Yao L，Lin J，Yang H，et al. Two-dimensional hierarchically porous carbon nanosheets for flexible aqueous supercapacitors with high volumetric capacitance[J]. Nanoscale，2019，11：11086-11092.

[11] Sun Y，Ma J，Yang X，et al. Sulfur covalently bonded to porous graphitic carbon as an anode material for lithium-ion capacitors with high energy storage performance[J]. Journal of Materials Chemistry A，2020，8：62-68.

[12] Raymundo-Piñero E，Kierzek K，Machnikowski J，et al. Relationship between the nanoporous texture of activated carbons and their capacitance properties in different electrolytes[J]. Carbon，2006，44：2498-2507.

[13] Lee K，Yoon Y，Cho Y，et al. Tunable sub-nanopores of graphene flake interlayers with conductive molecular linkers for supercapacitors[J]. ACS Nano，2016，10：6799-6807.

[14] Liu X，Lai C，Xiao Z，et al. Superb electrolyte penetration/absorption of three-dimensional porous carbon nanosheets for multifunctional supercapacitor[J]. ACS Applied Energy Materials，2019，2：3185-3193.

[15] Fang Y，Luo B，Jia Y，et al. Renewing functionalized graphene as electrodes for high-performance supercapacitors[J]. Advanced Materials，2012，24：6348-6355.

[16] Wang Q, Qin B, Zhang X, et al. Synthesis of N-doped carbon nanosheets with controllable porosity derived from bio-oil for high-performance supercapacitors[J]. Journal of Materials Chemistry A, 2018, 40: 19653-19663.

[17] Zhang X, Wang X, Jiang L, et al. Effect of aqueous electrolytes on the electrochemical behaviors of supercapacitors based on hierarchically porous carbons[J]. Journal of Power Sources, 2012, 216: 290-296.

[18] Zhou J, Li Z, Xing W, et al. A new approach to tuning carbon ultramicropore size at sub-angstrom level for maximizing specific capacitance and CO_2 uptake[J]. Advanced Functional Materials, 2016, 26: 7955-7964.

[19] He X, Zou H, Geng Z, et al. A hierarchically nanostructured cellulose fiber-based triboelectric nanogenerator for self-powered healthcare products[J]. Advanced Functional Materials, 2018, 28 (45): 1805540.

[20] Dutta S, Kim J, Ide Y, et al. 3D network of cellulose-based energy storage devices and related emerging applications[J]. Materials Horizons, 2017, 4 (4): 522-545.

[21] Zhang L, Zhu P, Zhou F, et al. Flexible asymmetrical solid-state supercapacitors based on laboratory filter paper[J]. ACS Nano, 2015, 10 (1): 1273-1282.

[22] Hu R, Zhang H, Liu J, et al. Deformable fibrous carbon supported ultrafine nano-SnO_2 as a high volumetric capacity and cyclic durable anode for Li storage[J]. Journal of Materials Chemistry A, 2015, 3 (29): 15097-15107.

[23] Luo W, Wang B, Heron C G, et al. Pyrolysis of cellulose under ammonia leads to nitrogen-doped nanoporous carbon generated through methane formation[J]. Nano Letters, 2014, 14 (4): 2225-2229.

[24] Lei H, Yan T, Wang H, et al. Graphene-like carbon nanosheets prepared by a Fe-catalyzed glucose-blowing method for capacitive deionization[J]. Journal of Materials Chemistry A, 2015, 3 (11): 5934-5941.

[25] Sevilla M, Fuertes A B. Direct synthesis of highly porous interconnected carbon nanosheets and their application as high-performance supercapacitors[J]. ACS Nano, 2014, 8 (5): 5069-5078.

[26] Li D, Lv C, Liu L, et al. Egg-box structure in cobalt alginate: A new approach to multifunctional hierarchical mesoporous N-doped carbon nanofibers for efficient catalysis and energy storage[J]. ACS Central Science, 2015, 1 (5): 261-269.

[27] Wu X, Zhou J, Xing W, et al. Insight into high areal capacitances of low apparent surface area

carbons derived from nitrogen-rich polymers[J]. Carbon, 2015, 94: 560-567.

[28] Yoon S B, Chai G S, Kang S K, et al. Graphitized pitch-based carbons with ordered nanopores synthesized by using colloidal crystals as templates[J]. Journal of the American Chemical Society, 2005, 127 (12): 4188-4189.

[29] Hou J, Jiang K, Wei R, et al. Popcorn-derived porous carbon flakes with an ultrahigh specific surface area for superior performance supercapacitors[J]. ACS Applied Materials & Interfaces, 2017, 9 (36): 30626-30634.

[30] Xu Z, Zhuang X, Yang C, et al. Nitrogen-doped porous carbon superstructures derived from hierarchical assembly of polyimide nanosheets[J]. Advanced Materials, 2016, 28 (10): 1981-1987.

[31] Chen Z, Wen J, Yan C, et al. High-performance supercapacitors based on hierarchically porous graphite particles[J]. Advanced Energy Materials, 2011, 1 (4): 551-556.

[32] Hou J, Cao C, Idrees F, et al. Hierarchical porous nitrogen-doped carbon nanosheets derived from silk for ultrahigh-capacity battery anodes and supercapacitors[J]. ACS Nano, 2015, 9 (3): 2556-2564.

[33] Tang Z, Pei Z, Wang Z, et al. Highly anisotropic, multichannel wood carbon with optimized heteroatom doping for supercapacitor and oxygen reduction reaction[J]. Carbon, 2018, 130: 532-543.

[34] Yan J, Wang Q, Wei T, et al. Recent advances in design and fabrication of electrochemical supercapacitors with high energy densities[J]. Advanced Energy Materials, 2014, 4 (4) :1300816.

[35] Hulicova-Jurcakova D, Seredych M, Lu G Q, et al. Combined effect of nitrogen-and oxygen-containing functional groups of microporous activated carbon on its electrochemical performance in supercapacitors[J]. Advanced Functional Materials, 2009, 19 (3): 438-447.

[36] Qian W, Sun F, Xu Y, et al. Human hair-derived carbon flakes for electrochemical supercapacitors[J]. Energy & Environmental Science, 2014, 7 (1): 379-386.

[37] Ouyang T, Cheng K, Gao Y, et al. Molten salt synthesis of nitrogen doped porous carbon: A new preparation methodology for high-volumetric capacitance electrode materials[J]. Journal of Materials Chemistry A, 2016, 4 (25): 9832-9843.

[38] Jia D, Yu X, Tan H, et al. Hierarchical porous carbon with ordered straight micro-channels templated by continuous filament glass fiber arrays for high performance supercapacitors[J].

Journal of Materials Chemistry A，2017，5（4）：1516-1525.

[39] Kang X，Wang C，Yin J. Hierarchically porous carbons derived from cotton stalks for high-performance supercapacitors[J]. ChemElectroChem，2017，4（10）：2599-2607.

[40] El-Kady M F，Strong V，Dubin S，et al. Laser scribing of high-performance and flexible graphene-based electrochemical capacitors[J]. Science，2012，335（6074）：1326-1330.

[41] Feng H，Hu H，Dong H，et al. Hierarchical structured carbon derived from bagasse wastes：A simple and efficient synthesis route and its improved electrochemical properties for high-performance supercapacitors[J]. Journal of Power Sources，2016，302：164-173.

[42] Wei T，Wei X，Yang L，et al. A one-step moderate-explosion assisted carbonization strategy to sulfur and nitrogen dual-doped porous carbon nanosheets derived from camellia petals for energy storage[J]. Journal of Power Sources，2016，331：373-381.

[43] Qian W，Zhu J，Zhang Y，et al. Condiment-derived 3D architecture porous carbon for electrochemical supercapacitors[J]. Small，2015，11（37）：4959-4969.

[44] Su X L，Chen J R，Zheng G P，et al. Three-dimensional porous activated carbon derived from loofah sponge biomass for supercapacitor applications[J]. Applied Surface Science，2018，436：327-336.

[45] Peng H，Ma G，Sun K，et al. Nitrogen-doped interconnected carbon nanosheets from pomelo mesocarps for high performance supercapacitors[J]. Electrochimica Acta，2016，190：862-871.

[46] Wang Y，Xuan H，Lin G，et al. A melamine-assisted chemical blowing synthesis of N-doped activated carbon sheets for supercapacitor application[J]. Journal of Power Sources，2016，319：262-270.

[47] Liu Z，Qin A，Zhang K，et al. Design and structure of nitrogen and oxygen co-doped carbon spheres with wrinkled nanocages as active material for supercapacitor application[J]. Nano Energy，2021，90：106540.

[48] Mohamed N B，El-Kady M F，Kaner R B. Macroporous graphene frameworks for sensing and supercapacitor applications[J]. Advanced Functional Materials，2022，32（42）：2203101.

[49] Zhang W，Yin J，Jian W，et al. Supermolecule-mediated defect engineering of porous carbons for zinc-ion hybrid capacitors[J]. Nano Energy，2022，103：107827.

[50] Lou G，Pei G，Wu Y，et al. Combustion conversion of wood to N，O co-doped 2D carbon nanosheets for zinc-ion hybrid supercapacitors[J]. Chemical Engineering Journal，2021，413：127502.

[51] Dong L, Ma X, Li Y, et al. Extremely safe, high-rate and ultralong-life zinc-ion hybrid supercapacitors[J]. Energy Storage Materials, 2018, 13: 96-102.

[52] Li H, Shi W, Liu L, et al. Fabrication of dual heteroatom-doped graphitic carbon from waste sponge with "killing two birds with one stone" strategy for advanced aqueous zinc-ion hybrid capacitors[J]. Journal of Colloid and Interface Science, 2023, 647: 306-317.

[53] Li Z, An Y, Dong S, et al. Progress on zinc ion hybrid supercapacitors: Insights and challenges[J]. Energy Storage Materials, 2020, 31: 252-266.

[54] Lin X M, Yang X T, Chen H N, et al. In situ characterizations of advanced electrode materials for sodium-ion batteries toward high electrochemical performances[J]. Journal of Energy Chemistry, 2023, 76: 146-164.

[55] Li W, Guo H, Chen K, et al. The organic sodium salts/reduced graphene oxide composites as sustainable anode for solid-state sodium ion batteries[J]. Journal of Power Sources, 2022, 517: 230722.

[56] Li Y, Xia D, Tao L, et al. Hydrothermally assisted conversion of switchgrass into hard carbon as anode materials for sodium-ion batteries[J]. ACS Applied Materials & Interfaces, 2024, 16: 28461-28472.

[57] Tan S, Yang H, Zhang Z, et al. The progress of hard carbon as an anode material in sodium-ion batteries[J]. Molecules, 2023, 28 (7): 3134.

[58] Zhao X, Ding Y, Xu Q, et al. Low-temperature growth of hard carbon with graphite crystal for sodium-ion storage with high initial coulombic efficiency: a general method[J]. Advanced Energy Materials, 2019, 9 (10): 1803648.

[59] Zhang H, Zhang W, Huang F. Graphene inducing graphitization: Towards a hard carbon anode with ultrahigh initial coulombic efficiency for sodium storage[J]. Chemical Engineering Journal, 2022, 434: 134503.

[60] Yin X, Zhao Y, Wang X, et al. Modulating the graphitic domains of hard carbons derived from mixed pitch and resin to achieve high rate and stable sodium storage[J]. Small, 2021, 18 (5): 2105568.

[61] Zhang X, Han R, Liu Y, et al. Porous and graphitic structure optimization of biomass-based carbon materials from 0D to 3D for supercapacitors: A review[J]. Chemical Engineering Journal, 2023, 460: 141607.

[62] Song S, Liu C, Ding R, et al. Isomerous Al-BDC-NH_2 metal-organic frameworks for

metronidazole removal: Effect of topology structure[J]. Journal of Solid State Chemistry, 2022, 314: 123376.

[63] Yang W, Yang W, Zhang F, et al. Hierarchical interconnected expanded graphitic ribbons embedded with amorphous carbon: An advanced carbon nanostructure for superior lithium and sodium storage[J]. Small, 2018, 14 (39): 1802221.

[64] Qiu S, Xiao L, Sushko M L, et al. Manipulating adsorption-insertion mechanisms in nanostructured carbon materials for high-efficiency sodium ion storage[J]. Advanced Energy Materials, 2017, 7 (17): 1700403.

[65] Dan R, Chen W, Xiao Z, et al. N-doped biomass carbon/reduced graphene oxide as a high-performance anode for sodium-ion batteries[J]. Energy & Fuels, 2020, 34: 3923-3930.

[66] Bai L, Sun Y, Tang L, et al. Sulfur and nitrogen co-doped carbon nanosheets for improved sodium ion storage[J]. Journal of Alloys and Compounds, 2021, 868: 159080.

[67] Wu Z, Zhang X, Deng L, et al. Atomic layer coated Al_2O_3 on nitrogen doped vertical graphene nanosheets for high performance sodium ion batteries[J]. Energy & Environmental Materials, 2021, 5: 285-294.

[68] Zuo X, Zhen M, Liu D, et al. A multifunctional catalytic interlayer for propelling solid-solid conversion kinetics of Li_2S_2 to Li_2S in lithium-sulfur batteries[J]. Advanced Functional Materials, 2023, 33 (15): 2214206.

[69] Wu Z, Li X, Ma X, et al. Hierarchical flower-like porous carbon nanosheets with richly exposed (002) planes for high-performance sodium-ion batteries[J]. ACS Applied Nano Materials, 2024, 7: 433-443.

[70] Zhang L, Chen J, Li H, et al. N-doped Ni-Co bimetallic derived hollow nano-framework cubes anchored on 3D reduced graphene aerogel with enhanced sodium ion batteries performance[J]. Colloids and Surfaces A: Physicochemical and Engineering Aspects, 2023, 659: 130796.

[71] Ren Y Y, Wang Z, Wang J, et al. Influence of hard carbon materials structure on the performance of sodium-ion batteries[J]. Energy & Fuels, 2023, 37: 14365-14374.

[72] Angelopoulou P, Vrettos K, Georgakilas V, et al. Graphene aerogel modified carbon paper as anode for lithium-ion batteries[J]. ChemistrySelect, 2020, 5: 2719-2724.

[73] Alzharani A, Shehab M K, Rodene D D, et al. Surface modification of partially reduced graphene oxide for advanced electrode material in rechargeable sodium batteries[J]. Energy & Fuels, 2022, 36: 4967-4977.

[74] Ali G, Mehmood A, Islam M, et al. Entangled reduced graphene oxide nanosheets as an insertion anode with large interlayer spacing for high rate Na-ion batteries[J]. Ceramics International, 2020, 46: 27711-27716.

[75] Li R L, Zhao Z B, Leng C Y, et al. Preparation of carbon dots from carbonized corncobs by electrochemical oxidation and their application in Na-batteries[J]. New Carbon Materials, 2023, 38: 347-355.

[76] Yusoff N F M, Idris N H, Din M F M, et al. Enhanced electrochemical performances of Mn_3O_4/heteroatom-doped reduced graphene oxide aerogels as an anode for sodium-ion batteries[J]. Nanomaterials, 2022, 12 (20): 3569.

[77] Sun Z, Tan K, Hou L, et al. Coordination polymer nanowires/reduced graphene oxide paper as flexible anode for sodium-ion batteries[J]. Science China Materials, 2020, 63: 1966-1972.

第 6 章

三维多孔石墨化碳材料的制备及性能分析

6.1 单宁酸 / 葡萄糖衍生三维多孔石墨化碳材料的制备及性能分析

鉴于高比表面积、良好的孔结构和快速电子 / 离子转移通道是提高碳正极电化学性能的关键因素，制备兼具良好孔结构和高石墨化骨架的多孔碳材料至关重要。K_2FeO_4 是一种水溶性试剂，也是一种有效的活化石墨化剂。其能够成功地将碳前驱体转化为具有高比表面积和良好导电性的多孔石墨化碳材料。除了催化剂的作用，前驱体的分子结构和热解性质也会影响所得碳材料的孔结构和石墨化程度。例如，芳香结构含量较少的碳前驱体倾向于形成多孔且无定形的碳[1]，而含有较多芳香结构和较少氧原子的前驱体则更容易形成具有高结晶度和较少微孔的二维碳材料[2, 3]。目前，碳前驱体的化学性质对其 ZIHC 电化学性能的影响尚未得到充分探讨。因此，有必要通过进一步研究，系统筛选和优化碳前驱体，以提升其电化学性能。

本节选用单宁酸（TA）和葡萄糖作为碳源，K_2FeO_4 作为活化 - 石墨化剂，$(NH_4)_2C_2O_4$ 作为氮源和发泡剂，来制备具有高比表面积和高石墨化度的蜂窝状氮掺杂多孔石墨碳（NPGC-TA/G）。单宁酸中的邻苯二酚基团能与 Fe^{6+} 形成强烈配位，从而确保石墨化催化剂 Fe 的原子级分散，进而充分发挥其优异的催化效能。单宁酸中的苯环有助于石墨结构的形成；低分子量的葡萄糖和 $(NH_4)_2C_2O_4$ 能够有效防止 Fe-TA 复合物的聚集，促进碳结构中缺陷、孔隙和空位的生成；K_2FeO_4 作为双功能活化 - 石墨化催化剂，能够同时促进孔隙和石墨碳结构的发展。基于 NPGC-TA/G 的水系 ZIHC 在 0.5A/g 下表现出 203.5mA·h/g 的优异比容量，并具有出色的倍率性能和循环稳定性。此外，组装的柔性固态 ZIHC 在电化学性能方面也表现出显著的稳定性和机械灵活性。

6.1.1 样品制备

将 1.5g 葡萄糖和 0.5g TA 溶解于 30mL 去离子水中。然后，向上述溶液中加入 1.5g K_2FeO_4 和 2.5g $(NH_4)_2C_2O_4$，充分搅拌以得到均匀的棕黄色混合溶液。将混合溶液转移至培养皿中并置于 110℃的烘箱中预发泡处理 12h。随后，在 N_2 气氛下，将得到的固体材料置于管式炉中，在 750℃下加热处理 2h。冷却至室温后，用稀盐酸多次洗涤碳产物，以去除金属离子和杂质，再用去离子水洗至中性。最后在 80℃烘箱中干燥，得到的样品命名为 NPGC-TA/G。

为了探究各原料对碳材料结构的影响，在不添加 $(NH_4)_2C_2O_4$、TA 或葡萄糖的条件下，分别制备 PGC-TA/G、NPGC-G 和 NPGC-TA，作为对照组进行比较，其余制备条件与 NPGC-TA/G 相同。

6.1.2　多孔石墨化碳材料形成机理分析

NPGC-TA/G 样品的制备流程如图 6-1 所示。选择 K_2FeO_4 作为活化 - 石墨化剂，这是由于其热分解产物为 KOH 和 $Fe(OH)_3$，能够对碳材料起到活化和石墨化效果。作为碳源，TA 具有丰富的邻苯二酚基团，能够与 Fe^{6+} 发生强烈的配位作用。这种配位作用不仅能够增加聚合物交联度，促进所得碳材料中芳香环结构的链接，还能确保 Fe^{6+} 的原子级分散，并最大化实现 Fe 的催化石墨化作用。这有助于提高 NPGC-TA/G 的结晶度和石墨化程度。TA 与 Fe^{6+} 之间强烈的络合作用会导致碳前驱体的自组装和聚合，从而形成一个致密的结构，且孔结构有限 [4]。加入富含羟基的葡萄糖，在热解过程中能释放大量气体，从而一定程度上缓解了 Fe-TA 复合物的聚集。对于 K_2FeO_4，除了具有催化石墨化的作用外，其分解产物 KOH 还可作为活化剂。此外，添加剂 $(NH_4)_2C_2O_4$ 既充当发泡剂，又提供氮源，促进了蜂窝状孔结构的形成和氮掺杂。

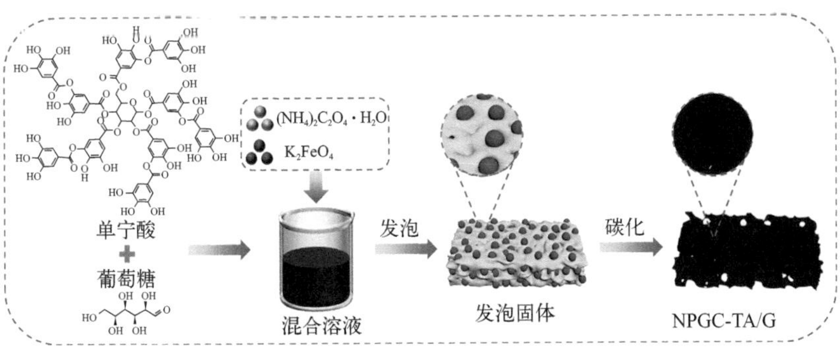

图 6-1　NPGC-TA/G 的制备流程示意图

6.1.3 热重分析

碳前体 TA 和葡萄糖的热稳定性与最终碳材料的结构密切相关。因此，研究其热解行为对于理解碳材料的形成过程具有重要意义。在 N_2 气氛下对 TA 和葡萄糖进行热解，测试温度为室温至 750℃，相应的 TGA（热重分析）曲线如图 6-2 所示。TA 和葡萄糖在 200 ～ 300℃之间发生剧烈的热分解反应，主要是 CO_2、CO 和 H_2O 等小分子气体的释放，这一过程标志着它们的初步热解阶段。随着温度的升高（> 300℃），芳构化效应开始显现，这促进了石墨碳的形成[5]。在 170 ～ 400℃的温度范围内，TA 和葡萄糖混合物的质量损失速率与单独 TA 或葡萄糖样品存在显著差异，这可能是由于 TA 和葡萄糖之间的交联作用，导致了不同的分解行为[6]。在 750℃热解后，TA 和葡萄糖的碳产率分别为 18.6% 和 11.9%。葡萄糖较低的碳产率表明其释放了更多的小分子气体，这有助于孔隙的形成，提高了产物碳材料的比表面积和孔隙度。此外，TA 和葡萄糖混合物的碳产率达到了 27.3%，比单独 TA 或葡萄糖的碳产率有所增加，碳产率的增加可归因于 TA 与葡萄糖之间发生的芳构化反应。

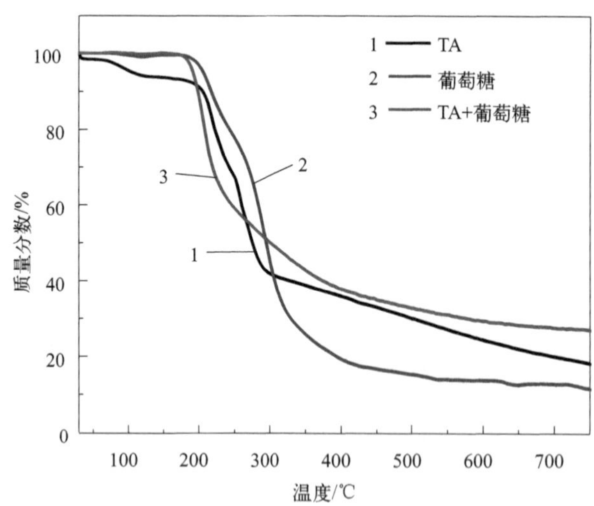

图 6-2 TA、葡萄糖及 TA 与葡萄糖混合物的 TGA 曲线

6.1.4　形貌与结构分析

为了研究材料的表面形貌，对 NPGC-TA/G、PGC-TA/G、NPGC-G 和 NPGC-TA 进行 SEM 表征分析。从图 6-3（a）可观察到，NPGC-TA/G 呈现出类似蜂窝的多孔结构，具有丰富且均匀的孔。这与 $(NH_4)_2C_2O_4$ 的加入有关，该物质在碳化过程中分解释放 NH_3 和 CO_2 气体，从而将黏稠的前驱体吹鼓［图 6-4（a）］[7]。这一发泡过程促进了孔的形成，形成了相互连接的多孔结构。此外，释放的 NH_3 可作为氮源，掺入到碳骨架中，实现氮掺杂。PGC-TA/G 的合成方法与 NPGC-TA/G 相似，但未加入 $(NH_4)_2C_2O_4$，得到的碳材料孔隙较少［图 6-3（b）］，这突显了 $(NH_4)_2C_2O_4$ 在形成蜂窝状多孔结构过程中的关键作用。从图 6-4（b）也可以发现，TA、葡萄糖和 K_2FeO_4 的混合物无法产生大量气泡。图 6-3（c）中的 NPGC-G 仅以葡萄糖作为碳前驱体，也具有丰富的孔隙结构，但其孔隙相较于 NPGC-TA/G［图 6-3（a）］较大，图 6-4（c）也显示葡萄糖、$(NH_4)_2C_2O_4$ 和 K_2FeO_4 的混合物发泡后能够产生较大的气泡。若仅使用 TA 作为碳前驱体，则得到的 NPGC-TA 为具有较少孔隙的块状［图 6-3（d）］，这是由于 TA 与 Fe^{6+} 之间的强络合作用，导致前驱体进行了过度的自组装和聚合，图 6-4（d）的发泡后碳化前的照片也显示出当仅使用 TA 作为碳源时产生的气泡较少。因此，通过选择碳前驱体和发泡剂，可以调控碳材料的微观结构。以上分析可知，NPGC-TA/G 实现了三维蜂窝状结构，具有互连的微孔和介孔。这归因于葡萄糖与 $(NH_4)_2C_2O_4$ 的协同发泡作用以及 K_2FeO_4 的石墨化和活化作用，这些因素共同作用下使得碳材料具有丰富的活性位点、快速的离子扩散和电子转移通道，有望具有较高的电荷储存容量。

此外，采用高分辨率透射电子显微镜对 NPGC-TA/G 的微观结构进行表征。TEM 的结果进一步证实了 NPGC-TA/G 具有蜂窝状形貌和互相连接的内部孔隙［图 6-5（a）和图 6-5（b）］。此外，图 6-5（b）中碳原子短程晶格条纹的出现表明铁原子发挥了良好的催化作用，促进了石墨化过程的进行。石墨状结构与微孔的共存为有效的离子存储位点提供了有力支持，有利于电荷存储和快速电子 / 离子转移。图 6-5（c）显示了 NPGC-TA/G 中的 C、O 和 N 元素的均匀分布，表明 O 和 N 杂原子已成功引入 NPGC-TA/G 结构中。

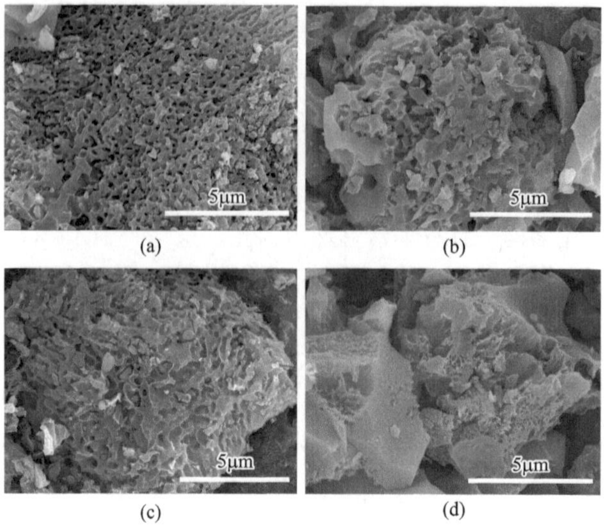

图 6-3　NPGC-TA/G 的 SEM 图像（a）、PGC-TA/G 的 SEM 图像（b）、NPGC-G 的 SEM 图像（c）和 NPGC-TA 的 SEM 图像（d）

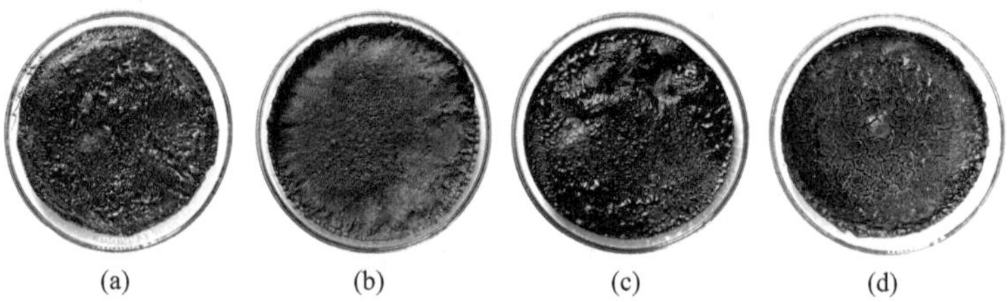

图 6-4　发泡后的前驱体照片（书后另见彩图）

（a）基于 TA、葡萄糖、K_2FeO_4 和 $(NH_4)_2C_2O_4$ 的前驱体；（b）基于 TA、葡萄糖和 K_2FeO_4 的前驱体；（c）基于葡萄糖、K_2FeO_4 和 $(NH_4)_2C_2O_4$ 的前驱体；（d）基于 TA、K_2FeO_4 和 $(NH_4)_2C_2O_4$ 的前驱体

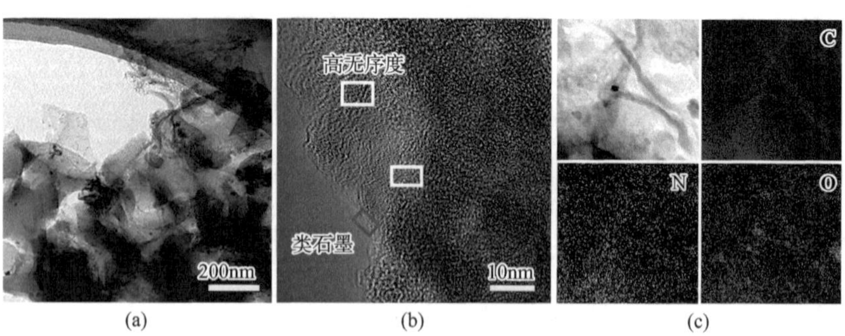

图 6-5　NPGC-TA/G 在不同放大倍率下的 TEM 图像（a）（b）及对应的 C、N 和 O 元素分布图（c）（书后另见彩图）

6.1.5　比表面积及孔径结构分析

为了测定材料的比表面积和孔隙结构特征，采用 N_2 吸附分析仪对样品进行表征，结果如图 6-6（书后另见彩图）和表 6-1 所示。图 6-6（a）显示所有样品均呈现出Ⅰ型和Ⅳ型等温线的特点，在低压区（$P/P_0 < 0.01$）N_2 吸附量迅速增加，并在 $0.5 < P/P_0 < 0.9$ 的压力范围内出现典型的滞后回线，表明微孔和介孔并存。这一结果在图 6-6（b）中的孔径分布曲线中可得到进一步验证。表 6-1 中的详细孔隙参数表明，NPGC-TA/G 的 S_{BET}（2171m²/g）和微孔比表面积（S_{mic}=1160m²/g）均高于 PGC-TA/G（1614m²/g，1091m²/g）和 NPGC-TA（2001m²/g，1140m²/g）。尽管 NPGC-G 的 S_{BET} 较高（2282m²/g），但 NPGC-TA/G 的 S_{mic}（1160m²/g）仍大于 NPGC-G（965m²/g）。这一差异可归因于 TA 作为前驱体加入，通过 Fe^{6+} 与 TA 中邻苯二酚基团的强络合作用，确保了 Fe^{6+} 在原子级别的高度分散，从而通过原位模板作用和活化过程形成了微孔结构。丰富的微孔能提供大量的电化学活性位点，并能促进电解液离子的有效转移和存储。得益于 $(NH_4)_2C_2O_4$ 的发泡作用和 K_2FeO_4 的活化作用，NPGC-TA/G 展现出了优异的分级多孔结构，这一结构特征能够增强离子的吸附 / 脱附动力学，提高倍率性能，并增加比容量[8]。

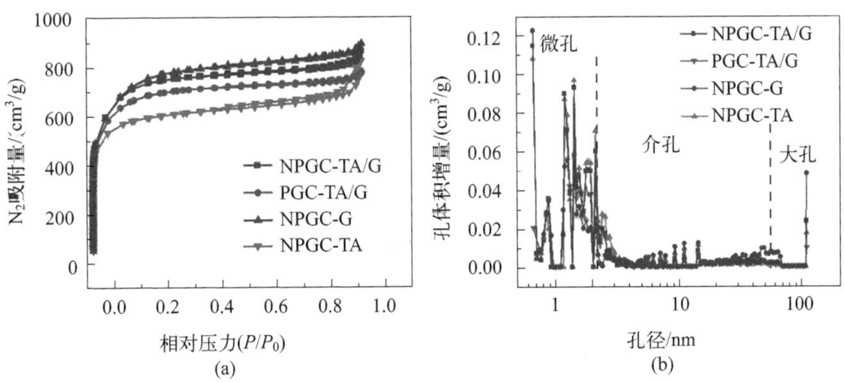

图 6-6　NPGC-TA/G、PGC-TA/G、NPGC-G 和 NPGC-TA 的 N_2 吸附脱附等温线（a）和孔径分布曲线（b）

表 6-1　NPGC-TA/G、PGC-TA/G、NPGC-G 和 NPGC-TA 的孔隙参数

样品	S_{BET} /(m^2/g)	S_{mic} /(m^2/g)	S_{mes} /(m^2/g)	V_{mic} /(m^3/g)	V_{total} /(m^3/g)
NPGC-TA/G	2171	1160	1010	0.61	1.27
PGC-TA/G	1614	1091	523	0.62	1.20
NPGC-G	2282	965	1317	0.51	1.31
NPGC-TA	2001	1140	861	0.60	1.13

6.1.6　X 射线衍射与拉曼光谱分析

采用 XRD 分析 NPGC-TA/G、PGC-TA/G、NPGC-G 和 NPGC-TA 的晶体结构特征，结果如图 6-7 所示。为了进行对比，在不添加 K_2FeO_4 的情况下制备了NC-TA/G，其他实验条件与NPGC-TA/G相同，并对其进行了XRD表征。如图 6-7（a）所示，除 NC-TA/G 外，NPGC-TA/G、PGC-TA/G、NPGC-G 和 NPGC-TA 在低角度区，衍射峰强度明显增加，表明这些材料中均存在丰富的微孔结构。NPGC-TA/G 在 23° 处具有明显的衍射峰，该衍射峰对应于石墨碳的（002）晶面，且其强度相比于 PGC-TA/G、NPGC-G 和 NPGC-TA 有所增强，表明 NPGC-TA/G 具有较高的石墨化程度。相比之下，未添加 K_2FeO_4 的 NC-TA/G 显示出较宽的衍射峰，说明其具有更多的无定形碳结构。这些结果表明，K_2FeO_4 的有效活化和石墨化作用，促进了 NPGC-TA/G 中微孔和石墨化碳结构的发展。

利用拉曼光谱对 NPGC-TA/G、PGC-TA/G、NPGC-G 和 NPGC-TA 的石墨化结构进行表征。图 6-7（b）的拉曼光谱中，在 1340cm^{-1} 和 1590cm^{-1} 处出现了 2 个明显的衍射峰，分别对应于无定形碳的 D 带和有序石墨化 sp^2 杂化碳的 G 带，G 峰与 D 峰的强度比（I_G/I_D）是衡量材料石墨化程度的重要指标。NPGC-TA/G、PGC-TA/G、NPGC-G 和 NPGC-TA 的 I_G/I_D 值分别为 1.06、1.04、1.04 和 1.05，所有样品的 I_G/I_D 值均大于 1，进一步证明了其较高的石墨化度。较高的石墨化度不仅有助于提高碳材料的导电性能，还能促进离子传输，从而

改善电化学性能。

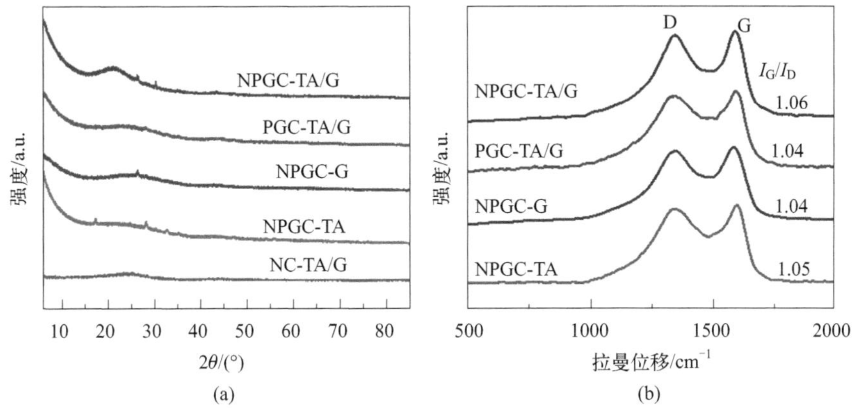

图 6-7 NPGC-TA/G、PGC-TA/G、NPGC-G 和 NPGC-TA 的 XRD 谱图（a）和拉曼光谱图（b）

6.1.7 X 射线光电子能谱分析

通过 XPS 进一步分析样品的表面元素组成及官能团，结果如图 6-8 所示。图 6-8（a）中的 XPS 全谱图表明，除 PGC-TA/G 外，所有样品均由 C、N 及 O 元素组成。NPGC-TA/G 中 C、O、N 的原子含量分别为 90.17% 原子百分数、8.59% 原子百分数、1.24% 原子百分数。此外，所有样品的氧含量均超过 8.2% 原子百分数，较高含量的氧掺杂有利于改善电极的表面润湿性，促进赝电容的形成。NPGC-TA/G 的 C 1s 谱图［图 6-8（b）］显示的位于 284.7eV 和 285.1eV 的峰分别对应 sp^2 和 sp^3 碳；286.2eV、287.6eV 和 290.0eV 的峰分别代表 C—O/C—N、C═O 和 COOR 官能团。NPGC-TA/G 的 O 1s 高分辨率谱图［图 6-8（c）］可以分解为四个峰，分别位于 531.3 eV（C═O）、532.5eV（C—OH）、533.6eV（C—O—C）和 536.67eV（COOR）。这些含氧官能团不仅能够改善 NPGC-TA/G 的润湿性，还能降低电极与电解液之间的界面电阻。图 6-8（d）为 NPGC-TA/G 的 N 1s 光谱图，可分为 398.5eV、400.3eV 和 402.4eV 三个峰，分别对应于吡啶氮、吡咯氮和石墨氮。值得注意的是，吡啶氮和吡咯氮的总含量达到了 TN 含量的 75.76%，这有利于为 Zn^{2+} 储存提供足够的化学吸附位点。

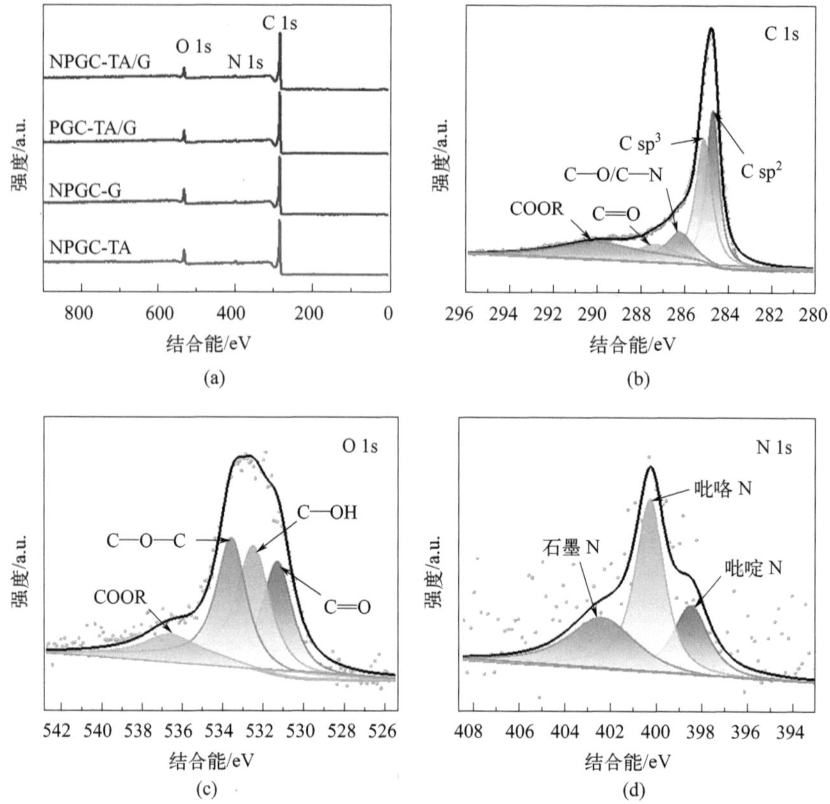

图 6-8 NPGC-TA/G、PGC-TA/G、NPGC-G 和 NPGC-TA 的 XPS 全谱图（a），NPGC-TA/G 的 C 1s 谱图（b），NPGC-TA/G 的 O 1s 谱图（c）以及 NPGC-TA/G 的 N 1s 谱图（d）

6.1.8 水系锌离子混合电容器电化学性能分析

为了研究材料结构对 Zn^{2+} 存储能力的影响，以 NPGC-TA/G、PGC-TA/G、NPGC-G 和 NPGC-TA 分别作为正极材料，锌箔作为负极材料，2mol/L $ZnSO_4$ 溶液作为电解液，组装成水系 ZIHC 器件并对其进行电化学测试。图 6-9（a）为以 NPGC-TA/G 为正极组装的水系 ZIHC 器件结构示意图。图 6-9（b）显示了在 0.2 ～ 1.8V 电压范围内，NPGC-TA/G、PGC-TA/G、NPGC-G 和 NPGC-TA 在 10mV/s 扫描速率下的 CV 曲线。所有 CV 曲线均呈现矩形形状，且氧化还原峰不明显，表明双电层电容行为和由 N、O 元素诱导的赝电容行为共存。锌负极（电镀 / 剥离）和碳正极（物理 / 化学吸附 / 脱附）可能发生的主要充放电反应可总结如下：

正极：

$$C+Zn^{2+} \rightleftharpoons C//Zn^{2+} \quad （物理吸附/脱附） \tag{6-1}$$

$$C\cdots O+H^{+}+e^{-} \rightleftharpoons C\cdots O\cdots H \quad （化学吸附/脱附） \tag{6-2}$$

$$C\cdots O+Zn^{2+}+2e^{-} \rightleftharpoons C\cdots O\cdots Zn \quad （化学吸附/脱附） \tag{6-3}$$

$$C\cdots N+H^{+}+e^{-} \rightleftharpoons C\cdots N\cdots H \quad （化学吸附/脱附） \tag{6-4}$$

$$C\cdots N+Zn^{2+}+2e^{-} \rightleftharpoons C\cdots N\cdots Zn \quad （化学吸附/脱附） \tag{6-5}$$

负极：

$$Zn \rightleftharpoons Zn^{2+}+2e^{-} \quad （电镀/剥离） \tag{6-6}$$

图 6-9（c）为 NPGC-TA/G 在不同扫描速率下的 CV 曲线，即使在 100mV/s 的高扫描速率下，曲线也没有出现明显的变形。这表明 NPGC-TA/G 具有理想的电容行为，能实现快速的离子扩散和电子传输。

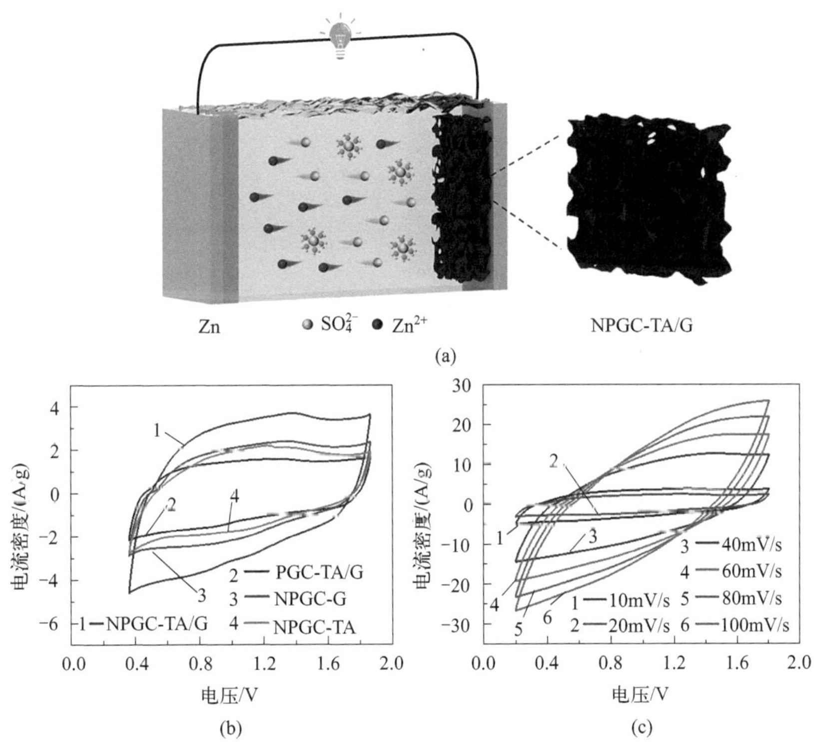

图 6-9　基于 NPGC-TA/G 的水系锌离子混合电容器示意图（a），NPGC-TA/G、PGC-TA/G、NPGC-G 和 NPGC-TA 在 10mV/s 扫描速率下的 CV 曲线（b），以及 NPGC-TA/G 在 10～100mV/s 不同扫描速率下的 CV 曲线（c）

图 6-10（a）为 NPGC-TA/G、PGC-TA/G、NPGC-G 和 NPGC-TA 在 0.5A/g 的电流密度下的 GCD 曲线。可以看出，NPGC-TA/G 的充放电时间最长，代表比容量最高，达到了 203.5mA · h/g，超过了 PGC-TA/G（90.0mA · h/g）、NPGC-G（127.2mA · h/g）和 NPGC-TA（112.1mA · h/g）。图 6-10（b）中，在 0.5A/g、1A/g、2A/g、3A/g、5A/g、10A/g 和 20A/g 的电流密度下 NPGC-TA/G 的 GCD 曲线呈现近乎对称的特性，进一步证实了其良好的倍率性能和可逆性。CV 和 GCD 的结果均证实了 NPGC-TA/G 高效的离子存储和传输能力。此外，NPGC-TA/G 在 400W/kg 功率密度下的最大能量密度达到了 164.6W · h/kg（图 6-11），超过了 PGC-TA/G（72.0W · h/kg）、NPGC-G（98.2W · h/kg）和 NPGC-TA（92.0W · h/kg）。

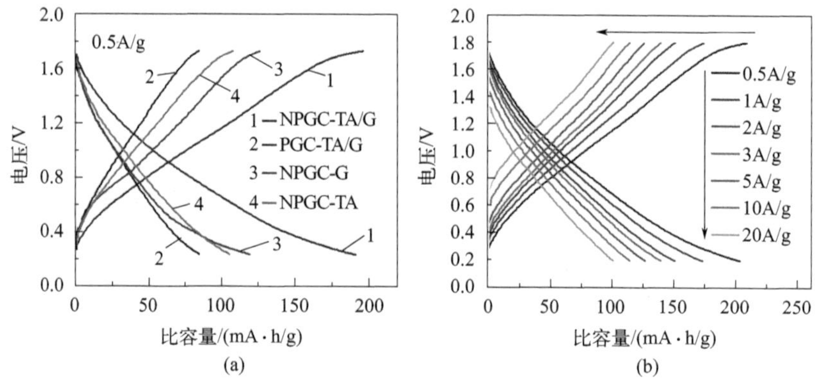

图 6-10　NPGC-TA/G、PGC-TA/G、NPGC-G 和 NPGC-TA 在 0.5A/g 下的 GCD 曲线（a）以及 NPGC-TA/G 在不同电流密度下的 GCD 曲线（b）

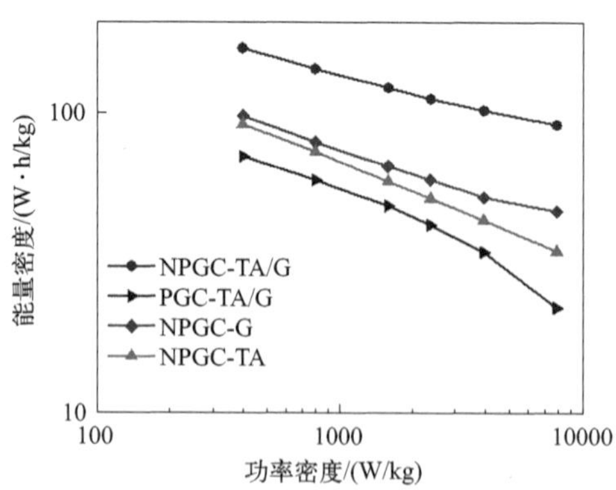

图 6-11　NPGC-TA/G、PGC-TA/G、NPGC-G 和 NPGC-TA 的能量-功率关系曲线图

在电流密度范围为 0.5 ～ 20A/g 内，研究了基于 NPGC-TA/G 及其他样品的水系 ZIHC 器件的倍率性能。如图 6-12（a）所示，在 0.5A/g、1A/g、2A/g、3A/g、5A/g、10A/g、15A/g 的电流密度下，NPGC-TA/G 的比容量分别为 203.8mA·h/g、174.8mA·h/g、152.5mA·h/g、139.3mA·h/g、127.8mA·h/g、115.0mA·h/g 和 101.7mA·h/g。当电流密度由 0.5A/g 增加到 15A/g 时，比电容保持率为 49.9%，明显高于 PGC-TA/G（21.3%）、NPGC-G（44.1%）和 NPGC-TA（33.9%），展现出 NPGC-TA/G 最佳的倍率性能。并且，NPGC-TA/G 在每个电流密度条件下都具有最高的比容量。NPGC-TA/G 中丰富的微孔和介孔组成的互联网络是其提高比容量和倍率性能的主要原因。此外，经过 35 个充放电循环后，当电流密度从 15A/g 降至 0.5A/g 时 NPGC-TA/G 的比容量恢复至 202.8mA·h/g，表明其具有较高的可逆性和良好的结构稳定性。图 6-12（b）显示了 NPGC-TA/G 在电流密度为 5A/g 下的循环稳定性和库仑效率，在 10000 次

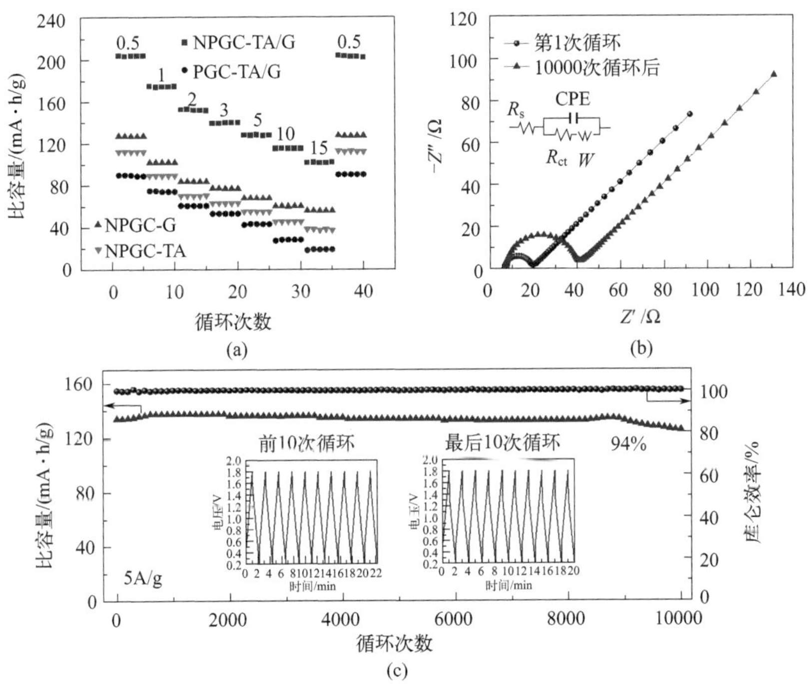

图 6-12 NPGC-TA/G、PGC-TA/G、NPGC-G 和 NPGC-TA 在不同电流密度下的倍率性能（a），PGCN 在 5A/g 下经过 10000 次循环的稳定性和库仑效率（b），以及 NPGC-TA/G 在 10000 次循环前后的 Nyquist 图（c）

（插图为前 10 次和后 10 次循环的充放电曲线）

循环后仍保持了初始比容量的 94%，且库仑效率在整个循环稳定性测试过程中保持接近 100%。在前几百次循环中，NPGC-TA/G 的比容量略有增加，这可能归因于电解液在充放电过程中逐渐渗透到电极内部。NPGC-TA/G 优异的长循环稳定性归因于其多孔石墨结构和氮 / 氧掺杂的协同作用。具体来说：

① 包括介孔和微孔在内的分级多孔结构保证了离子的快速传输和储存；

② 石墨碳结构增强了电子传输；

③ 丰富的氮 / 氧官能团提高了电极的润湿性，降低了界面电阻。

图 6-12（c）为 NPGC-TA/G//Zn 在 10000 次循环前后的 Nyquist 图。经过 10000 次循环后，电荷转移电阻（R_{ct}）从 13.1Ω 增加到 34.2Ω，这可能归因于：

① $Zn_4SO_4(OH)_6 \cdot 5(H_2O)$ 在 NPGC-TA/G 表面的不可逆沉积，阻断了互联的导电网络；

② Zn/Zn^{2+} 在锌箔上的重复剥离 / 电镀过程形成锌枝晶，增加了锌负极的电阻。

6.1.9 全固态柔性锌离子混合电容器电化学性能分析

鉴于 NPGC-TA/G 电极在水系 ZIHC 中的优异性能，进一步探索 NPGC-TA/G 在柔性固态 ZIHC 中的实际应用潜力。以凝胶 $ZnSO_4$ 为电解质，组装一个类三明治结构的柔性固态 ZIHC[图 6-13（a）插图]。柔性固态 ZIHC 先达到 1.8V 的充电电压，随后在 500h 的自放电测试中，放电电压稳定在约 1.26V[图 6-13（a）]。NPGC-TA/G 在不同扫描速率下的 CV 曲线呈现出类似于水系 ZIHC 的形状 [图 6-13（b）]，并且在不同电流密度下 GCD 曲线的形状都保持对称 [图 6-13（c）]，这都证明了基于 NPGC-TA/G 的柔性固态 ZIHC 器件具有较高的可逆性和良好的结构稳定性。在 0.1A/g、0.2A/g、0.5A/g、1A/g 和 2A/g 的电流密度下，NPGC-TA/G 分别表现出 205.0mA · h/g、176.4mA · h/g、141.2mA · h/g、102.6mA · h/g 和 68.8mA · h/g 的比容量。此外，不同电流密度条件下的比容量经过 5 次循环后保持不变，并在电流密度恢复到 0.1A/g 时比容量恢复到 203.7mA · h/g[图 6-13（d）]。这表明柔性固态 ZIHC 具有极佳的稳定性、可逆性和极小的容量损失。

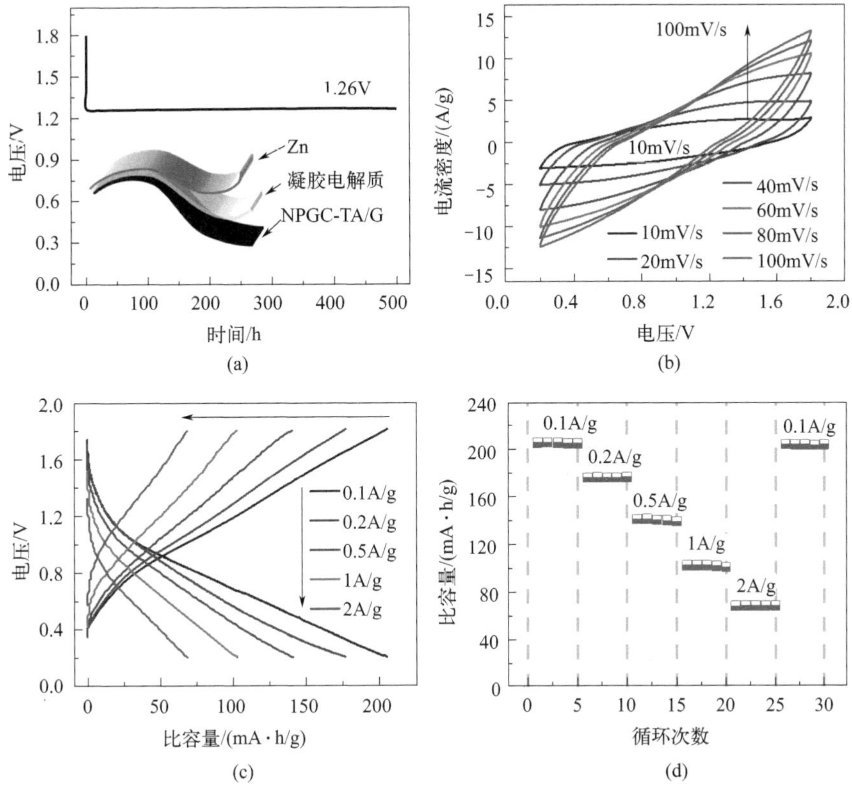

图 6-13　基于 NPGC-TA/G 的柔性固态 ZIHC 的电化学性能图

（a）自放电曲线（插图为结构示意图）；（b）在不同扫描速率下的 CV 曲线；（c）不同电流密度下的 GCD 曲线；（d）在不同电流密度下的倍率性能

值得注意的是，在 80W/kg 的功率密度下，基于 NPGC-TA/G 的柔性固态 ZIHC 的能量密度达到了 164W·h/kg[图 6-14（a）]，超过了许多已报道的柔性固态 ZHIC。此外，当柔性固态 ZIHC 经过 0°～90° 的不同角度弯曲时[图 6-14（b）]，在 10mV/s 扫描速率下的 CV 曲线几乎重叠，这突显出了柔性固态 ZIHC 的良好机械柔韧和稳定性。如图 6-14（c）所示，经过 1000 次循环后，柔性固态 ZIHC 的比容量仍保持初始值的 82.6%，且库仑效率达到 100%，这进一步证明了其优异的循环稳定性。随着循环次数的增加，柔性固态 ZIHC 的电阻值有所上升[图 6-14（d）]。这种变化可以归因于凝胶电解质中水含量的降低，导致离子迁移效率下降。

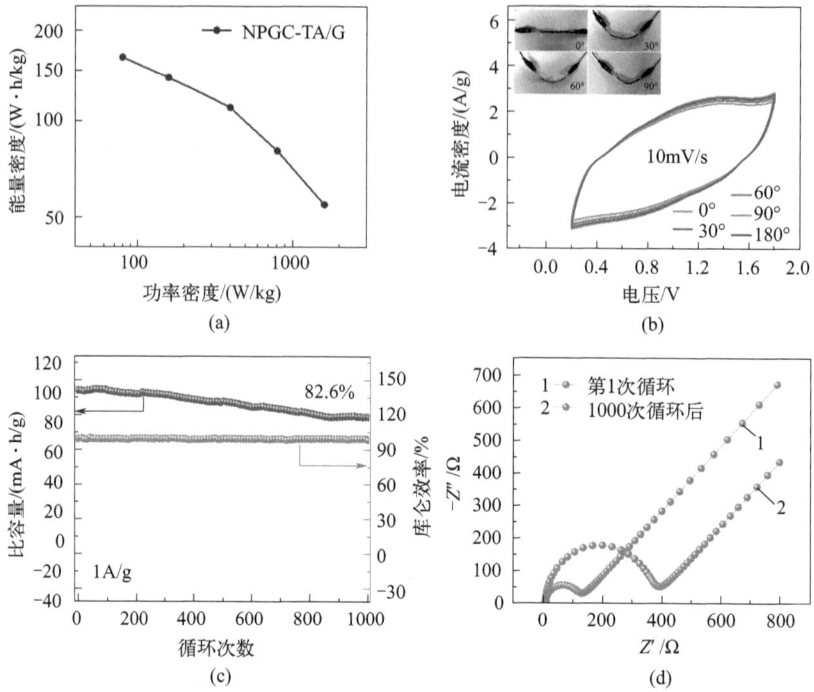

图 6-14 基于 NPGC-TA/G 的柔性固态 ZIHC 的功率密度和能量密度关系曲线（a）、不同弯曲角度下的 CV 曲线（b）、在 1A/g 下经过 1000 次循环的稳定性和库仑效率（c）以及在 1000 次循环前后的 Nyquist 图（d）（书后另见彩图）

6.1.10 锌离子混合电容器实际应用

采用NPGC-TA/G组装的袋装电池，能成功驱动小风扇运行2.5h（图6-15）。这一实验结果不仅验证了其在复杂条件下的稳定性，还体现了其在实际应用中的可行性和耐久性。

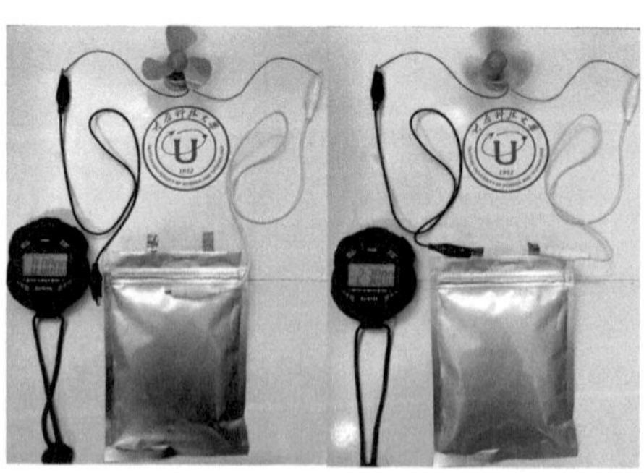

图 6-15 基于 NPGC-TA/G 组装的袋装电池持续给小风扇供电 2.5h

综上所述，本节以具有苯环结构的单宁酸（TA）和低分子量的葡萄糖为碳源，K_2FeO_4 为活化 - 石墨化剂，并添加 $(NH_4)_2C_2O_4$ 作为氮源和发泡剂，通过简单的发泡法制备了蜂窝状氮掺杂多孔石墨碳 NPGC-TA/G。TA 中的苯环结构有助于石墨结构的形成，低分子量的葡萄糖和 $(NH_4)_2C_2O_4$ 能够有效防止 Fe-TA 复合物的聚集，而 K_2FeO_4 作为双功能活化 - 石墨化催化剂，不仅促进了孔隙的形成，还推动了石墨碳结构的发展。此外，本书还研究了单一碳源和两种碳源对碳材料结构和的影响。具体结果如下：

① 仅以 TA 作为碳前驱体，得到的 NPGC-TA 为具有较少孔隙的块状；仅以葡萄糖作为碳前驱体，得到的 NPGC-G 的孔隙结构相较于 NPGC-TA/G 较大。NPGC-TA/G 实现了三维蜂窝状结构，具有互连的微孔和介孔，这归因于葡萄糖与 $(NH_4)_2C_2O_4$ 的协同发泡作用以及 K_2FeO_4 的活化作用，这促进了碳材料中缺陷、孔隙的生成。

② 氮气吸附 / 脱附结果表明 NPGC-TA/G 的 S_{BET}（$2171m^2/g$）和微孔比表面积（S_{mic}=$1160m^2/g$）均高于 PGC-TA/G 和 NPGC-TA。NPGC-TA/G 的 S_{BET}（$2171m^2/g$）低于 NPGC-G（$2282m^2/g$），但 NPGC-TA/G 的 S_{mic}（$1160m^2/g$）大于 NPGC-G（$965m^2/g$）。这一差异可归因于 TA 作为前驱体加入，通过与 Fe^{6+} 的强络合作用，确保了 Fe^{6+} 在原子级别的高度分散，进而基于原位模板作用和活化作用形成了微孔结构。XRD 和拉曼光谱表明，NPGC-TA/G、PGC-TA/G、NPGC-G 和 NPGC-TA 均具有较高的石墨化度。较高的石墨化度不仅有助于提高碳材料的导电性能，还能促进离子传输，从而改善电化学性能。

③ 在水系 ZIHC 中，NPGC-TA/G 在 0.5A/g 的电流密度下表现出 203.5mA・h/g 的优异比容量，同时具有出色的倍率性能和长期循环稳定性。同时，其在 400W/kg 的功率密度下实现了 164.6W・h/kg 的高能量密度；在 10000 次循环后仍能保持 94% 的容量保留率，且库仑效率接近 100%。此外，基于 NPGC-TA/G 组装的柔性固态 ZIHC 在 0.1A/g 的电流密度下实现了 205.0mA・h/g 的高比容量，同时展现出良好的电化学性能和机械柔韧性。

6.2　木屑衍生三维多孔石墨化碳材料的制备及性能分析

一次性筷子通常是由杨树和竹子等木材制成的，在餐饮行业得到广泛的应用，但大量被丢弃的筷子造成了巨大的资源浪费，并对环境产生了负面影响。因此，将废弃的一次性筷子转化为高附加值的产品具有广阔的应用前景。本节中，我们采用一步碳化法，将废弃的一次性筷子在催化剂 $K_2C_2O_4$ 和 $Fe(NO_3)_3$ 的作用下制备成高性能的 PGC 碳材料。得益于 $K_2C_2O_4$ 的活化作用和 $Fe(NO_3)_3$ 的石墨化作用，PGC 具有分级多孔结构和较高的石墨化度。此外，PGC 的孔结构和石墨化度还可通过改变 $K_2C_2O_4$ 用量和碳化温度来调节。该研究不仅为生物质废弃物提供了一种有效利用的途径，并且提供了一种温和的活化剂 $K_2C_2O_4$，为 PGC 的设计和合成开辟了一条新途径。

6.2.1　样品制备

首先，配制 30mL 浓度为 0.4mol/L 的 $K_2C_2O_4$ 和 0.2mol/L 的 $Fe(NO_3)_3$ 混合溶液，将 5g 木屑加入混合溶液中使其充分浸渍，静置 6h。其中，$K_2C_2O_4$、$Fe(NO_3)_3$ 和木屑三者的质量比为 0.4 ：0.3 ：1。混合物在 80℃的烘箱中过夜干燥后，置于管式定碳炉中，在氮气气氛下于 850℃碳化 2h。自然冷却至室温后，将碳化后的样品用 2mol/L HCl 洗涤，在 60℃的水浴中不断搅拌，以去除碳材料中剩余的催化剂，随后用蒸馏水多次洗涤至中性，干燥后得到最终产品 PGC-10*c*-*T*，其中 *c* 为 $K_2C_2O_4$ 溶液浓度，*T* 为碳化温度，所以上述样品命名为 PGC-4-850。图 6-16 为 PGC-10c-*T* 的制备流程图（书后另见彩图）。

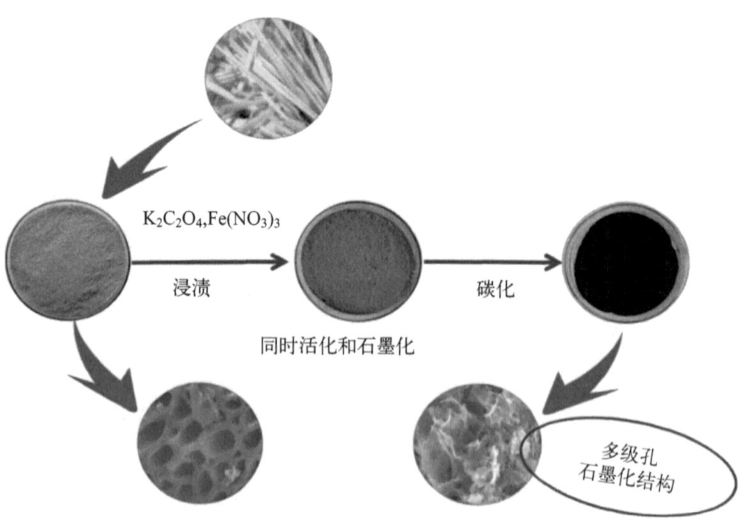

图 6-16　PGC-10*c*-*T* 的制备流程图

碳化温度是影响碳材料形貌结构的一个重要因素，尤其影响碳材料的石墨化度和孔性特征，因此我们制备了不同碳化温度下的样品，分别命名为 PGC-4-800（800℃）和 PGC-4-800（900℃）。同时，为了研究 $K_2C_2O_4$ 的浓度对碳材料结构性能的影响，选用不同浓度的 $K_2C_2O_4$ 和 0.2mol/L 的 $Fe(NO_3)_3$ 混合溶液作催化剂，得到样品 PGC-3-850（0.3mol/L $K_2C_2O_4$）和 PGC-5-850（0.5mol/L $K_2C_2O_4$）。作为对比，我们也制备了只添加活化剂 $K_2C_2O_4$ 得到的样品 PC-850 和只添加催化剂 $Fe(NO_3)_3$ 得到的样品 GC-850，其余制备条件与 PGC-4-850 相同。

6.2.2　形貌与结构分析

通过扫描电子显微镜可以观察出添加剂 $K_2C_2O_4$ 和 $Fe(NO_3)_3$ 对碳材料微观形貌和结构的影响。如图 6-17（a）和图 6-17（b）所示，当仅以 $K_2C_2O_4$ 或 $Fe(NO_3)_3$ 作为催化剂时，碳化后得到的样品 PC-850 和 GC-850 保留了木屑本身的微管束结构，这表明木屑原始的结构在单一催化剂作用下不会遭到严重破坏。当同时使用催化剂 $K_2C_2O_4$ 和 $Fe(NO_3)_3$ 时，管壁遭到严重破坏，如图 6-17（c）～（g）。使用不同浓度的 $K_2C_2O_4$ 溶液，得到的样品 PGC-10*c*-850 也表现出不同的形貌。从图 6-17（c）可以看到遭到破坏的微管束壁，并且随着 $K_2C_2O_4$ 浓度的增加，微管束壁严重破坏直到完全消失［图 6-17（f）和图 6-17（d）］。PGC-4-850［图 6-17（f）］呈现出大孔花瓣状的结构，而 PGC-5-850 显现一种薄的片状结构。在样品 PGC-4-800［图 6-17（e）］和 PGC-4-850［图 6-17（f）］的扫描电镜图中，都可以看到具有多孔的片状结构，但是在 PGC-4-900［图 6-17（g）］中却没有，这可能是由于碳化温度过高，碳骨架遭到破坏。相比于其他的样品，PGC-4-850 显示出一种三维互通的孔结构，这种结构有利于电解液进入，为离子的扩散和转移提供了较短的传输路径。

图 6-18 显示了 PGC-4-850 的扫描电镜图及其对应的 C、Fe 元素分布图（书后另见彩图），可以发现酸洗后的 PGC-4-850 样品中仍然存在少量的铁元素，但是相关的元素分析［图 6-18（d）］表明，铁原子的含量仅有 0.35%（质量分数）。少量 Fe 元素的存在是由于 Fe 以 Fe_3C 的形式包裹在碳层里，很难被酸完全去除[9, 10]，这可由 XRD 证实。同时，我们还看到 PGC-4-850 样品中含有大

量的杂原子 O（7.03%，原子百分数）和 N（3.23%，原子百分数），这是由于生物质本身含有丰富的 O、N 元素。

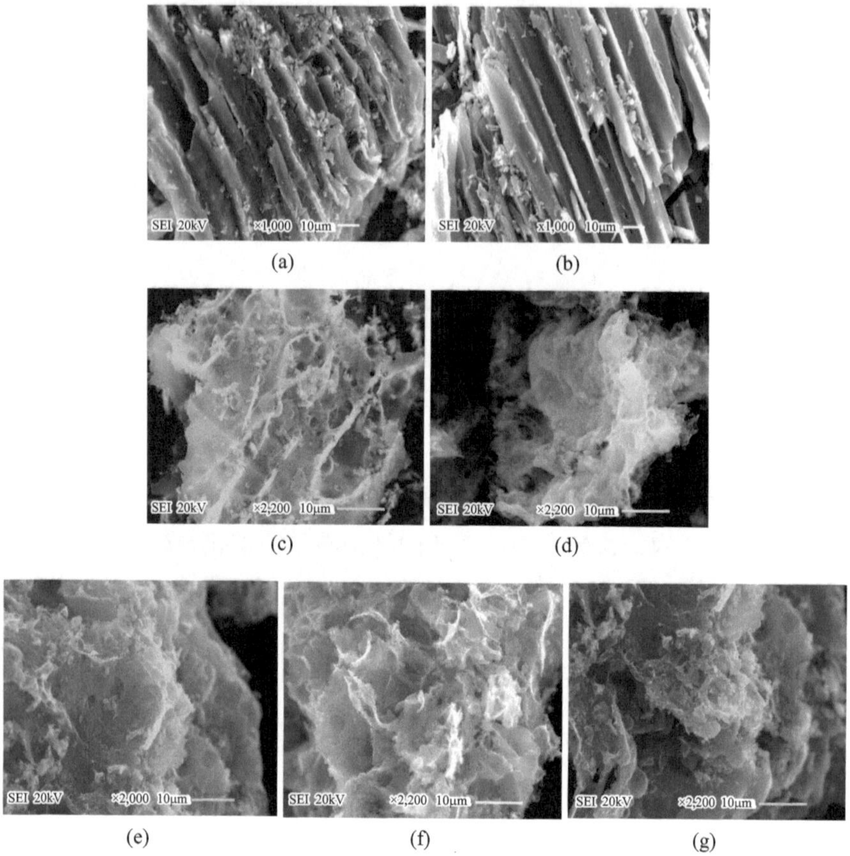

图 6-17 不同样品的扫描电镜图

（a）PC-850；（b）GC-850；（c）PGC-3-850；（d）PGC-5-850；（e）PGC-4-800；（f）PGC-4-850；（g）PGC-4-900

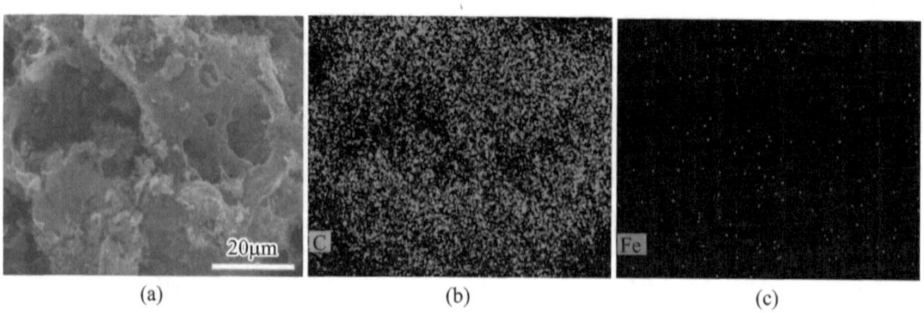

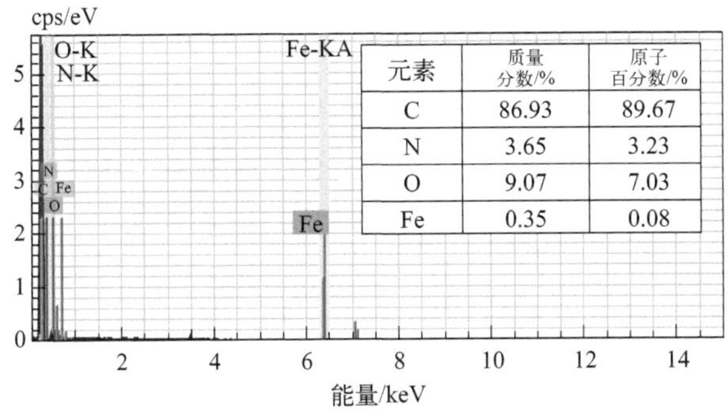

元素	质量分数/%	原子百分数/%
C	86.93	89.67
N	3.65	3.23
O	9.07	7.03
Fe	0.35	0.08

(d)

图 6-18 PGC-4-850 的扫描电镜图（a）、其对应的 C 元素分布图（b）及 Fe 元素分布图（c）和 PGC-4-850 的 EDS（能量色散 X 射线谱）分布图及各元素含量分布（d）

6.2.3 比表面积和孔结构分析

采用氮气吸附 / 脱附测试对碳材料的比表面积和孔径分布进行分析。如图 6-19（a）所示，PC-850、GC-850 和 PGC-4-850 的氮气吸附 / 脱附等温线都属于具有 H3 滞后环的Ⅳ型曲线。滞后环出现的原因是毛细管凝结作用使得氮气分子在低于常压下冷凝填充了介孔孔道，由于开始发生毛细凝结时是在孔壁的环状吸附膜液面上进行的，而脱附是从孔口的球形弯月液面开始，从而吸附 / 脱附等温线不相重合，往往就形成了一个滞后环。滞后环出现在相对压力在 0.4 ～ 0.9 的区域内，表明样品中存在介孔。与 GC-850 不同，PC-850 和 PGC-4-850 的等温线在低压区内出现快速增长的趋势，并且吸附量明显增大，说明这两种碳材料中存在大量的微孔。从图 6-19（b）中样品的孔径分布图也可以看出，当仅以 $K_2C_2O_4$ 作催化剂时样品 PC-850 的孔结构由单一的介孔变成多级孔性，也就是存在微孔和介孔。微孔的形成对碳材料的电化学性能非常有益，因为微孔对离子储存贡献最大。从图 6-19（c）和图 6-19（d）中可以看出，随着 $K_2C_2O_4$ 用量的增加，PGC-10*c*-850 的氮气吸附量以及孔体积也随之增加。碳化温度是影响多孔石墨化碳结构的关键因素，不同的碳化温度会对碳材料的比表面积、孔径分布以及导电性能产生一定的影响。当碳化温度从 800℃增加到 900℃时，如图 6-19（e）和图 6-19（f）所示，PGC-4-*T* 的氮气吸附量在减小，同时孔径介于 0.8 ～ 3nm 的孔也发生了收缩。

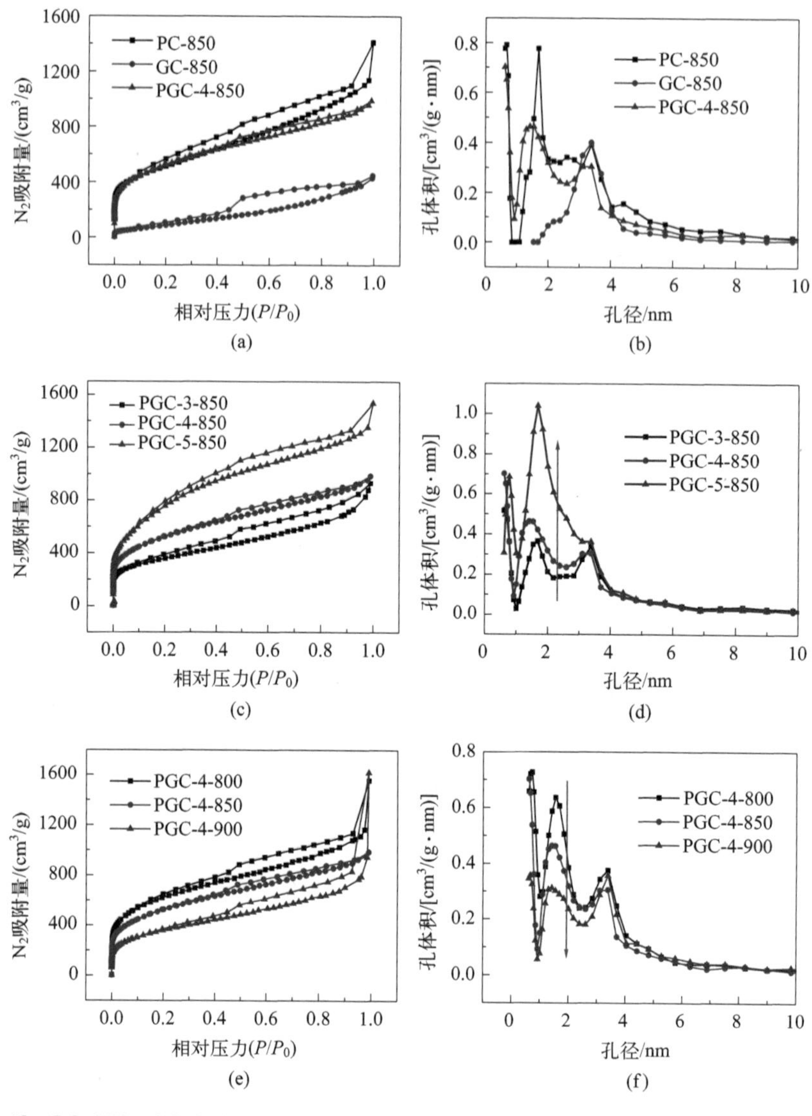

图 6-19　PC-850、GC-850 和 PGC-4-850 的氮气吸附 / 脱附曲线（a）和孔径分布曲线（b），PGC-10*c*-850 的氮气吸附曲线（c）和孔径分布的曲线（d），以及 PGC-4-*T* 的氮气吸附 / 脱附曲线（e）和孔径分布曲线（f）

表 6-2 给出了各样品的孔性参数，当仅以 $Fe(NO_3)_3$ 作催化剂时，GC-850 的比表面积（S_{BET}）仅达到 218.2m²/g，总的孔体积（V_{total}）为 0.69cm³/g，并且可以看出微孔的比表面积为零。与 GC-850 不同，PC-850 和 PGC-10*c*-*T* 中存在大量的微孔，S_{BET} 均超过 1100m²/g，甚至达到 2186.7m²/g，V_{total} 增加到 2.38cm³/g，这

主要归功于$K_2C_2O_4$的活化作用。虽然PC-850的总比表面积（1685.8m^2/g）稍高于PGC-4-850（1651.9m^2/g），但是其微孔比表面积（S_{mic}=582.0m^2/g）明显低于PGC-4-850（S_{mic}=738.6m^2/g）。对于PGC-10*c*-850，S_{BET}、V_{total}以及微孔体积V_{mic}随着$K_2C_2O_4$用量的增加而增大，但是V_{mic}/V_{total}比例却先从12.7%增加到19.2%，随后减小到14.9%。结合PGC-10*c*-850的S_{BET}和S_{mic}值，可以看出当活化剂$K_2C_2O_4$的用量在一定范围内，随着活化剂用量的增加，微孔的比表面积得到显著增加；但当$K_2C_2O_4$过量时，此时主要增加的是碳材料的介孔和大孔结构。PGC-5-850具有最大的比表面积，但介孔和大孔的含量较多，这导致质量密度降低，使得电极材料中有大量的空间被电解液淹没，电极性能恶化[11]。随着碳化温度的升高，PGC-4-*T*的比表面积出现减小的趋势，即PGC-4-800（2012.1m^2/g）> PGC-4-850（1651.9m^2/g）> PGC-4-900（1129.1m^2/g）。有趣的是，PGC-4-850具有最大的V_{mic}/V_{total}值（19.2%），而PGC-4-900的V_{mic}/V_{total}值仅为3.6%；并且样品的平均孔径从3.70nm（PGC-4-850）增大到8.88nm（PGC-4-900），这与高温下部分微孔闭合有关。这种现象通常用所谓的“falling cards model”[12]来解释，该模型假设碳化温度的增加引起石墨烯结构的形成，并进一步导致微孔坍塌或形成大孔。这一结论，也可以通过表6-2中V_{mic}和S_{mic}随碳化温度的升高而减小得到证实。文献中也有报道通过小角度X射线散射（SAXS）测量证明了微孔尺寸随着碳化温度的增加而增加[13]。以上结论表明，通过改变$K_2C_2O_4$的用量或者碳化温度可以有效调节碳材料的比表面积和孔径分布。作为超级电容器的电极材料，具有发达的孔隙、合理的孔径分布以及高比表面积的碳材料有利于提高其电化学性能。

表6-2 各样品的孔性特征对比

样品	S_{BET} /(m^2/g)	S_{mic} /(m^2/g)	V_{mic} /(cm^3/g)	V_{total} /(cm^3/g)	V_{mic}/V_{total} /%	D_{ap} /nm
PC-850	1685.8	582.0	0.27	2.18	12.4	5.18
GC-850	218.2	0	0	0.69	0	1.27
PGC-3-850	1200.1	424.8	0.18	1.44	12.7	4.81
PGC-4-850	1651.9	738.6	0.29	1.53	19.2	3.70
PGC-5-850	2186.7	777.2	0.35	2.38	14.9	4.35
PGC-4-800	2012.1	879.8	0.33	2.41	13.9	4.79
PGC-4-900	1129.1	205.7	0.09	2.51	3.6	8.88

6.2.4　碳材料晶形结构分析

为了研究催化剂 $K_2C_2O_4$ 和 $Fe(NO_3)_3$ 的存在对碳材料石墨化结构的影响，我们对碳材料进行了 XRD 表征。从图 6-20（a）可以看出，当仅以 $K_2C_2O_4$ 作为催化剂时，PC-850 在 2θ=20.8° 附近出现一个较弱的衍射峰，说明样品的无定形结构。而 GC-850 在 2θ=26.42° 处有一个明显的强衍射峰，对应石墨化碳的（002）晶面，这表明 $Fe(NO_3)_3$ 对石墨化碳结构的形成起着明显的促进作用。而样品 PGC-4-850 在（002）处的衍射峰强度明显低于 GC-850，这是因为 $K_2C_2O_4$ 的活化作用使有序的碳结构变得无序。表 6-3 显示了各样品的物理特征参数，包括 2θ 值、层间距（d_{002}）以及石墨化度（g）。PGC-4-850 的 2θ 值为 26.48°，对应的 d_{002} 为 0.3363nm，根据公式 g=（0.344−d_{002}）/0.0086 计算得出其石墨化度为 0.90，表明 PGC-4-850 具有良好的导电性。$K_2C_2O_4$ 的用量以及碳化温度对 PGC-10c-T 的石墨化度也有显著的影响。如图 6-20（c）所示，随着 $K_2C_2O_4$ 用量的增加，碳材料的（002）衍射峰逐渐减弱，这一发现进一步证明碳材料的无序度和无定形结构是由 $K_2C_2O_4$ 的活化作用导致的。此外，碳化温度越高,（002）衍射峰越强［图 6-20（e）］。表 6-3 显示随着碳化温度的升高，样品的石墨化度变化遵循以下趋势：PGC-4-800（0.60）＜ PGC-4-850（0.90）＜ PGC-4-900（1.09），说明无定形碳在高温条件下进行有序化排列过程 [14]。因此，可以通过减少 $K_2C_2O_4$ 的用量或升高碳化温度来提高 PGC-10c-T 的石墨化度。另外，在 GC-850 和 PGC-10c-T 的 XRD 曲线中，在 2θ=42.9°、43.7° 和 44.6° 处出现非常小的衍射峰，这是 Fe_3C（JCPDS No. 35-0772）的特征峰，表明样品中的 Fe 未能完全除掉。Fe_3C 在酸中不稳定，易除去，但是部分 Fe_3C 由于被石墨化碳层包裹，使其免受酸腐蚀 [15]，这与 EDS 的结果相吻合。

图 6-20（b）（d）（f）是各样品的拉曼谱图，从图中可以看出所有的碳材料都出现两个特征峰，分别是 D 峰（1344cm^{-1}）和 G 峰（1589cm^{-1}）。其中，D 峰是无定形碳的振动峰，G 峰是 2D 六方晶格的 sp^2 碳原子的振动峰 [16]。G 峰和 D 峰的峰强度比（I_G/I_D）可以反映碳材料的石墨化度。I_G/I_D 值越大，说明碳材料的石墨化结构越有序，石墨化度越高。PGC-4-850 的 I_G/I_D 值为 1.05，高于 PC-850 的 I_G/I_D 值（0.98），再次说明 $Fe(NO_3)_3$ 对碳材料石墨化结构的形成起着关键作用。然而，PGC-4-850 的 I_G/I_D 值低于 GC-850（I_G/I_D=1.11），这是由于 $K_2C_2O_4$

的活化作用。高浓度的 $K_2C_2O_4$ 导致较低的 I_G/I_D 值，例如 PGC-3-850 的 I_G/I_D 值为 1.08，PGC-5-850 的 I_G/I_D 值为 0.96。此外，I_G/I_D 值也随碳化温度的升高而增大，例如 I_G/I_D 值从 0.99（PGC-4-800）增加到 1.08（PGC-4-900）。因此，高温有利于提高碳材料的石墨化度。这些结果与 XRD 的分析结果一致。

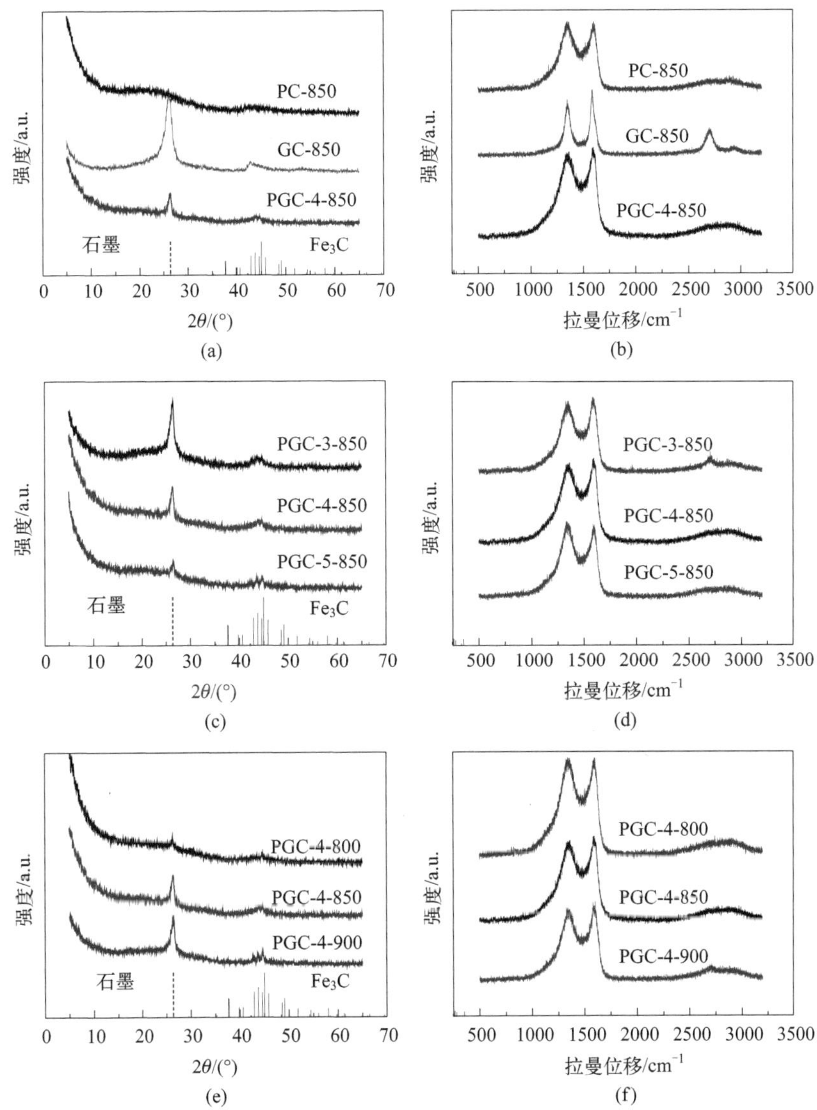

图 6-20　PC-850、GC-850 和 PGC-4-850 的 XRD 曲线（a）和拉曼曲线（b），PGC-10*c*-850 的 XRD 曲线（c）和拉曼曲线（d），以及 PGC-4-*T* 的 XRD 曲线（e）和拉曼曲线（f）

表 6-3　PC-850、GC-850 和 PGC-10*c*-*T* 的物理参数

样品	2θ / (°)	d_{002}/nm	g	I_G/I_D
PC-850	20.80	—	—	0.98
GC-850	26.42	0.3371	0.80	1.11
PGC-3-850	26.50	0.3361	0.92	1.08
PGC-4-850	26.48	0.3363	0.90	1.05
PGC-5-850	26.46	0.3366	0.86	0.96
PGC-4-800	26.28	0.3388	0.60	0.99
PGC-4-900	26.62	0.3346	1.09	1.08

6.2.5　PGC-10*c*-*T* 形成机理分析

为了研究催化剂 $K_2C_2O_4$ 和 $Fe(NO_3)_3$ 对碳材料的催化作用机理，将木屑、$K_2C_2O_4$ 以及 $Fe(NO_3)_3$ 的混合物在不同温度 400 ～ 900℃下进行碳化并对样品进行 XRD 表征，结果如图 6-21 所示。在较低碳化温度（400℃）下，样品出现了 K_2CO_3（JCPDS No. 16-0820）和 Fe_3O_4（JCPDS No. 19-0629）的特征衍射峰。K_2CO_3 的出现是由 $K_2C_2O_4$ 的分解作用产生的[17]，如式（2-17）所示。K_2CO_3 在高温下对碳具有刻蚀作用，如式（2-4）所示，并且反应过程中生成的 CO 会作为气孔剂促进孔结构的发展。因此，$K_2C_2O_4$ 在碳化过程中对孔结构的发展具有双重作用，即化学活化和物理活化。同时，$Fe(NO_3)_3$ 会在高温下分解为 Fe_2O_3、NO_2 和 O_2，如反应式（6-7）所示，反应过程中释放的 O_2 也会与碳反应，产生孔隙。$Fe(NO_3)_3$ 分解产生的 Fe_2O_3 会被热分解反应过程中产生的 CO 还原，逐步还原成 Fe_3O_4（JCPDS No. 19-0629）和 FeO（JCPDS No. 06-0615），最后生成 Fe（JCPDS No. 06-0696），如式（6-8）～式（6-10）。同时，CO 还原 Fe_2O_3 的过程中产生的 CO_2 会与碳发生反应，即原位 CO_2 物理活化，促进了碳材料微孔的调控。当碳化温度达到 850℃时，部分 Fe 会通过反应式（2-12）转变成 Fe_3C（JCPDS No. 35-0772）。继续升高温度到 900℃，Fe_3C 中的碳原子会溢出，从而形成石墨化碳结构。可以发现在 900℃的碳化温度下，样品在 2θ=26.4° 处有较强的石墨烯（JCPDS No. 41-1487）的特征衍射峰。这些结果表明，$Fe(NO_3)_3$

催化剂在石墨化碳结构的形成中扮演着非常重要的角色。因此，在同时存在 $K_2C_2O_4$ 和 $Fe(NO_3)_3$ 的反应中活化和石墨化可以同时实现。

$$4Fe(NO_3)_3 \longrightarrow 2Fe_2O_3+12NO_2+3O_2 \tag{6-7}$$

$$3Fe_2O_3+CO \longrightarrow 2Fe_3O_4+CO_2 \tag{6-8}$$

$$Fe_3O_4+CO \longrightarrow 3FeO+CO_2 \tag{6-9}$$

$$FeO+CO \longrightarrow Fe+CO_2 \tag{6-10}$$

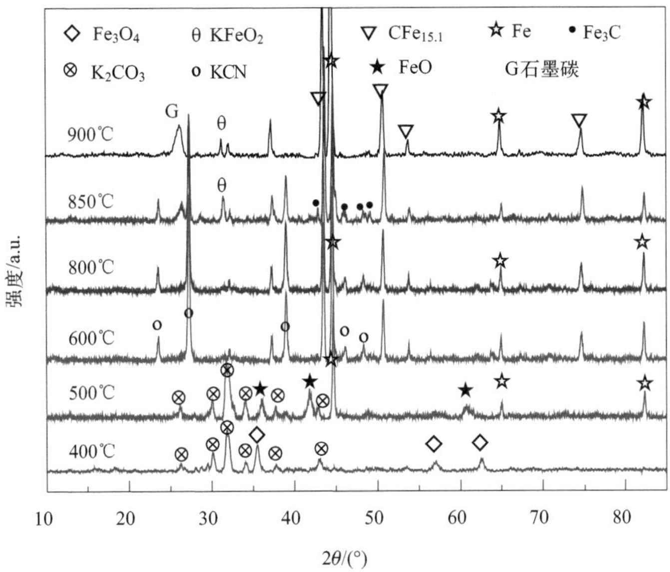

图 6-21　木屑、$K_2C_2O_4$ 和 $Fe(NO_3)_3$ 混合物在不同温度碳化后的 XRD 曲线

6.2.6　超级电容器电化学性能分析

为了评价 PGC-10*c*-*T* 作为电极材料的性能，我们采用三电极体系在 6mol/L 的 KOH 电解液中对其进行电化学性能表征。图 6-22（a）为 PC-850、GC-850 和 PGC-4-850 在扫描速率为 10mV/s 下的循环伏安曲线。可以明显看出，三种电极的循环伏安图差别很大。GC-850 的循环伏安曲线所围成的矩形面积非常小，说明其电容量很小。根据上述对材料形貌结构和物理特征的分析可知，这是由于 GC-850 碳材料中仅有有限的中孔并且缺乏微孔，从而限制了其电容性能。PC-850 和 PGC-4-850 的循环伏安曲线面积明显大于 GC-850，说明大的

比表面积和分级多孔结构有利于电解液离子的快速转移，并且为电荷储存提供了丰富的活性位点。进一步观察发现 PGC-4-850 的循环伏安曲线面积略大于 PC-850，这是因为 PGC-4-850 具有相对较多的微孔，而微孔对离子储存贡献最大；此外 PGC-4-850 具有较高的石墨化度，能够加快电子的传输。PGC-4-850 和 PC-850 的循环伏安曲线在 −0.8V 处出现了小突兀，这可能是杂原子（N 和 O）发生了氧化还原反应引起的[18]。此外，两个电极的循环伏安曲线在 −1.0 ～ −0.8V 的电压范围内出现了明显的极化现象，这与溶剂化离子吸附到亚纳米孔中有关[19]。通常，多孔碳材料中存在不规则的微孔和介孔，孔道的扭曲和狭窄限制了离子的传输和吸附，因此，循环伏安图的扭曲可以归因于微孔尺寸对电极动力学的影响[20, 21]。

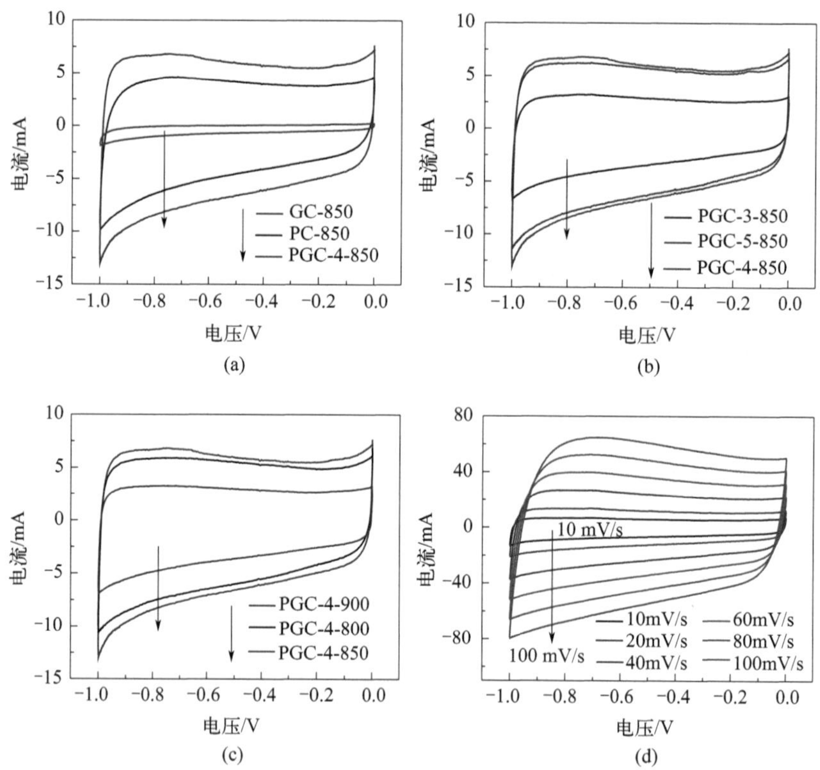

图 6-22　PC-850、GC-850、PGC-4-850 在 10mV/s 下的循环伏安曲线（a），PGC-10*c*-850 在 10mV/s 下的循环伏安曲线（b），PGC-4-*T* 电极在 10mV/s 下的循环伏安曲线（c），以及 PGC-4-850 在不同扫描速率下的循环伏安曲线（d）

在图 6-22（b）和图 6-22（c）中，所有 PGC-10*c*-*T* 的循环伏安曲线都呈现近矩形形状，其中 PGC-4-850 的循环伏安曲线面积最大。结合氮气吸附 / 脱附等温线分析以及 XRD 和拉曼曲线分析，我们知道 PGC-5-850 具有最大的比表面积，但是由于其较低的石墨化度，限制了电化学性能。PGC-4-900 在所有 PGC-10*c*-*T* 样品中石墨化度最高，但这是以牺牲比表面积为代价，使得电化学性能降低。因此，碳材料优异的电化学性能不仅与高比表面积和丰富的孔结构有关，而且还受石墨化度的影响。图 6-22（d）为 PGC-4-850 在不同扫描速率下的循环伏安曲线，可以看出，即使扫描速率增大到 100mV/s，曲线仍然保持较好的对称性矩形形状，表明了电极材料内电荷的快速转移和电解液离子的快速扩散。

图 6-23（a）为各电极在电流密度为 0.5A/g 时的计时电位曲线，所有样品的充放电曲线都表现出较好的对称结构，说明样品具有良好的可逆性。通过计时电位曲线，可以计算得出各电极的比电容。GC-850 具有最短的放电时间，在电流密度为 0.5A/g 时对应的比电容仅为 21.6F/g，而 PGC-3-850 的比电容为 124.6F/g，这是由于 PGC-3-850 具有相对较大的比表面积和丰富的孔性。随着 $K_2C_2O_4$ 用量的增加，比电容从 124.6F/g（PGC-3-850）增加到 219.6F/g（PGC-4-850），随后又减小到 209.6F/g（PGC-5-850）。结合 PGC-*c*-850 样品的孔性结构和石墨化度分析可知，碳材料微孔比表面积的增加会显著增加其电容性能（如 PGC-3-850 和 PGC-4-850），但当微孔比表面积相差不大时，增加介孔和大孔的含量会降低碳材料的导电性，从而使得比电容降低（如 PGC-4-850 和 PGC-5-850）。随着碳化温度的升高，碳材料的比电容呈现先增大后减小的趋势。这主要是由于当碳化温度过高时，虽然能够显著提高碳材料的石墨化度，但会导致微孔含量降低，而微孔是储存电荷的主要孔隙，因此 PGC-4-900 的比电容仅为 126.5F/g。以上结果分析表明，通过改变 $K_2C_2O_4$ 的用量和碳化温度可以调节碳材料的孔结构和石墨化度，进一步调节碳材料的电容性能。

图 6-23（b）显示了 PGC-4-850 在不同电流密度 0.2 ～ 10A/g 下的计时电位曲线，所有的充放电曲线都表现出对称的三角形形状。PGC-4-850 在电流密度为 0.2A/g、0.5A/g、1A/g、5A/g 和 10A/g 时的库仑效率分别为 93.8%、98.0%、99.0%、100% 和 99.2%，高的库仑效率说明容量储存主要是双电层储存。为了研究电极材料在不同电流密度下输送和储存电荷的能力，我们测试

了不同电流密度下电极材料的比电容，如图 6-24 所示。各电极的比电容随着电流密度的增加都呈现减小的趋势，这是离子扩散速率的限制引起的。在低电流密度下，电解液离子可以渗透到电极表面和内部的孔隙中；而在高电流密度下，只有部分的孔（主要是外孔）可以接触到电解液用于电荷储存[22]。在所有的电极中，PGC-4-850 表现出最佳的电容性能，在电流密度为 0.2A/g 时，比电容为 234.1F/g；当电流密度达到 10A/g 时，比电容仍保持在 169.8F/g，相当于 72.5% 的电容保持率（相对于 0.2A/g 时），其倍率性能明显高于 PGC-5-850（52.6%）和 PGC-4-800（34.5%）。这主要是由于 PGC-5-850 和 PGC-4-800 中含有过量的介孔和大孔，不利于电荷的储存。因此，PGC-4-850 优异的电化学性能得益于其适宜的微、介孔含量以及良好的导电性。

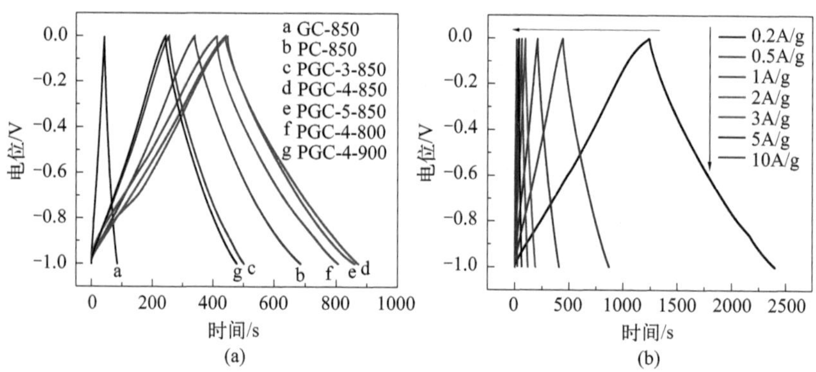

图 6-23 PC-850、GC-850 和 PGC-10c-T 在电流密度为 0.5A/g 时的计时电位曲线（a）及 PGC-4-850 在不同电流密度下的计时电位曲线（b）

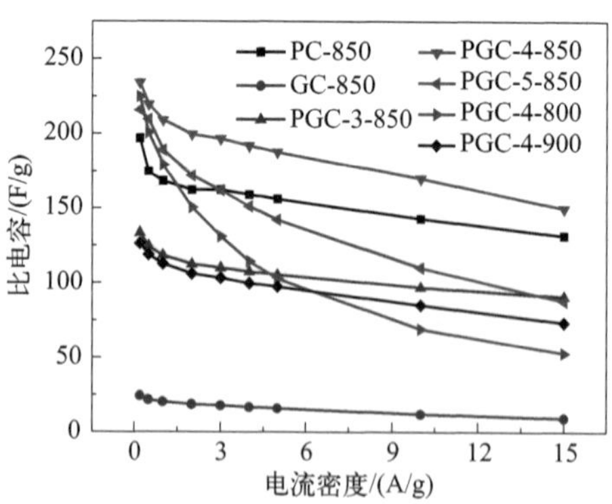

图 6-24 PC-850、GC-850 和 PGC-10c-T 电极在不同电流密度下的比电容

图 6-25 为 PC-850、GC-850 和 PGC-10*c*-*T* 电极的交流阻抗图以及通过 ZSimDemo 软件拟合的曲线和相应的等效电路图。等效电路图由 5 个元件组成，包括 R_s、Z_w、R_{ct}、C_1、C_2。其中，R_s 为电极材料的固有电阻、电极电阻以及电极和集流体的接触电阻的总和[23]；Z_w 为 Warburg 阻抗；R_{ct} 为电子的转移电阻；C_1 和 C_2 与在充放电过程中形成的电容层有关[24]。PGC-4-850 电极具有较小的 R_s（0.9227Ω）、R_{ct}（0.6215Ω）和 Z_w（0.4888Ω）值，这进一步证明多级分孔结构和良好的导电性可以保证离子和电子快速传播。此外，相比于其他的电极，PGC-4-850 的交流阻抗曲线在低频区更接近垂线，表明其理想的电容行为。

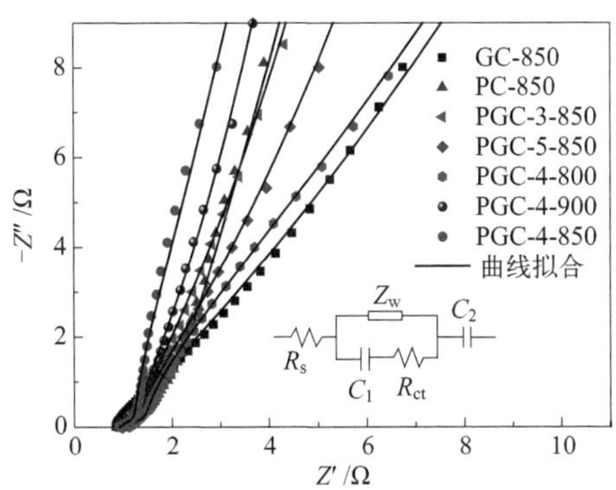

图 6-25 PC-850、GC-850 和 PGC-10*c*-*T* 电极的交流阻抗图

图 6-26 是 PGC-4-850 的循环稳定性随循环次数变化的曲线。PGC-4-850 的循环性能是通过在 100mV/s 条件下进行循环伏安测试得出的。当循环 10000 次后，电容衰减不明显，保持率为 96.6%。

虽然 PGC-4-850 具有优异的循环性能，但是电容还是有所衰退。理论上，双电层电容器应该有无限次循环寿命，因为其充放电过程是基于电解液离子在电极表面上的静电吸附和脱附过程产生的。然而，大多数碳材料经过连续的充放电循环后，电容都有所衰减。主要可以归因于以下 3 点：

① 碳材料中的表面官能团影响其电化学性能。经过连续的充放电反应，碳材料的表面发生氧化，使其导电能力下降，此外，碳材料中的含氧官能团也会增加其自放电现象，从而降低比电容。

② 由于电解液离子进入小孔中，造成孔隙堵塞，从而减少电极内电荷储存

的活性位点。

③ 碳材料与电解液离子的副反应，以及电解液与各种杂质之间的反应，也会造成比电容的衰退。

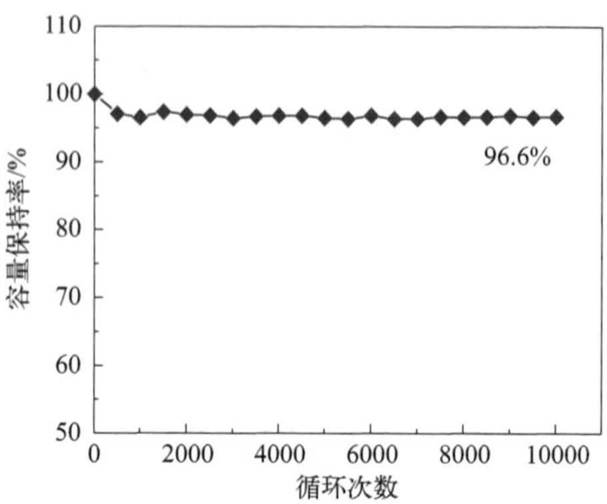

图 6-26　PGC-4-850 在扫描速率为 100mV/s 循环 10000 次的循环寿命曲线

综上，本节以木屑为原料，$Fe(NO_3)_3$ 为石墨化剂，$K_2C_2O_4$ 为活化剂，成功地制备了多孔石墨化碳，并比较了使用单一添加剂 $Fe(NO_3)_3$ 为或 $K_2C_2O_4$ 对碳材料形貌结构的影响。此外，本节还通过改变碳化温度和 $K_2C_2O_4$ 的用量来调节碳材料的石墨化度和孔径分布，从而使碳材料的电化学性能达到最佳。具体结果如下：

① 通过对碳材料的微观形貌观察可以发现，使用单一添加剂 $Fe(NO_3)_3$ 为或 $K_2C_2O_4$ 得到的 GC-850 或 PC-850 的管束结构没有遭到破坏。而以两者的混合物作催化剂时，管状结构遭到严重破坏，并且随着 $K_2C_2O_4$ 用量的增加，结构破坏越严重。

② 氮气吸附 / 脱附结果表明，当添加 $K_2C_2O_4$ 作活化剂时，碳材料 GC-850 由单一的介孔变成多级孔性。PGC-10*c*-*T* 的比表面积随着 $K_2C_2O_4$ 用量的增加不断增加，当 $K_2C_2O_4$ 的用量在一定范围内，主要增加的是微孔含量，但当 $K_2C_2O_4$ 过量时主要增加的是碳材料的介孔和大孔结构。碳化温度的升高导致微孔坍塌或形成大孔，使得比表面积减小。当碳化温度为 850℃、$K_2C_2O_4$ 浓度为 0.4mol/L 时，PGC-4-850 的比表面积为 1651.9m^2/g，此时 V_{mic}/V_{total} 比例达到

19.2%。

③ XRD 和拉曼光谱结果显示，与 PC-850 相比，PGC-4-850 的石墨化度得到明显的提高。随着 $K_2C_2O_4$ 用量的增加，PGC-10*c*-850 石墨化度呈现下降的趋势，这是由于 $K_2C_2O_4$ 的活化作用增加了碳材料的无序性；而升高碳化温度，能够提高 PGC-4-*T* 的石墨化度。

④ 结合 PGC-10*c*-*T* 各样品的孔性结构和石墨化度以及它们的电化学性能分析可知，当碳材料微孔比表面积相差不大时，增加介孔和大孔的含量会降低导电性，使得电极比电容降低。当碳材料具有相同比表面积时，微孔含量比例增加，有利于电极材料比电容的提高。其中，PGC-4-850 表现出最佳的电容性能，在电流密度为 0.2A/g 时比电容达到 234.1F/g。此外，PGC-4-850 还具有良好的倍率性能和循环稳定性。

参考文献

[1] Sekhon S S，Park J-S. Biomass-derived N-doped porous carbon nanosheets for energy technologies [J]. Chemical Engineering Journal，2021，425：129017.

[2] Wang Y，Zhang M，Shen X，et al. Biomass-derived carbon materials：Controllable preparation and versatile applications [J]. Small，2021，17（40）：2008079.

[3] Hunter R D，Ramírez-Rico J，Schnepp Z. Iron-catalyzed graphitization for the synthesis of nanostructured graphitic carbons [J]. Journal of Materials Chemistry A，2022，10（9）：4489-4516.

[4] Zhang X，Jiang C，Li H，et al. Rational design of activated graphitic carbon spheres with optimized ion and electron transfer channels for zinc-ion hybrid capacitors [J]. Journal of Colloid and Interface Science，2023，651：211-220.

[5] Deng J，Xiong T，Wang H，et al. Effects of cellulose，hemicellulose，and lignin on the structure and morphology of porous carbons [J]. ACS Sustainable Chemistry & Engineering，2016，4（7）：3750-3756.

[6] Díez N，Ferrero G A，Sevilla M，et al. A sustainable approach to hierarchically porous carbons from tannic acid and their utilization in supercapacitive energy storage systems [J]. Journal of Materials Chemistry A，2019，7（23）：14280-14290.

[7] Cui J, Zhang Z X, Quan H, et al. Effect of various ammonium salts as activating additive on the capacitance performance of hierarchical porous carbon derived from camellia husk [J]. Journal of Energy Storage, 2022, 51: 104347.

[8] Zhou Z, Zhou X, Zhang M, et al. In situ two-step activation strategy boosting hierarchical porous carbon cathode for an aqueous Zn-based hybrid energy storage device with high capacity and ultra-long cycling life [J]. Small, 2020, 16 (35): 2003174.

[9] Thompson E, Danks A E, Bourgeois L, et al. Iron-catalyzed graphitization of biomass[J]. Green Chemistry, 2015, 17 (1): 551-556.

[10] Zhu J, Xu D, Wang C, et al. Ferric citrate-derived N-doped hierarchical porous carbons for oxygen reduction reaction and electrochemical supercapacitors[J]. Carbon, 2017, 115: 1-10.

[11] Xu J, Tan Z, Zeng W, et al. A hierarchical carbon derived from sponge-templated activation of graphene oxide for high-performance supercapacitor electrodes[J]. Advanced Materials, 2016, 28 (26): 5222-5228.

[12] Dahn J R, Xing W, Gao Y. The "falling cards model" for the structure of microporous carbons[J]. Carbon, 1997, 35 (6): 825-830.

[13] Simone V, Boulineau A, de Geyer A, et al. Hard carbon derived from cellulose as anode for sodium ion batteries: Dependence of electrochemical properties on structure[J]. Journal of Energy Chemistry, 2016, 25 (5): 761-768.

[14] Jänes A, Thomberg T, Kurig H, et al. Nanoscale fine-tuning of porosity of carbide-derived carbon prepared from molybdenum carbide[J]. Carbon, 2009, 47 (1): 23-29.

[15] Wei J, Liang Y, Hu Y, et al. A versatile iron-tannin-framework ink coating strategy to fabricate biomass-derived iron carbide/Fe-N-carbon catalysts for efficient oxygen reduction[J]. Angewandte Chemie International Edition, 2016, 55 (4): 1355-1359.

[16] Ferrari A C, Robertson J. Interpretation of Raman spectra of disordered and amorphous carbon[J]. Physical Review B, 2000, 61 (20): 14095-14107.

[17] Sevilla M, Ferrero G A, Fuertes A B. Beyond KOH activation for the synthesis of superactivated carbons from hydrochar[J]. Carbon, 2017, 114: 50-58.

[18] Long C, Jiang L, Wu X, et al. Facile synthesis of functionalized porous carbon with three-dimensional interconnected pore structure for high volumetric performance supercapacitors[J]. Carbon, 2015, 93: 412-420.

[19] Lin R, Taberna P L, Chmiola J, et al. Microelectrode study of pore size, ion size, and solvent

effects on the charge/discharge behavior of microporous carbons for electrical double-layer capacitors[J]. Journal of the Electrochemical Society, 2009, 156 (1): A7-A12.

[20] Lin R, Huang P, Segalini J, et al. Solvent effect on the ion adsorption from ionic liquid electrolyte into sub-nanometer carbon pores[J]. Electrochimica Acta, 2009, 54 (27): 7025-7032.

[21] Chen Z, Wen J, Yan C, et al. High-performance supercapacitors based on hierarchically porous graphite particles[J]. Advanced Energy Materials, 2011, 1 (4): 551-556.

[22] Wang D W, Li F, Liu M, et al. 3D aperiodic hierarchical porous graphitic carbon material for high-rate electrochemical capacitive energy storage[J]. Angewandte Chemie International Edition, 2008, 120 (2): 379-382.

[23] Liu X, Zheng M, Xiao Y, et al. Microtube bundle carbon derived from paulownia sawdust for hybrid supercapacitor electrodes[J]. ACS Applied Materials & Interfaces, 2013, 5 (11): 4667-4677.

[24] Wang L, Mu G, Tian C, et al. In situ intercalating expandable graphite for mesoporous carbon/graphite nanosheet composites as high-performance supercapacitor electrodes[J]. ChemSusChem, 2012, 5 (12): 2442-2450.

第 7 章

多孔石墨化碳材料面临的挑战与发展展望

7.1　多孔石墨化碳材料的研究应用现状及面临的挑战

多孔石墨化碳材料因具有高比表面积、可调孔径分布和优异的导电性，在超级电容器、锌离子混合电容器、锂 / 钠离子电容器以及吸附剂、催化剂等领域具有广阔的应用前景。然而目前多孔石墨化碳材料仍面临一定的挑战，包含以下几方面：

① 虽然多孔石墨化碳材料缓解了比表面积和石墨化度间的“trade-off”效应，其比表面积和石墨化度可以通过改变催化剂的种类以及碳化工艺条件进行调控，但两者间的“trade-off”关系仍然存在，目前难以进行精确调控。

② 尽管采用金属催化石墨化的方式能够保证在低温碳化条件（＜ 1200℃）下提高碳材料的石墨化度，但是碳化温度仍需达到 700℃以上，能耗高，并且后续需要使用强酸去除碳材料中的金属杂质，在一定程度上增加了工艺的复杂性，也带来一定的环境污染。

③ 多孔石墨化碳材料在电化学储能中的机制并不完善，对于微 / 介孔的含量比例以及石墨化度对各项性能的作用，如倍率性能、循环稳定性、大电流充放电性能等，目前没有文献进行深入并明确的研究。

④ 单一结构的多孔石墨化碳材料在应用中所起到的作用有限，而采用传统物理混合方式结构不稳定，容易导致复合材料在循环过程中分层。

7.2　多孔石墨化碳材料未来研究发展方向

随着全球能源结构转型的加速和“双碳”目标的深入推进，电化学储能技术已成为实现可再生能源高效利用的关键支撑。多孔石墨化碳材料凭借其高导电性、可调控的孔道结构、优异的化学稳定性及丰富的表面化学特性，在超级电容器、锌离子混合电容器和钠离子电池等领域展现出巨大的应用潜力。然而，面向未来规模化、高安全、长寿命的储能需求，仍需从材料设计、机理探索、技术集成及产业化应用等方面进一步突破。

（1）多维结构协同设计与精准调控

未来研究需进一步融合零维、一维、二维及三维碳材料的维度特性，构建多级孔道与复合拓扑结构。例如：

① 分级多孔设计：通过精确调控微孔 - 介孔 - 大孔比例，耦合优化离子传输动力学，平衡高比表面积与结构稳定性的矛盾；

② 异质原子协同掺杂：结合 N、S、P 等原子的电子调控效应与空间位阻作用，定向增强表面活性位点密度及电荷转移效率；

③ 维度界面工程：开发碳纳米片 / 碳管异质结、三维互穿网络等结构，提升机械强度与电化学界面兼容性。

（2）储能机制的原位表征与理论建模

需突破传统测试手段的局限性，利用动态、多尺度的原位表征技术（如原位 XRD、Raman、TEM），结合第一性原理计算与机器学习，深入解析。如：

① 界面双电层 - 赝电容协同机制：揭示多孔碳表面官能团与电解液离子间的动态吸附 / 脱附行为；

② 多价离子（Zn^{2+}、Na^{+}）存储路径：明确孔结构对离子扩散势垒及插层行为的影响规律，指导“孔 - 离子适配性”设计；

③ 长循环过程中的结构退化：建立微观缺陷演化与宏观性能衰减的关联模型，提升材料循环稳定性。

（3）绿色制备工艺与规模化生产

当前碳材料的合成常依赖高温碳化、化学刻蚀等能耗高、污染大的工艺，亟需开发绿色环保的制备方法。如：

① 生物质前驱体高值化利用：利用可再生资源分子结构的特点，如木质素具有芳香环结构，而纤维素和半纤维素官能团多，易分解成小分子气体产生孔隙的特点，可以通过调节纤维素、半纤维素和木质素的比例来调节碳材料的多孔结构和石墨化程度，进而减少化学添加剂的使用；

② 固态废弃物转化：探索废塑料、废旧电池电极等固废的催化石墨化路

径，实现“以废治废”的闭环材料制备；

③ 连续化生产设备研发：突破批式反应器限制，开发高效、低能耗的连续石墨化装备，推动产业化应用。同时，需推动实验室级材料向工业化生产的转化，解决批次稳定性、成本控制等问题，为储能器件的大规模应用提供支撑。

（4）复合体系创新与多功能集成

单一碳材料难以满足极端工况需求，需通过复合化策略拓展其性能边界。如：

① 碳 - 二维材料杂化：引入 MXene、石墨烯等构建三维导电骨架，增强倍率性能与机械柔性；

② 碳 - 金属化合物复合：通过原位生长金属硫化物 / 氧化物纳米颗粒，赋予赝电容特性并抑制枝晶生长（如锌负极保护）；

③ 智能响应型碳基材料：集成温敏、压敏等功能组分，开发自适应环境变化的“智能储能器件”。

总之，多孔石墨化碳材料作为电化学储能领域的核心材料之一，其发展需以“高性能化、功能集成化、应用场景化”为导向，通过多学科交叉创新，推动储能技术向更高能量密度、更快充放速率、更长循环寿命迈进，为构建清洁低碳、安全高效的能源体系提供关键材料保障。

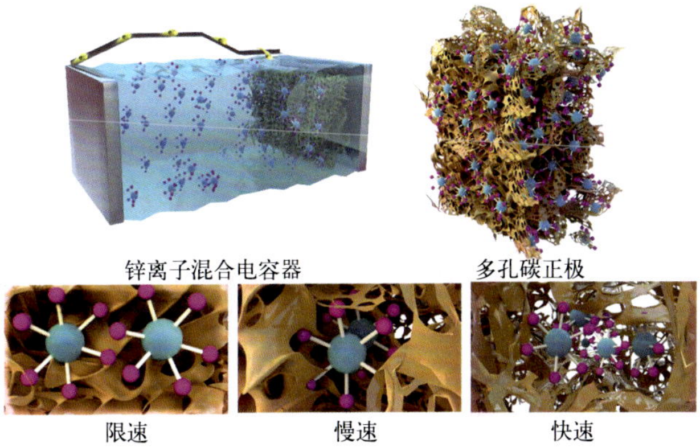

图 1-5　$Zn(H_2O)_6^{2+}$ 在不同孔径中的扩散示意图

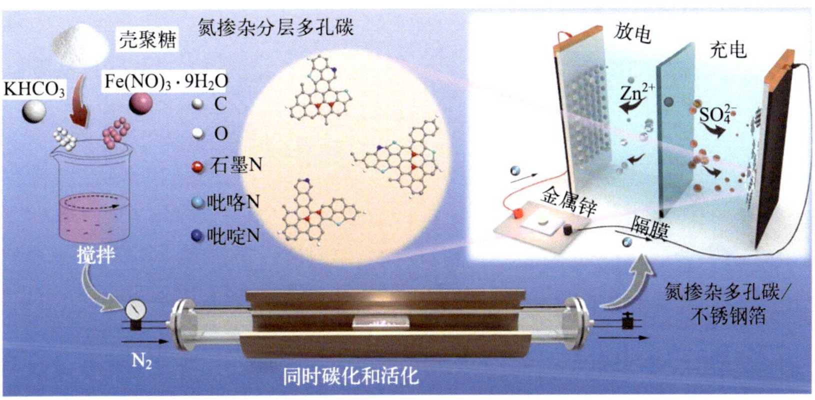

图 1-6　N-HPC 的合成示意图

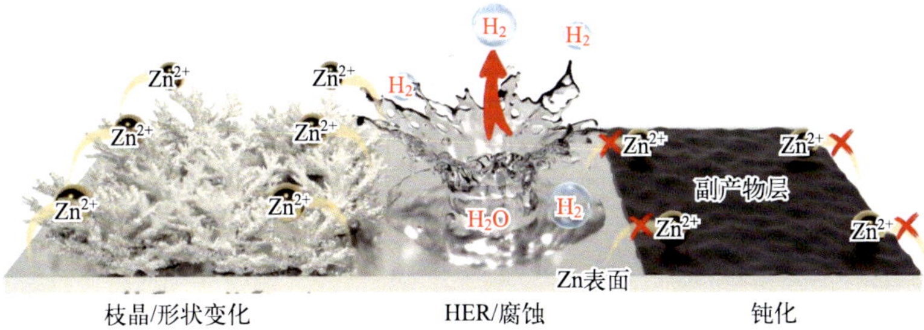

图 1-7　锌电极的枝晶 / 形状变化、腐蚀和钝化问题示意图

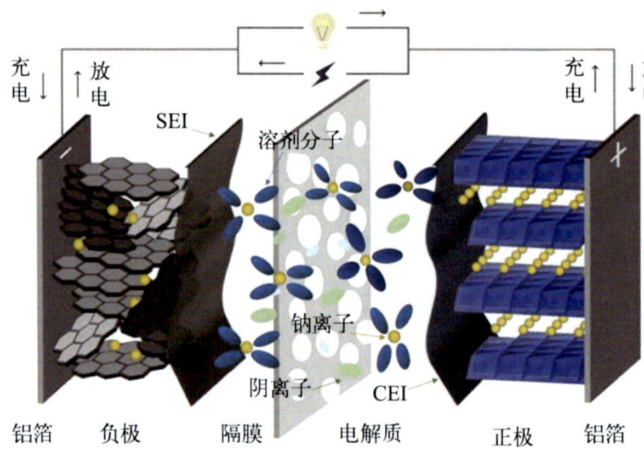

图 1-8　钠离子电池的工作原理

（SEI 为固体电解质界面层；CEI 为正极电解质界面）

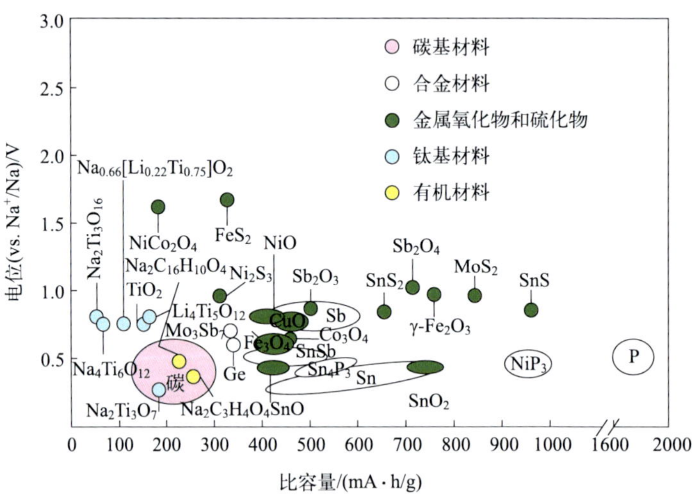

图 1-9　钠离子电池负极材料电压与比容量图

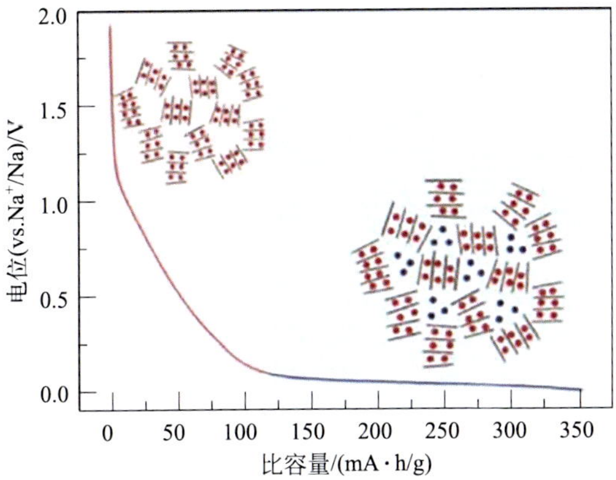

(a) 插层-填孔模型[53]

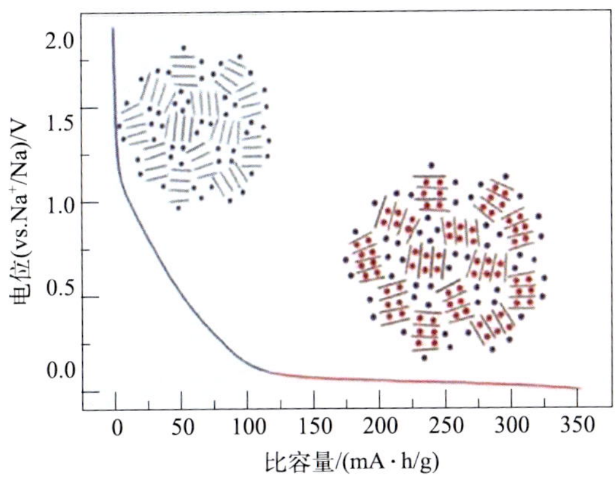

(b) 吸附-插层模型[53]

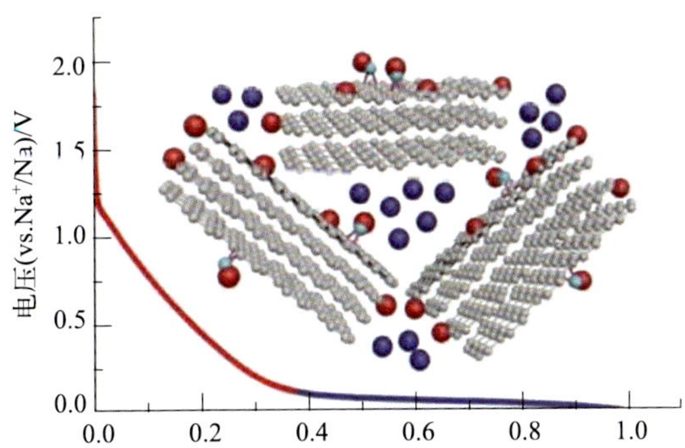

(c) 吸附-填孔模型[52]

图 1-10　硬碳的储钠机理模型

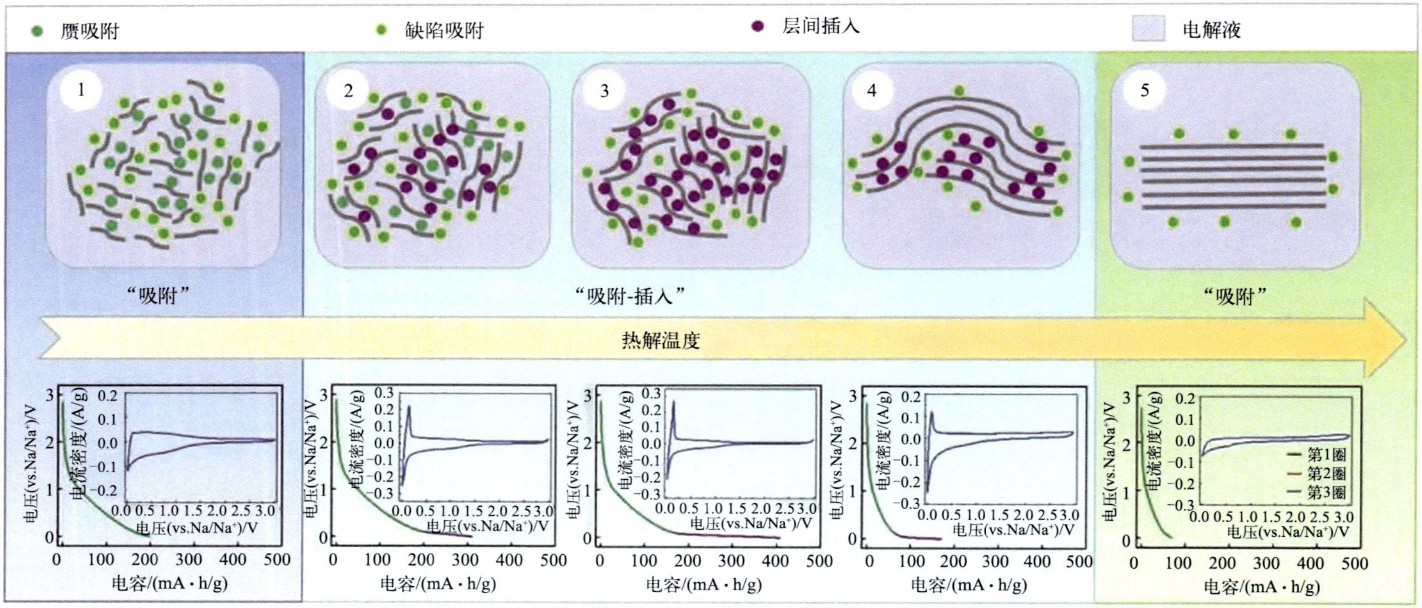

图 1-11　扩展的吸附 - 插层模型

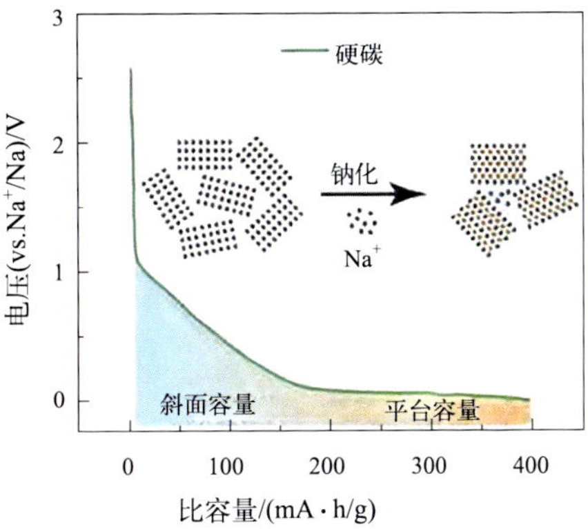

(a)

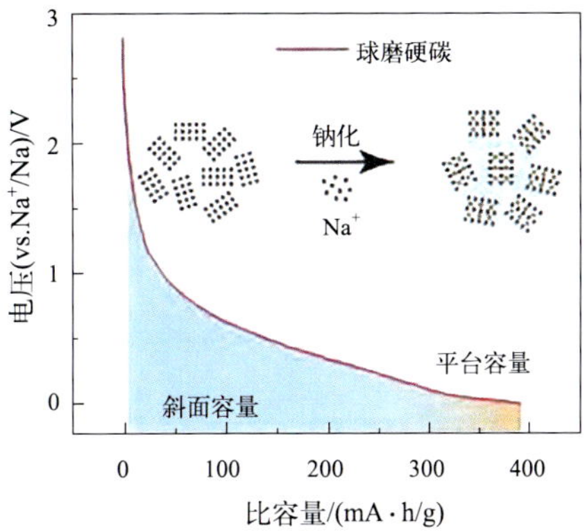

(b)

图 1-12　球磨硬碳的储钠机理示意图

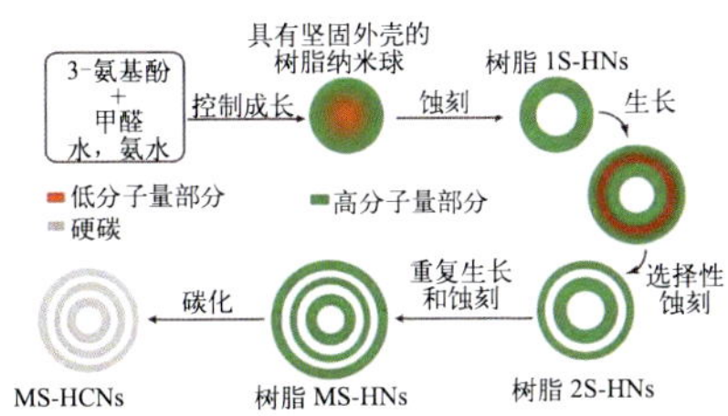

(a) MS-HCNs合成示意

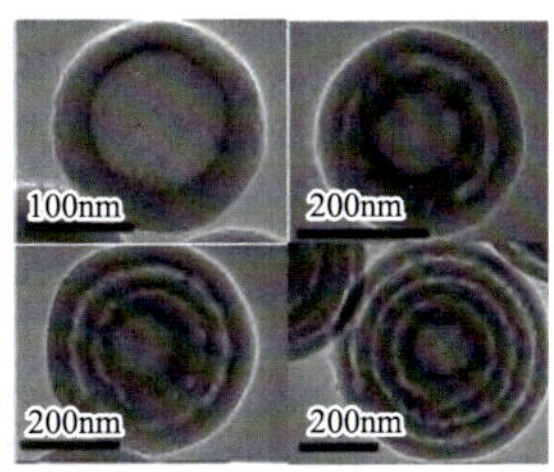

(b) MS-HCNs合成对应TEM图

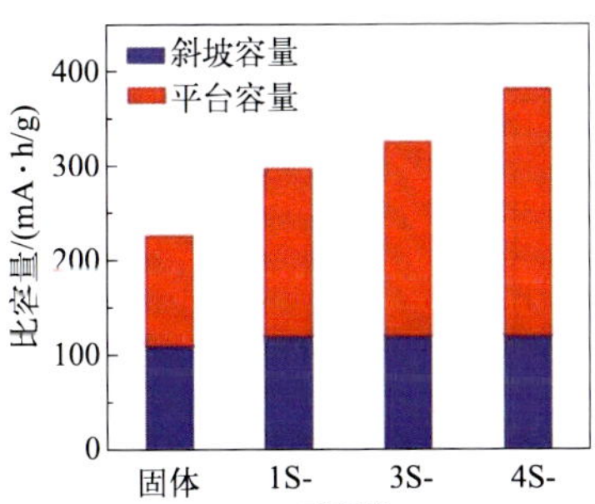

(c) 样品第二次循环的
斜坡容量和平台容量分布

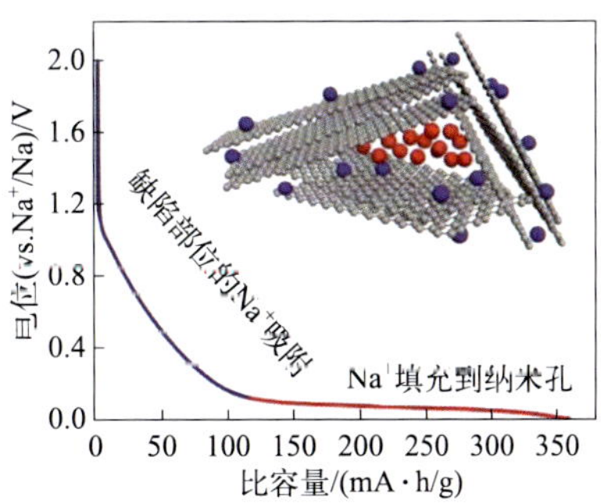

(d) 储钠机理示意

图 1-13　MS-HCNs 的合成示意图及对应的 TEM 图、样品第二次循环的斜坡容量和平台容量分布（c）和储钠机理示意图（d）

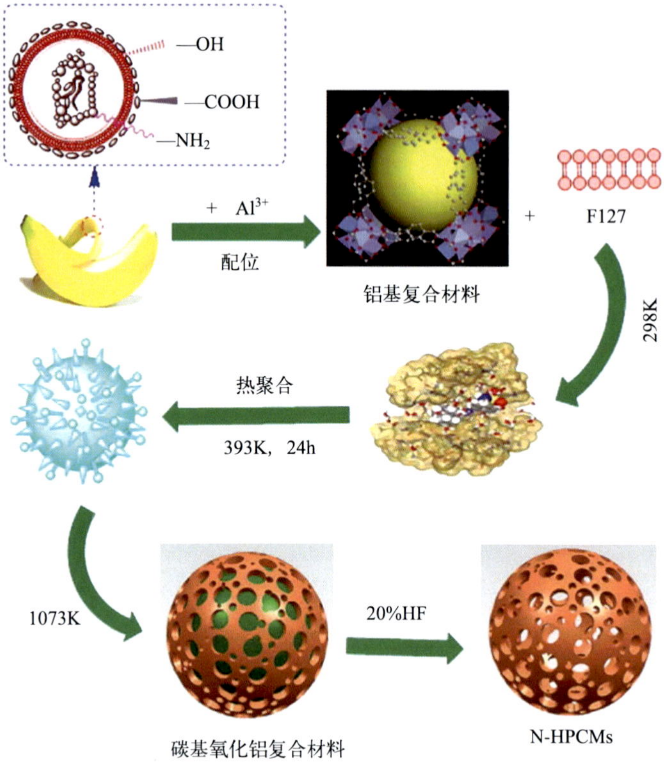

图 2-1　采用混合双模板法制备氮掺杂层状多孔碳材料的流程

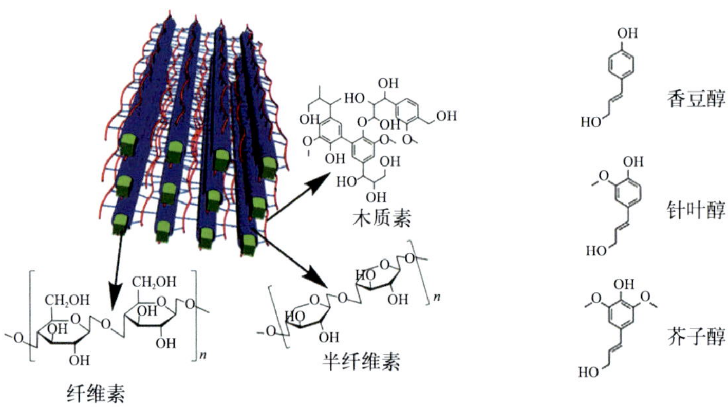

图 2-2　木质纤维素生物质中纤维素、半纤维素和木质素的位置和分子结构示意图

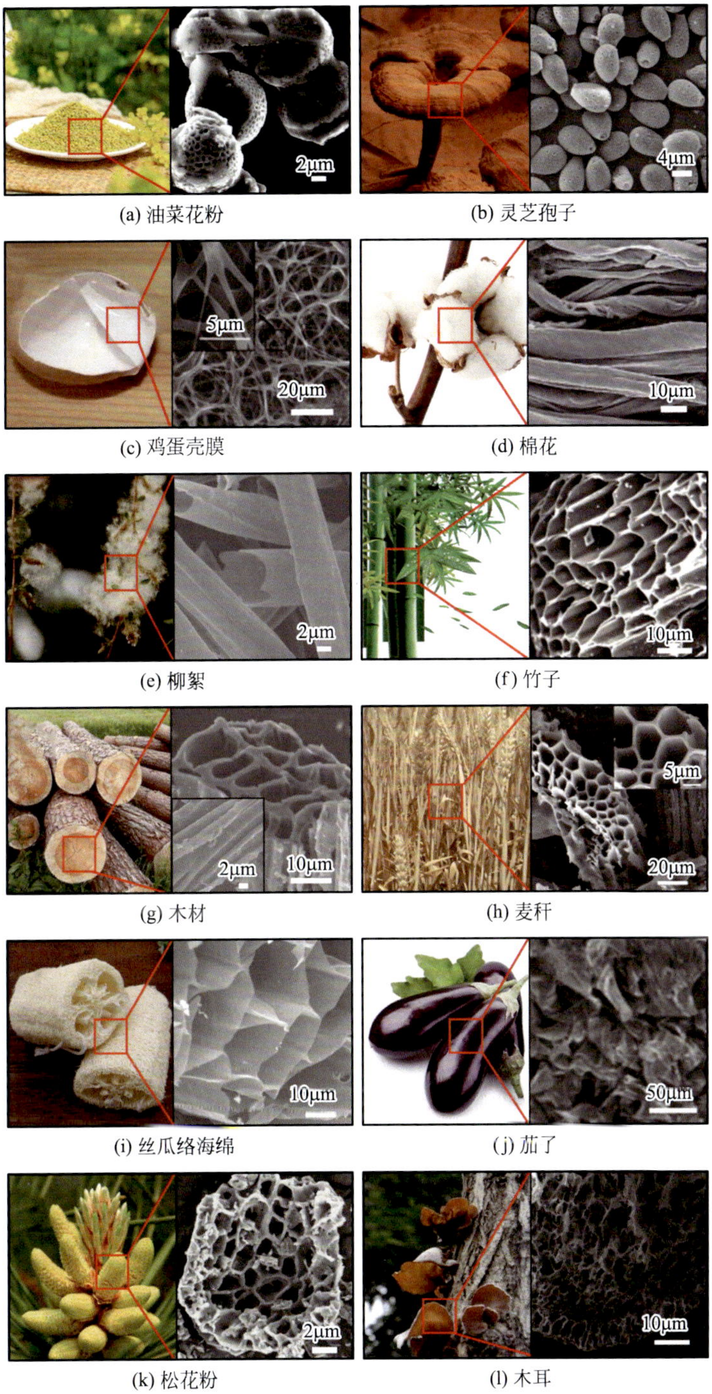

(a) 油菜花粉　(b) 灵芝孢子
(c) 鸡蛋壳膜　(d) 棉花
(e) 柳絮　(f) 竹子
(g) 木材　(h) 麦秆
(i) 丝瓜络海绵　(j) 茄子
(k) 松花粉　(l) 木耳

图 2-4　各种生物质前驱体的微结构

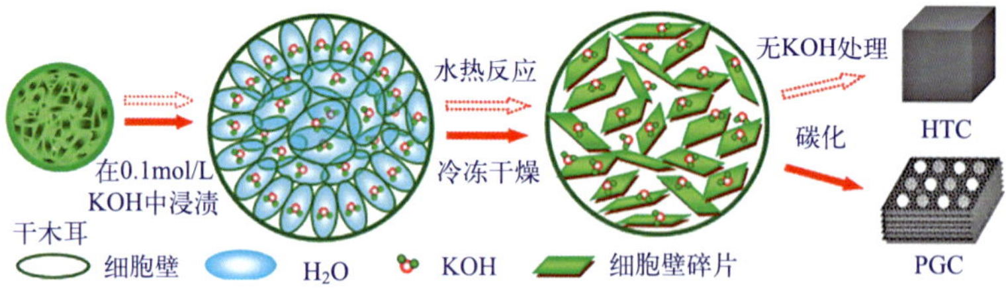

图 2-5 将木耳通过水热处理在 KOH 的活化作用下制得多孔石墨烯状碳材料
（HTC 为水热反应后直接碳化得到的碳材料）

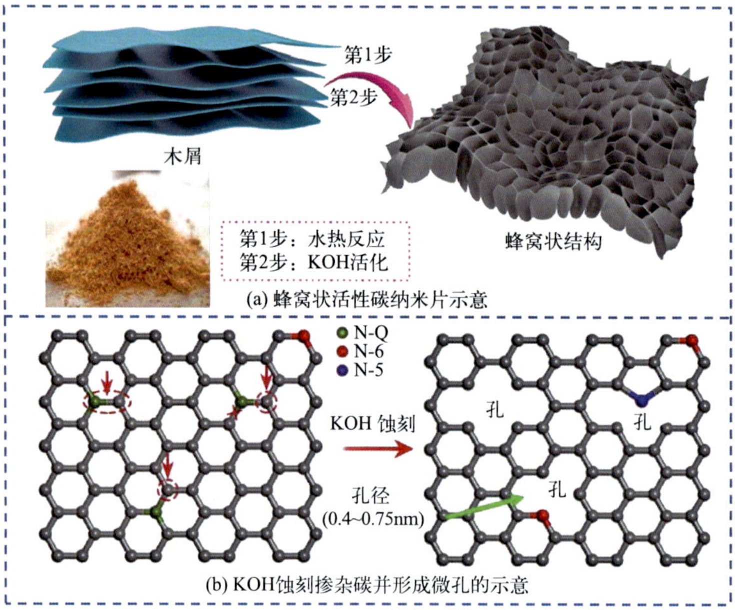

图 2-6 以木屑为前驱体，KOH 为活化剂制备的蜂窝状活性碳纳米片示意图和 KOH 蚀刻 N 掺杂碳并形成微孔的示意图

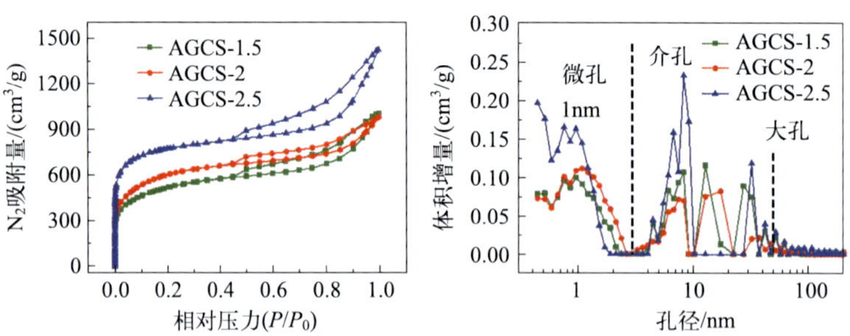

图 3-4 AGCS-x 的 N_2 吸附 / 脱附等温线（a）和孔径分布曲线（b）

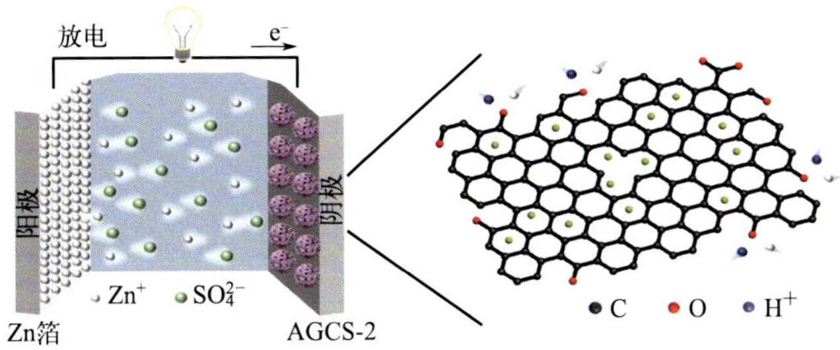

图 3-10　组装的 AGCS-*x*//Zn 水系锌离子混合电容器示意图

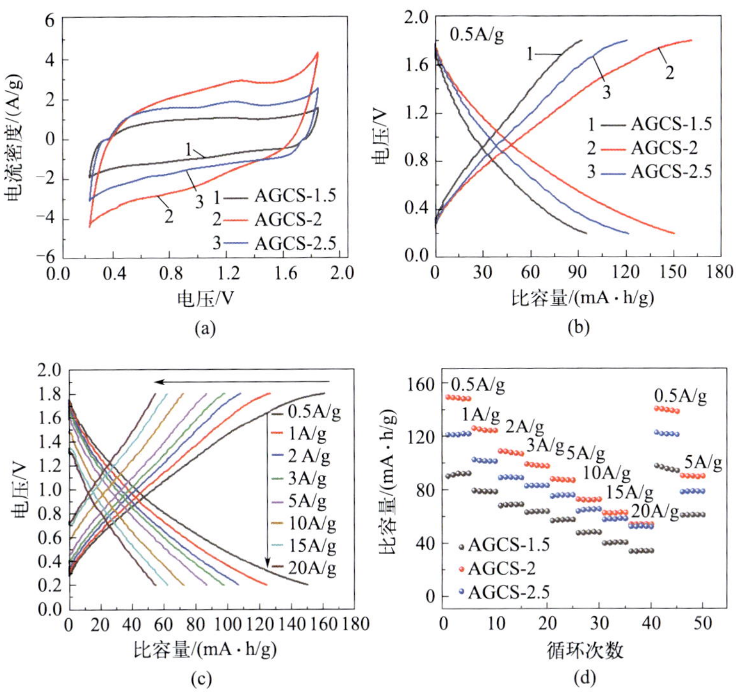

图 3-11　AGCS-*x* 在 10mV/s 下的 CV 曲线（a）、AGCS-*x* 在 0.5A/g 下的 GCD 曲线（b）、不同电流密度下 AGCS-2 电极的 GCD 曲线（c）和不同电流密度下所有电极的比容量（d）

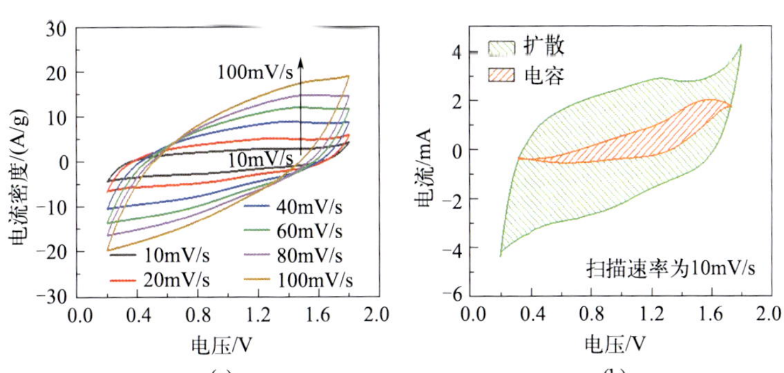

图 3-13

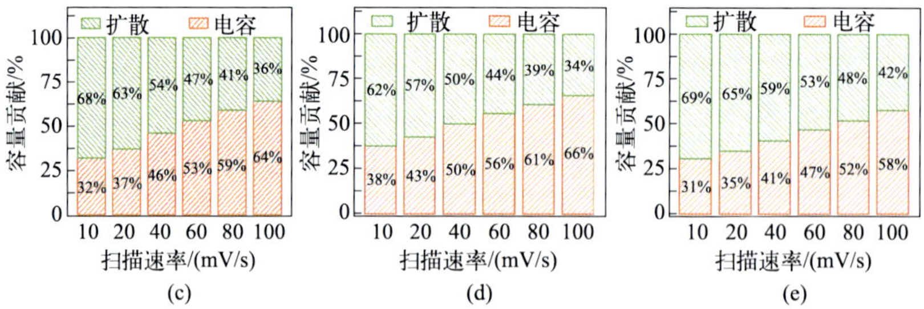

图 3-13　AGCS-2 在不同扫描速率下的 CV 曲线（a）、扫描速率为 10mV/s 时 AGCS-2 的扩散和电容贡献分析（b）、不同扫描速率下 AGCS-2 电极的电容贡献占比（c）、不同扫描速率下 AGCS-1.5 电极的电容贡献占比（d）和不同扫描速率下 AGCS-2.5 电极的电容贡献占比（e）

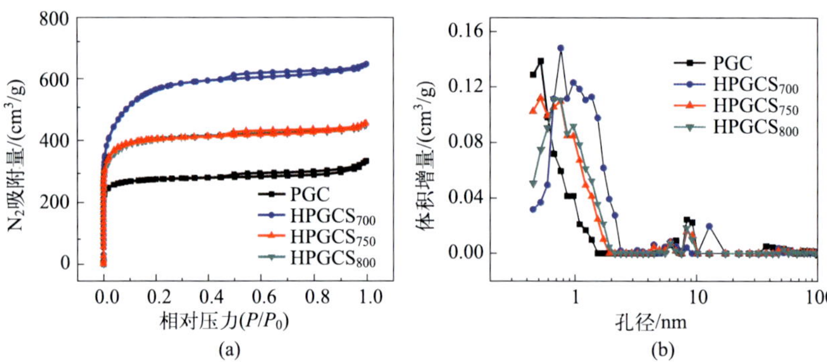

图 3-20　PGC 和 HPGCS$_T$ 的氮气吸附 / 脱附等温线（a）和孔径分布曲线（b）

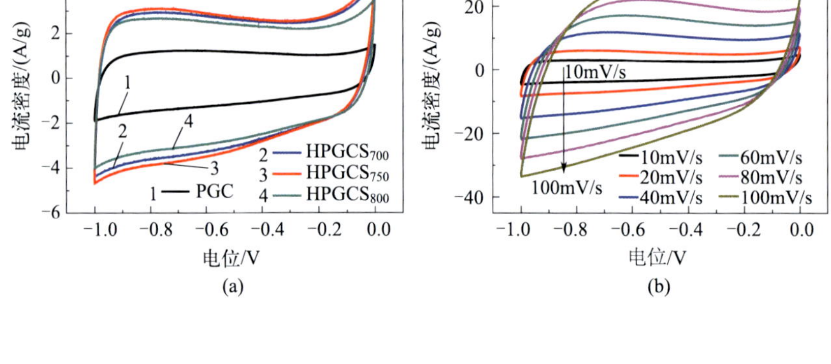

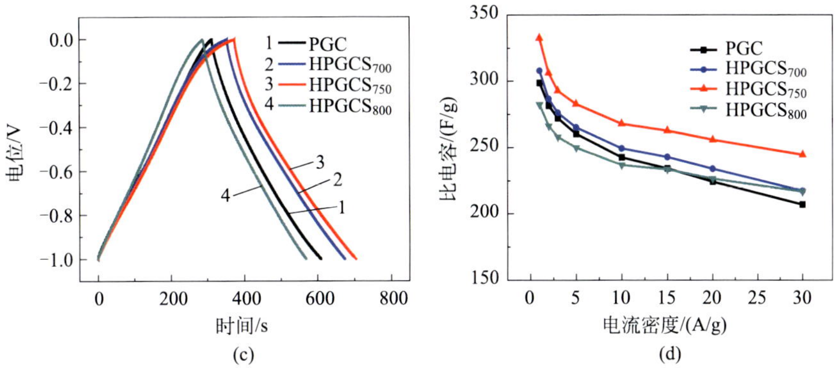

图 3-23　电极 PGC 和 $HPGCS_T$ 在 10mV/s 时的循环伏安曲线（a）、$HPGCS_{750}$ 在不同扫描速率下的循环伏安曲线（b）、电极 PGC 和 $HPGCS_T$ 在 1A/g 时的充放电曲线（c）及电极 PGC 和 $HPGCS_T$ 在不同电流密度下的比电容（d）

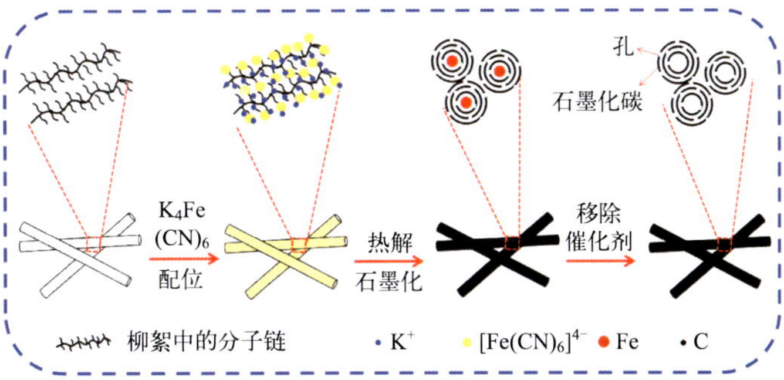

图 4-7　PGCMT 的合成示意图

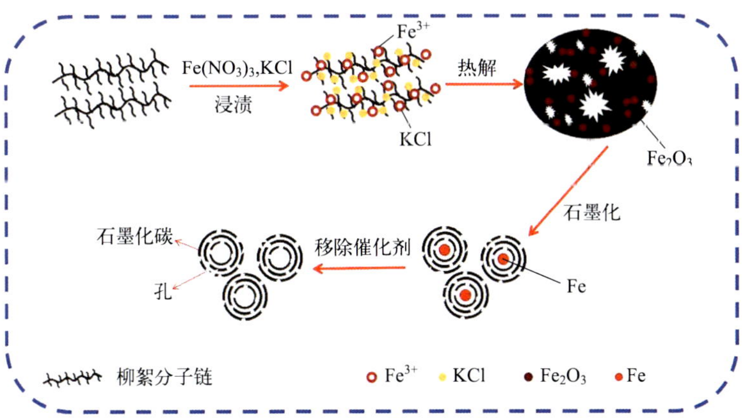

图 4-20　PGC-N 碳材料的形成机理图

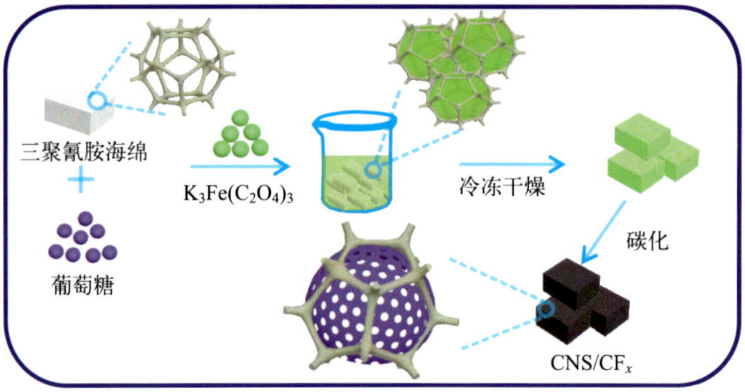

图 5-1　CNS/CF_x 的制备流程图

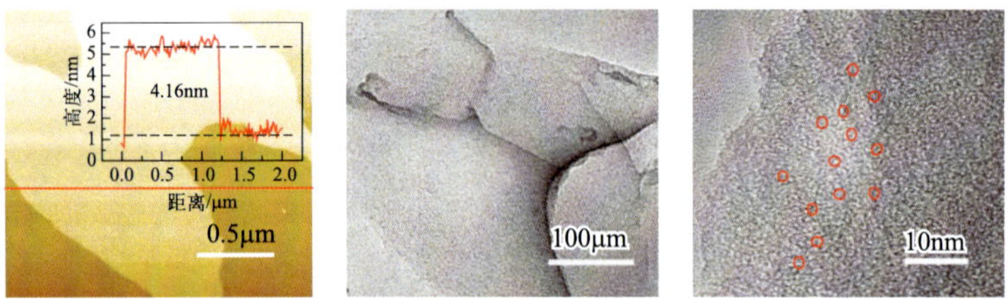

(a) AFM图　(b) 低倍数下TEM图　(c) 高倍数下TEM图

图 5-3　$CNS/CF_{0.15}$ 中碳纳米片的 AFM 图和不同放大倍数下的 TEM 图

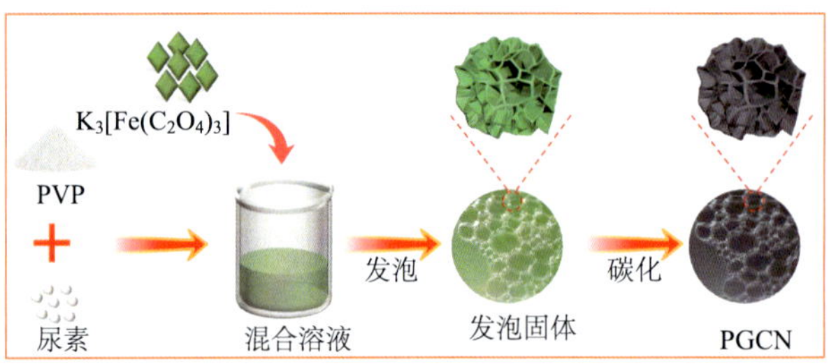

图 5-22　PGCN 的合成示意图

(a)　(b)　(c)

图 5-23　PVP、尿素和 $K_3[Fe(C_2O_4)_3]\cdot 3H_2O$ 的前驱体（a），PVP、尿素和 $Fe(NO_3)_3\cdot 9H_2O$ 的前驱体（b），以及 PVP、尿素和 $K_2C_2O_4\cdot H_2O$ 的前驱体（c）的发泡图

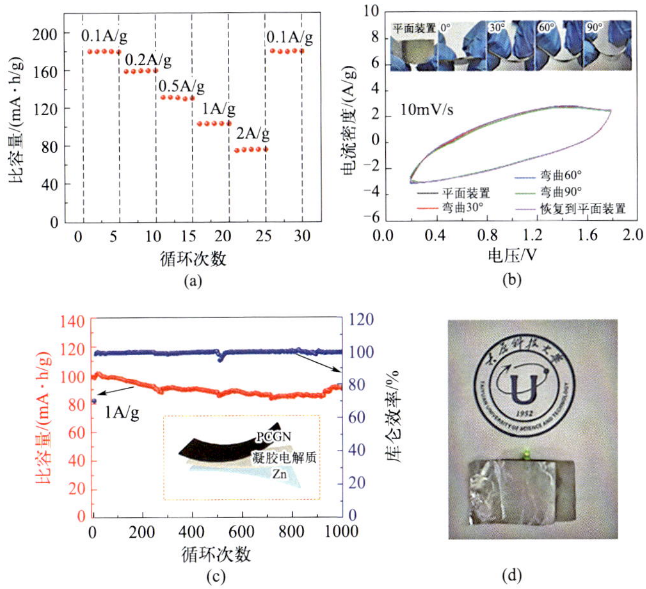

图 5-36　不同电流密度下的比容量（a）、器件在不同弯曲角度下的 CV 曲线（b）、在 5A/g 下 1000 次循环的稳定性和库仑效率（c）及发光二极管供电装置的照片（d）

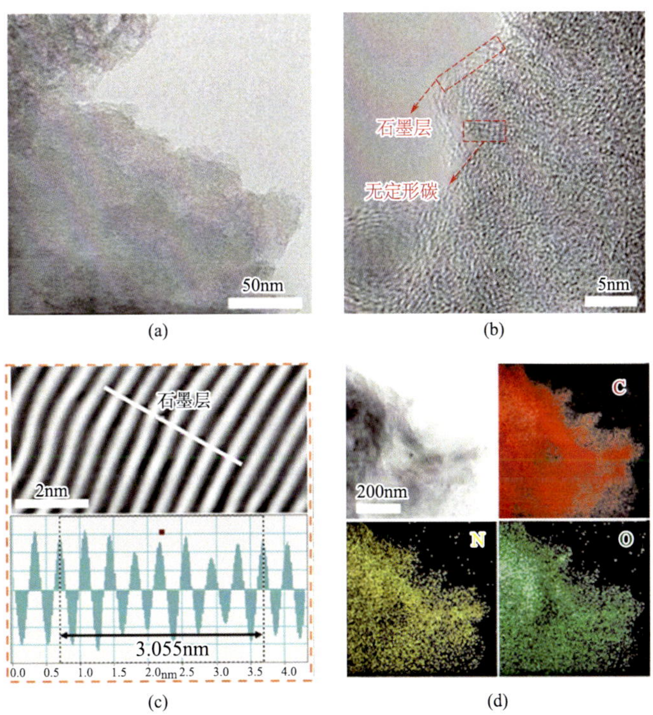

图 5-40　CA-0.2 的 TEM 图像（a）、CA-0.2 的高分辨率 TEM 图像（b）（c）及 CA-0.2 中 C、N 和 O 元素的元素分布图（d）

［其中（c）中的插图为沿白线绘制的强度分布，显示晶格间距］

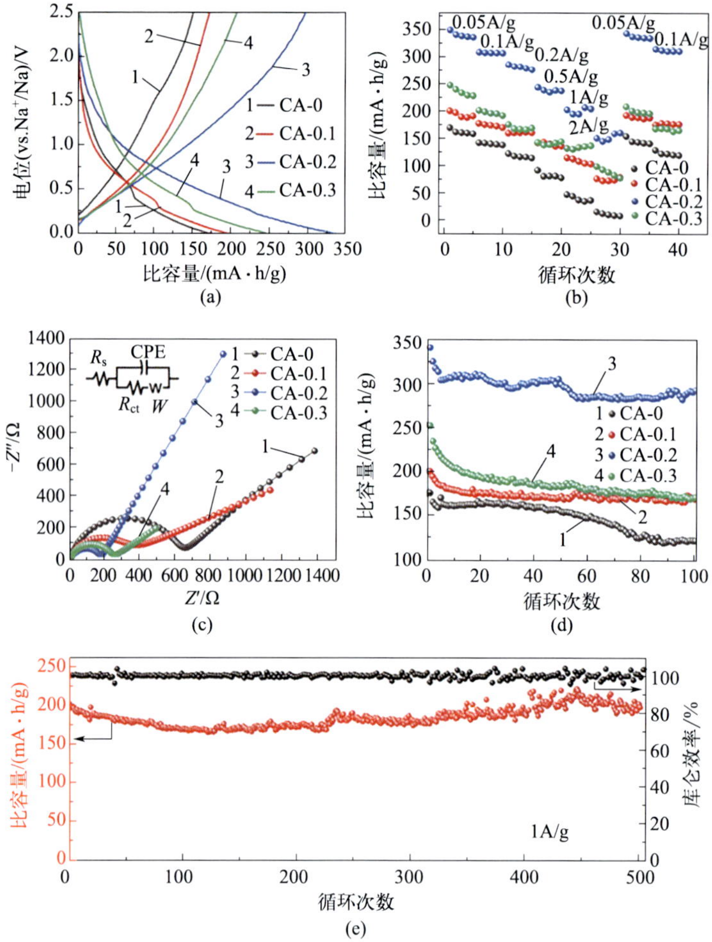

图 5-44　CA-*x* 在 0.05A/g 下的初始 GCD 循环（a）、CA-*x* 在 0.05 ~ 2A/g 范围内的倍率性能（b）、CA-*x* 的 Nyquist 图（c）、CA-*x* 在 0.05A/g 下 100 次循环的性能（d）和 CA-0.2 在 1A/g 下 100 次循环性能（e）

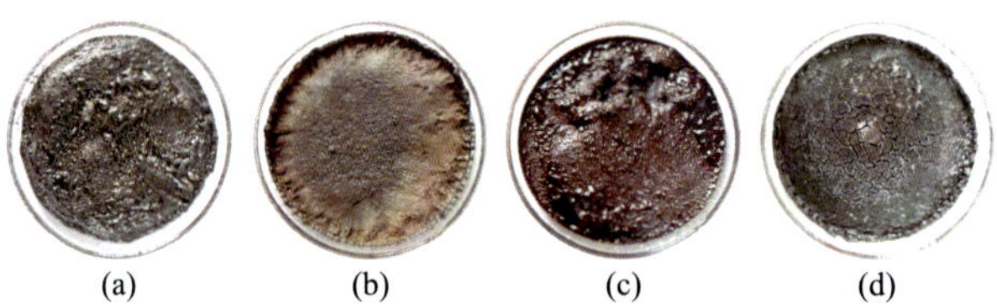

图 6-4　发泡后的前驱体照片

（a）基于 TA、葡萄糖、K_2FeO_4 和 $(NH_4)_2C_2O_4$ 的前驱体；（b）基于 TA、葡萄糖和 K_2FeO_4 的前驱体；（c）基于葡萄糖、K_2FeO_4 和 $(NH_4)_2C_2O_4$ 的前驱体；（d）基于 TA、K_2FeO_4 和 $(NH_4)_2C_2O_4$ 的前驱体

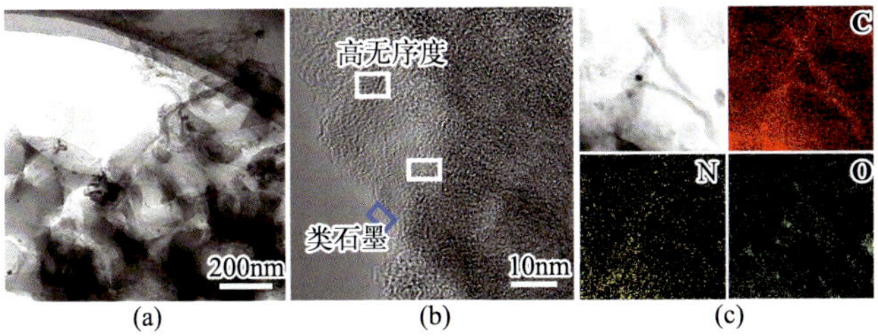

图 6-5　NPGC-TA/G 在不同放大倍率下的 TEM 图像（a）（b）及对应的 C、N 和 O 元素分布图（c）

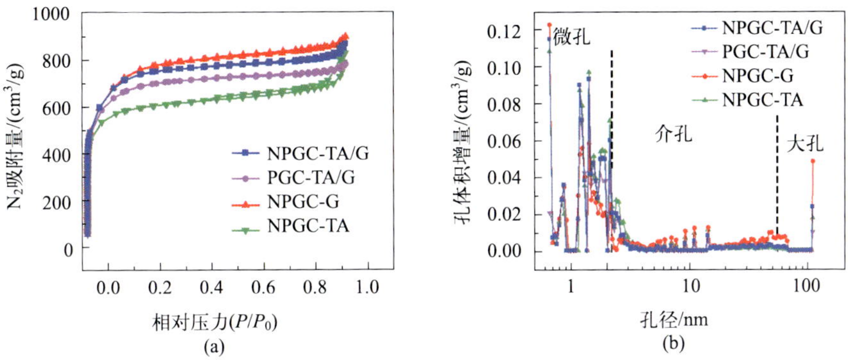

图 6-6　NPGC-TA/G、PGC-TA/G、NPGC-G 和 NPGC-TA 的 N_2 吸附脱附等温线（a）和孔径分布曲线（b）

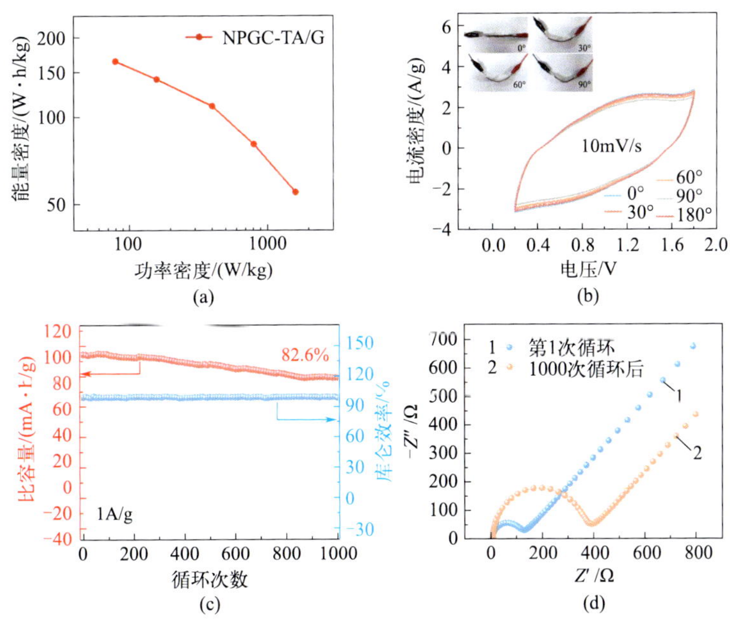

图 6-14　基于 NPGC-TA/G 的柔性固态 ZIHC 的功率密度和能量密度关系曲线（a）、不同弯曲角度下的 CV 曲线（b）、在 1A/g 下经过 1000 次循环的稳定性和库仑效率（c）以及在 1000 次循环前后的 Nyquist 图（d）

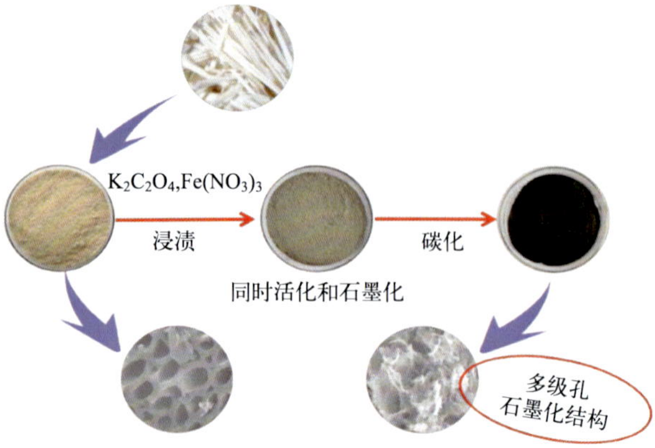

图 6-16　PGC-10c-T 的制备流程图

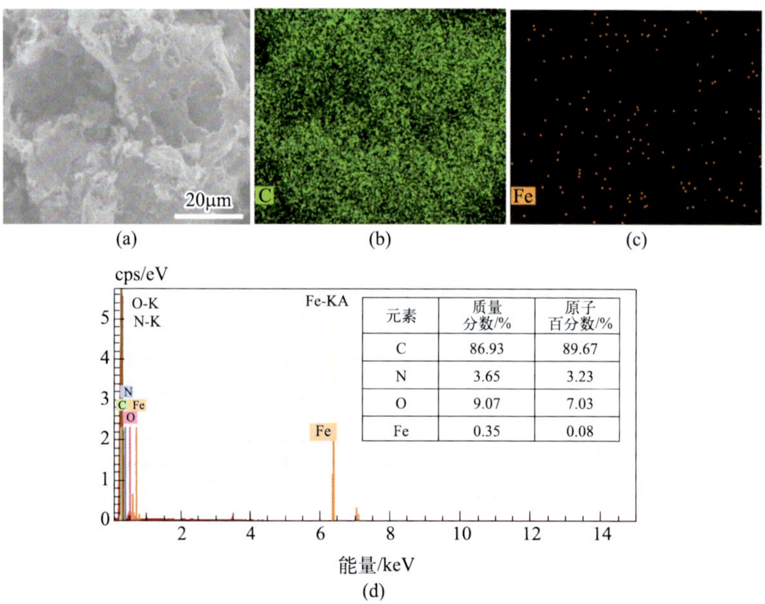

元素	质量分数/%	原子百分数/%
C	86.93	89.67
N	3.65	3.23
O	9.07	7.03
Fe	0.35	0.08

图 6-18　PGC-4-850 的扫描电镜图（a）、其对应的 C 元素分布图（b）及 Fe 元素分布图（c）和 PGC-4-850 的 EDS（能量色散 X 射线谱）分布图及各元素含量分布（d）